普通生物学实验

General Biology Experiments

赵丽辉 王清爽 主编

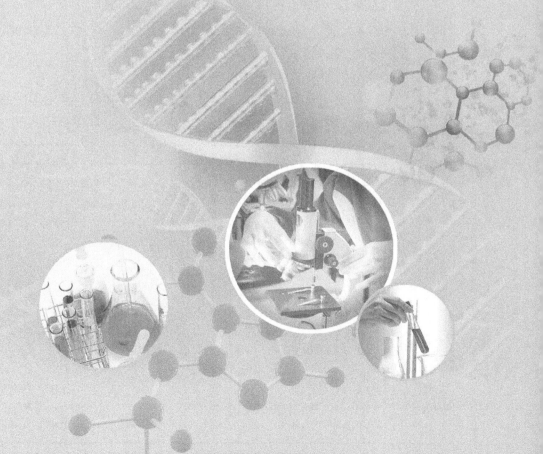

北京理工大学出版社
BEIJING INSTITUTE OF TECHNOLOGY PRESS

内 容 提 要

普通生物学是生物技术及其相关专业的一门重要的基础课程。实验课是教学的一个重要环节，它是培养学生的动手能力、分析能力和创新能力的一个重要的不可替代的手段。本书是在多年的教学实践的基础上编写而成的教材体系，共设88个实验，其中基础性实验8个、植物实验29个、动物实验17个、免疫实验19个、综合性实验15个，注重对学生创新能力的培养。

本书主要包括显微镜、显微制片技术、植物实验、动物实验、免疫实验、综合实验等部分内容，每个实验包括实验目的、实验原理、实验器材、实验方法等部分。书后附有普通生物实验中常用试剂的配制方法、注意事项等相关内容。通过显微镜观察细胞、组织的结构等，并学习生物绘图；使用解剖器械解剖鱼、家鸽、小白鼠等，观察其外形及内部解剖，并进行生物绘图；通过综合实验的学习，培养学生独立科研能力。

本书可供普通高等院校生物技术、生物工程等专业本、专科学生使用；也可供综合性院校和高等师范院校生命科学专业的学生使用及相关专业的科研人员参考。

版权专有　侵权必究

图书在版编目（CIP）数据

普通生物学实验 / 赵丽辉，王清爽主编 .—北京：北京理工大学出版社，2018.4（2023.12重印）

ISBN 978-7-5682-5511-0

Ⅰ.①普⋯　Ⅱ.①赵⋯②王⋯　Ⅲ.①普通生物学-实验　Ⅳ.①Q1-33

中国版本图书馆 CIP 数据核字（2018）第 079150 号

出版发行 / 北京理工大学出版社有限责任公司
社　　址 / 北京市海淀区中关村南大街5号
邮　　编 / 100081
电　　话 /（010）68914775（总编室）
　　　　　（010）82562903（教材售后服务热线）
　　　　　（010）68944723（其他图书服务热线）
网　　址 / http：//www.bitpress.com.cn
经　　销 / 全国各地新华书店
印　　刷 / 北京虎彩文化传播有限公司
开　　本 / 710 毫米×1000 毫米　1/16
印　　张 / 18.25　　　　　　　　　　　　责任编辑 / 王玲玲
字　　数 / 306 千字　　　　　　　　　　　文案编辑 / 王玲玲
版　　次 / 2018 年 4 月第 1 版　2023 年 12 月第 5 次印刷　责任校对 / 周瑞红
定　　价 / 50.00 元　　　　　　　　　　　责任印制 / 王美丽

图书出现印装质量问题，请拨打售后服务热线，本社负责调换

前 言

普通生物学实验是基础主干课普通生物学的辅助性实验课,通过实验验证加深对普通生物学理论的理解和掌握。本书力求在实验安排上与教学内容相对应,同时,为了适应实践需要,侧重植物、动物的形态结构和功能部分。通过实验训练,使学生掌握最基本的操作和技能,了解当今生物学技术、生物工程进展,为学生今后从事生物工程、生物技术制药等方面的工作奠定基础。

本书的特点有:

1. 本书的编撰从简单入手,首先学习显微镜的操作、基本的显微制片技术;再涉及植物、动物、免疫相关的基本实验,练习基本操作;最后以综合实验结束,提高学生的综合分析和实际操作能力。

2. 本书在各章中插入了相应的图片,便于学生预习,初步了解实验仪器、材料及原理,加强了其对实验内容的理解。

3. 本书实验涉及显微操作方法,切片技术,植物和动物细胞、组织、器官及形态功能,植物培养技术及相关因素的影响,不同动物的解剖结构,免疫相关的操作技术。

4. 本书精心设计了88个实验,内容广泛,有基础、有综合,难易适中,适合本科和专科院校的生物学及相关课程的辅助实验教程。

本书由长春理工大学生命科学技术学院赵丽辉、王清爽、李明堂、陈玉娟、韩德明、李景梅和郝凤奇编写。王清爽编写第一章、第七章的实验内容,李景梅编写第二章、第三章的实验内容,陈玉娟编写第四章的实验内容，李明堂编写第五章的实验内容，赵丽辉和郝凤奇编写第六章的实验内容，韩德明负责全书的图表和附录，全书由赵丽辉、王清爽统稿。

本书使用的图片，部分为本书编者自己拍摄；大部分来自本书后所列的参考文献，并根据需要做了部分改动；部分图片来自互联网。编者在此向所参考文献的作者表示感谢。

由于编者水平有限，书中难免有不足之处，恳请有关专家、老师和同学指正。

编 者

目　录

第一章　绪论 ··· 1
第二章　显微镜 ·· 6
　实验一　显微镜的构造和使用方法 ··· 7
　实验二　荧光显微镜 ·· 11
　实验三　扫描电子显微镜实验 ··· 13
　实验四　透射电子显微镜 ·· 16
第三章　显微制片技术 ·· 19
　实验一　植物组织徒手切片的制作 ·· 20
　实验二　植物石蜡切片的制作 ··· 22
　实验三　负染色技术 ·· 25
　实验四　显微放射自显影技术 ··· 29
第四章　植物实验 ··· 30
　实验一　细胞基本结构和储藏物质 ·· 31
　实验二　植物组织的观察 ·· 34
　实验三　根尖的分区和根的解剖结构 ··· 38
　实验四　茎的解剖结构 ··· 42
　实验五　叶的形态、结构、类型及营养器官的变态 ····················· 45
　实验六　花的组成及雄蕊与雌蕊的结构 ····································· 50
　实验七　花序、果实的类型和种子的结构 ·································· 54
　实验八　低等植物形态特征与类型的观察 ·································· 60
　实验九　高等植物形态特征与类型的观察 ·································· 63
　实验十　植物标本的采集、制作与保存 ····································· 68
　实验十一　植物生态、群落及植物多样性的观察 ························ 70
　实验十二　植物的元素缺乏症（溶液培养） ······························· 72
　实验十三　植物外植体消毒和接种 ·· 74

实验十四　愈伤组织的诱导（初代培养） …………………………………… 76
实验十五　胡萝卜愈伤组织的诱导 ………………………………………… 79
实验十六　愈伤组织的生根培养（植株再生） …………………………… 82
实验十七　烟草花药培养实验 ……………………………………………… 84
实验十八　油菜薹茎段原生质体的分离和培养 …………………………… 86
实验十九　植物组织水势的测定（小液流法） …………………………… 88
实验二十　蒸腾强度的测定（容量法） …………………………………… 90
实验二十一　钾离子对气孔开度的影响 …………………………………… 92
实验二十二　单盐毒害及离子间拮抗现象 ………………………………… 93
实验二十三　植物根系对离子的选择吸收 ………………………………… 94
实验二十四　植物体内有机物运输途径（环割法） ……………………… 95
实验二十五　IAA 的生物鉴定（小麦芽鞘切段伸长法） ………………… 96
实验二十六　种子发芽率的快速测定 ……………………………………… 98
实验二十七　叶绿体的制备及其对染料的还原作用 ……………………… 100
实验二十八　光合作用 ……………………………………………………… 103
实验二十九　大黄中蒽醌类成分的提取、分离和鉴定 …………………… 104

第五章　动物实验 ……………………………………………………………… 107

实验一　动物的细胞和组织 ………………………………………………… 108
实验二　草履虫的培养与生命活动的观察 ………………………………… 111
实验三　眼虫和变形虫的形态结构和生命活动 …………………………… 115
实验四　多细胞动物早期胚胎发育 ………………………………………… 117
实验五　水螅、涡虫、蛔虫和蚯蚓的比较解剖 …………………………… 118
实验六　蝗虫的结构 ………………………………………………………… 120
实验七　鱼类外形观察和内部解剖 ………………………………………… 124
实验八　青蛙（或蟾蜍）的消化、呼吸、泄殖和神经系统 ……………… 130
实验九　离体蛙心脏灌流 …………………………………………………… 133
实验十　鸟类实验 …………………………………………………………… 136
实验十一　家兔的骨骼系统 ………………………………………………… 140
实验十二　兔的消化、呼吸和泄殖系统 …………………………………… 144
实验十三　小白鼠的外形观察和内部解剖 ………………………………… 147
实验十四　脊椎动物骨骼标本的制作及比较观察 ………………………… 149
实验十五　蟾蜍的内部解剖 ………………………………………………… 156

实验十六	动物骨骼系统的演化比较	160
实验十七	动物呼吸系统的演化比较	162

第六章 免疫实验 164

实验一	血涂片的制作和血细胞的观察、计数	165
实验二	ABO 血型鉴定	171
实验三	免疫血清的制备	173
实验四	白细胞的吞噬及溶菌酶实验	177
实验五	淋巴细胞的分离与 E 玫瑰花环形成实验	180
实验六	巨噬细胞吞噬功能的检测	183
实验七	淋巴细胞转化实验	186
实验八	T、B 淋巴细胞分离实验——E 花环形成分离法	189
实验九	人的外周血淋巴细胞培养及染色体标本制备	191
实验十	变态反应实验	194
实验十一	SPA 夹心 ELISA 法	197
实验十二	瘦肉精胶体金试纸条的制备——竞争法	199
实验十三	细胞凝集反应	201
实验十四	IgG 的分离和纯化——硫酸铵沉淀法	203
实验十五	单向琼脂扩散实验	206
实验十六	双向琼脂扩散实验	209
实验十七	NK 细胞活性测定——MTT 法	212
实验十八	NK 细胞活性测定——乳酸脱氢酶法	215
实验十九	细胞因子检测技术	217

第七章 综合实验 220

实验一	硝酸还原酶活性的测定	221
实验二	淀粉的合成——淀粉磷酸化酶	223
实验三	植物发育过程中可溶性蛋白和过氧化物酶同工酶的凝胶电泳分析	224
实验四	薄层层析法分离氨基酸	228
实验五	植物色素的提取和纸上层析分离	230
实验六	红花的显微鉴别	232
实验七	空气中的微生物的检测与计数	234
实验八	草本植物群落生物量的测定	236

实验九　草履虫的培养和在有限环境中的种群增长 …………… 238
　实验十　维生素 C 和维生素 A 的提取及定量测定 ……………… 240
　实验十一　真菌的培养与观察 …………………………………… 244
　实验十二　胰蛋白酶的活力测定及酶的特性 …………………… 246
　实验十三　还原糖及总糖的多方法测定含量 …………………… 252
　实验十四　纸层析法分离氨基酸 ………………………………… 255
　实验十五　酸奶制作及乳酸菌的分离计数 ……………………… 258

附录 …………………………………………………………………… 262
　附Ⅰ　实验室规则 …………………………………………………… 262
　附Ⅱ　实验室意外事故的处理 ……………………………………… 263
　附Ⅲ　常用试剂的配制 ……………………………………………… 265
　附Ⅳ　生物实验仪器清洗 …………………………………………… 280

参考文献 ……………………………………………………………… 282

第一章 绪 论

一、普通生物学实验的目的和要求

通过实验课的教学，加深学生对生物学基本知识和基本理论的理解，巩固和验证课堂教学中讲授的理论知识，熟悉常规的生物学实验的基本操作技术，学会实验结果的记录方法，学习各类实验的实验报告撰写方法，提高学生的实验观察能力、实验设计能力和实验探索能力，培养学生科学、严谨、实事求是的学风，培养学生团结合作的精神。

二、实验室规则

1. 实验前要认真预习实验材料，明确实验的目的、要求，了解实验的基本原理、方法和步骤。
2. 按规定的时间进入实验室，保持实验室安静，不得进行与实验无关的活动。
3. 实验过程中，对消耗性材料要坚持节约的原则，爱护所用的仪器设备，只有在熟悉仪器的性能和使用方法后，才可对仪器进行操作。
4. 实验过程中，随时注意保持工作地区的整洁，废品丢入废物桶，不能把杂物丢入水池，以免水池堵塞。实验结束后，清洁、整理实验桌、仪器和其他器具。
5. 实验过程中要仔细观察，将实验中的一切现象和数据都如实地记录在报告本上，根据原始记录，认真地分析问题，处理数据，写出实验报告。
6. 对实验的内容和安排不合理的地方可提出改进意见，对实验中的一切现象（包括反常现象）应进行讨论，并大胆提出自己的看法。

三、生物绘图

生物绘图是记录形态类实验结果的主要方法，是对观察对象形态的直观记录。

尽管各种摄影技术在生物学的形态记录中已广泛使用，绘图在生物学研究和教学活动中仍然起着重要的辅佐作用。生物学绘图要注意如下事项：

1. 使用硬铅（2H 或 3H）铅笔，铅笔应削尖。
2. 只在纸的一面绘图，绘图的布局要合理。一般较大的图每页绘一个；同一类的小图可以绘在一张纸上。绘图大小要适宜，位置略偏左，右边作为图注。
3. 具有高度的科学性，不得有科学性错误。要求形态结构准确、比例正确、有真实感、实事求是。

4. 生物绘图一般采用点线法，即图形由点和线组成。绘图的线条要光滑、匀称，一笔完成，不要重复描绘。以点的密度表示深浅，打点时铅笔尖要垂直于纸面，大小一致，密度均匀。

5. 绘图时，图注写在图的右侧，字体用正楷，字迹清晰，不能潦草。图注线用直尺画出，间隔要均匀。线条接近时可用折线，但图注线之间不能交叉。图注线要尽量排列整齐。

6. 在图的下方写上图的名称和必要的注明，如绘制显微结构图，须注明放大倍数（目镜放大倍数×物镜放大倍数）。

四、生物学图表的制作

绝大多数生物学实验过程中出现的实验现象或实验结果需要用图或表的形式来表示，这样可以更清晰、明确地表达实验结果。

（一）用图表示实验结果

大部分图需要自己绘制，一般以柱形图高度表达非连续性数据的大小；以线图、直方图或散点图表达连续性或计量数据的变化。如果实验结果是描记图，需要将原始记录进行合理的剪贴、加工，不得将记录原封不动地贴在实验报告上，图号、图名、图注及必要的文字说明写在图的下方。

（二）用表格表示实验结果

表格的两端是开放而不是封口的。表号、表名写在表的上方，表的下方加必要的表注。在生物学的科技期刊中，表示实验结果的表格一般采用"三线表"。"三线表"由顶线、项目线和底线构成表格的栏头、表身。凡是定量测量资料，均应以正确的单位和数值准确地写在报告上。

五、实验报告的撰写

不同类型的实验，实验报告的书写格式和书写要求并不完全一样。

（一）形态观察类实验的实验报告格式及说明

班级：　　　　姓名：　　　　学号：

实验编号　　　　实验名称

一、实验目的

二、实验内容（和实验方法）

三、实验结果

形态观察类实验的实验步骤要求简洁明了，实验结果的记录方法有两种类型：一是用文字来表述所观察到的实验现象；二是用表格来表示（表1-1），这样可以清晰、明确地表达实验结果。

表 1-1 根尖的结构

观察内容	位置	结构特点
根冠		
分生区		
伸长区		
根毛区		

形态观察类实验的实验结果还可用生物绘图来表示。但由于生物绘图费时、费力，如果实验结果全部用绘图来完成，往往要花费大量的时间，而实验的核心是实验观察过程，同学们不能把主要时间安排在绘图上，因此，教师会根据实验情况，安排学生适量绘图。

（二）非形态观察类实验的实验报告格式及说明

班级：　　　　　姓名：　　　　　学号：

实验编号　　　　实验名称

一、实验目的

二、实验材料和方法

三、实验结果

四、分析和讨论

五、结论

实验应方法简洁，常规方法不需要详细写出，如果是自行设计的新方法，详细写出实验步骤。

实验结果是实验报告的重要部分。不能把实验的原始数据简单地罗列到实验报告上，必须对实验数据进行适当的分析处理，进行恰当的文字描述或以图表表示。

分析和讨论是根据所学的理论知识，对实验结果进行科学的分析和解释，并判断实验结果是否与理论相符。如果出现矛盾，应分析其中原因。讨论是实验报告的核心部分，必须独立完成。

结论是从实验结果和讨论中归纳出来的有高度概括性的结语。结论的文字应重点突出，简明扼要。有些实验报告可以没有结论。

（三）探索研究型实验的实验报告格式及说明

课题名称

姓名

摘要

关键词

引言

1 材料和方法
2 实验结果
3 分析与讨论
4 结论

最后附上参考文献。

探索研究性实验的实验报告和研究性论文要求一致。

摘要和关键词主要是在论文发表时为文献检索服务的。读者可以用关键词通过搜索系统搜索到该文献，通过阅读该文献的摘要，了解其文献的主要内容，以确定是否需要进一步阅读整篇文献。摘要是独立完整的、第三人称的报道性短文，内容包括研究目的、研究方法、主要结果和结论。关键词为能反映论文主题和内容的规范性的名词术语。作为非发表的探索研究性的实验报告，可以省略摘要和关键词。

引言、材料和方法、实验结果、分析和讨论要求同上述非形态观察类实验的实验报告格式。引言相当于实验目的。

参考文献是探索研究性实验报告的必备内容，可列出直接阅读的对本研究有影响的参考文献。不同的科技期刊对参考文献的引用格式有不同的要求，可参考中华人民共和国国家标准 GB 7714—2005《文后参考文献著录规则》。

第二章

显 微 镜

实验一　显微镜的构造和使用方法

一、实验目的
1. 掌握显微镜的使用方法。
2. 了解普通光学显微镜的构造和各部分性能。

二、实验器具与试剂
1. 器具：光学显微镜、载玻片、盖玻片、镊子、刀片、吸水纸、擦镜纸、纱布块。
2. 试剂：蒸馏水。

三、实验材料
新鲜洋葱。

四、实验内容
（一）普通光学显微镜的构造
显微镜种类繁多，结构也很复杂，但其基本结构均可分为机械部分和光学部分。

1. 机械部分：

显微镜机械部分是由精密而牢固的零件组成的，主要包括镜座、镜臂、载物台、镜筒、物镜转换器和调焦装置等。

（1）镜座：是显微镜的基座，用以支持镜体平衡，其上装有反光镜或照明光源。

（2）镜柱：是镜座上面直立的短柱，连接、支持镜臂及以上的部分。

（3）镜臂：弯曲如臂，上接镜筒、下接镜柱，支持载物台、聚光器和调焦装置。直筒显微镜镜臂和镜柱连接处有活动关节，可使显微镜在一定范围内后倾，一般不超过30°。

（4）镜筒：一般长160~170 cm。其上端放置目镜，下端与物镜转换器相连。双筒为斜式的镜筒，两镜筒距离可以根据两眼距离及视力来调节。

（5）物镜转换器：是固着在镜筒下端的圆盘，其上装有不同倍数的物镜。可以左右自由转动，便于更换物镜。

（6）载物台：用于放置切片的平台，中央有一个通光孔，旁边装有固定载玻片的压夹或标本移动器。有的显微镜载物台下装有聚光镜。

(7) 调焦装置：镜臂两侧有粗、细调焦轮各一对，旋转时可使镜筒上升或下降，以便得到清晰物像，即调焦。大的一对是粗调，每旋转一周，可使镜筒升降 10 mm，用于低倍物镜观察；小的一对是细调，每旋转一周，可使镜筒升降 0.1 mm，用于高倍物镜观察。使用时，应先用低倍镜，后用高倍镜。

2. 光学部分：

光学部分由成像系统和照明系统组成。前者包括物镜和目镜，后者包括反光镜（或内置光源）、聚光器。

(1) 物镜：物镜是决定显微镜性能（如分辨率）的最重要部件。它将标本第一次放大成倒像。对于物镜放大倍数，一般低倍物镜有 10×、4×，高倍物镜为 40×，而油镜为 100×。使用油镜时，载玻片与物镜之间需加入折射率大于 1 的香柏油作为介质。（在物镜上标有"40/0.65 160/0.17"字样。40 表示物镜放大倍数。0.65 表示镜口率，其数值越大，工作距离越小，分辨能力越高。分辨率是指显微镜能分辨两点之间最小的距离。160 表示镜筒的长度。0.17 表示要求盖玻片的厚度。）

(2) 目镜：目镜的作用是将物镜放大所成的像进一步放大，放大倍数有 5×、10×、15× 等。目镜内可安装"指针"，也可安装测微尺。

(3) 聚光器：由聚光镜和彩虹光圈（可变光栏）组成。聚光镜可以使光汇集成束，增强被检物体的照明。彩虹光圈通过拨动其操作杆，可使光圈扩大或缩小，借以调节通光量。有的聚光器下方还有一个滤光片托架，根据镜检需要，可放置滤光片。构造简单的显微镜无聚光器，仅有光圈盘，其上有若干个大小不同的圆孔，使用时选择适当的圆孔对准通光孔。

(4) 反光镜：反光镜的作用是把光源投射来的光线向聚光镜反射。反光镜有平、凹两面，平面镜反光，凹面镜兼有反光和聚光的作用。一般前者在光线充足时使用，后者在光线不足时使用。装有内置光源的显微镜，只要打开电源开关，使用光亮调节器即可（图 2-1）。

(二) 普通光学显微镜的使用

1. 取放：拿取显微镜时，应一只手握住镜臂，另一只手平托镜座。将显微镜放置在座位桌子左侧距桌边 5~10 cm 处，以便腾出右侧位置进行观察记录或绘图。

2. 对光：对光时，先将低倍物镜对准通光孔，用左眼或双眼观察目镜。然后调节反光镜或打开内置光源并调节光强，使镜下视野内的光线明亮、均匀又不刺眼。

3. 低倍镜使用：将载玻片标本放置在载物台上固定好，使观察材料一定正对着通光孔中心。转动粗调焦轮下降物镜至距载玻片 5 mm 处，接着用左眼

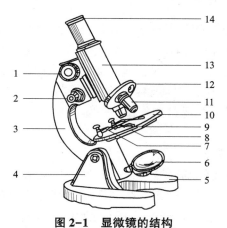

图 2-1　显微镜的结构

1—粗准焦螺旋；2—细准焦螺旋；3—镜臂；4—镜柱；5—镜座；6—反光镜；7—压片夹；
8—遮光器；9—通光孔；10—载物台；11—物镜；12—转换器；13—镜筒；14—目镜

（或双眼）注视镜筒，再慢慢用粗准焦螺旋上升物镜，直到看见清晰的物像为止。

4. 高倍镜使用：由于高倍镜视野范围更小，所以使用前应在低倍镜下选好欲观察的目标，并将其移至视野中央，然后转高倍镜至工作位置。高倍镜下视野变暗且物像不清晰时，可调节光亮度和细准焦螺旋。由于高倍镜使用时与载玻片之间距离很近，因此，操作时要特别小心，以防镜头碰击载玻片。

5. 油镜使用：在高倍镜下将要观察的部分移至视野中央，将聚光器上升到最高位置，光圈开到最大，转动转换器，使高倍镜镜头离开通光孔，在需观察部位的载玻片上滴加一滴香柏油，然后慢慢转动油镜，在转换油镜时，从侧面水平注视镜头与载玻片的距离，使镜头浸入油中而又以不压破载玻片为宜。用左眼观察目镜，并慢慢转动细调节器至物像清晰为止。因油镜工作距离非常小（约为 0.2 mm），所以这步操作要特别小心，防止镜头压碎载玻片。

6. 调换载玻片：观察时如需调换载玻片，要将高倍镜换成低倍镜，取下原载玻片，换上新载玻片，重新从低倍镜开始观察。

7. 使用后整理：观察完毕后，上升镜筒，取下载玻片，先用擦镜纸擦一遍，如果使用了油镜，再用蘸少许二甲苯的擦镜纸将镜头上和标本上的香柏油擦去，最后再用擦镜纸擦干净。将各部分还原，转动物镜转换器，使物镜头不与载物台通光孔相对，而是呈八字形位置，再将镜筒下降至最低，用防水罩将显微镜罩好，以免目镜头被灰尘污染。最后用柔软纱布清洁载物台等机械部分，放上擦镜布，按原样收好显微镜。

8. 使用注意事项：① 显微镜是精密仪器，使用时一定严格遵守操作规则，不许随意拆修。② 随时保持显微镜清洁。观察临时装片时，一定要将载玻片四周溢出的水或其他液体用吸水纸吸干净，以免污染镜头。已被污染的镜头要用镜头纸擦拭。③ 观察时，坐姿要端正，双目同时张开，切勿睁一眼闭一眼或用手遮挡一只眼。④ 观察载玻片时，一定要按先低倍、后高倍物镜顺序使用。细调焦轮是在观察到物像但不够清晰时使用，切忌沿同一方向不停地转动细调焦轮。

(三) 细胞基本结构观察

撕取新鲜洋葱表皮制临时装片进行观察，可见表皮为一层细胞，其细胞多为近长方形，选择形状较规则、结构清晰的细胞移至高倍镜下观察，可分辨细胞壁、细胞质、细胞核结构。由于大液泡的形成，细胞核位于一侧，高倍镜下还可看见核仁。通过调节细调焦轮可使细胞的不同层次依次成像，加深对细胞立体结构的理解。

五、实验报告

绘 1~2 个洋葱鳞叶表皮细胞图并引线注明各部分名称。

六、思考题

1. 使用显微镜应注意哪些事项？
2. 由低倍镜转高倍镜应特别注意什么？

实验二 荧光显微镜

根据 Stokes 法则,应用短波光照射被测物质,以激发其发射荧光。荧光显微镜（Fluorescence Microscope,FM）可用于观察生物标本的固有荧光、二次荧光和免疫学荧光。

一、实验原理

荧光显微镜（图 2-2）均以汞灯为光源,因照明方式不同,分为透射式和落射式两种类型。落射式荧光显微镜,低倍观察时暗淡,高倍观察时明亮,并且视野均匀,易于操作,是目前常用的类型。其结构与投射式的差异就在于光路中具有分色镜,将短波光反射到标本上。

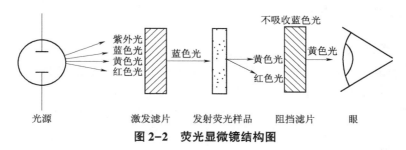

图 2-2 荧光显微镜结构图

除光源外,构成荧光显微镜的主要部件是激发滤片和吸收激发光滤片,前者产生单色光源,后者吸收激发光源而使某段光波通过,形成单一性荧光,也称阻挡滤片。在落射式荧光显微镜中,有的两种滤色片分别装置在光源附近和目镜下方,有的将两种滤色片和分色镜组成一个单元装置在目镜的下方。每组又可分几个波段供选择。汞灯光源发出的光波通过激发滤片后,形成的单色光线透射到分光镜上,经过分光,有一部分光线打在载玻片上,另一部分则分到阻挡滤片上,其阻挡滤片把对人眼有害的光线滤掉。载玻片上的光线又直接反射到双目镜,这样观察起来光线较柔和。激发光直接落射在样本表面,很少被吸收,因而荧光要比透射式的强,所以大多数研究用荧光显微镜均为表面荧光显微镜。

生物样品有的可自发荧光,有的经荧光染料处理后可诱发荧光,使用荧光显微镜可对细胞内的化学成分定性定位。

二、实验材料

对植物叶柄,以徒手切片法制作切片。细胞核以差速离心法分离后,用

10 mol/L 溴化乙锭（EB）染色 2 min，用蒸馏水冲洗 3 次。

三、实验内容

荧光具有特异性，要选择合适的激发滤片和阻挡滤片，以便获得较强的荧光。在观察时要排除妨碍特异性观察的尘埃和污物、油浸用的油，必须用发荧光少的，尤其是以紫外光线激发时，应使用无荧光油。对于荧光微弱的标本，应在暗室中观察。

（一）荧光显微镜的调节

打开汞灯光源后，调节视场光栅，使光轴通过视野中心。

（二）观察条件

25×荧光物镜，激发滤片 436 nm，阻挡滤片 520 nm。

（三）观察步骤

先以明视场对标本聚焦，图像清晰后转入荧光观察。

四、实验结果

植物叶柄切片中的叶绿体，因其含叶绿素，经短波光激发后，产生鲜红色的荧光；木质部的木质素在激发后产生自发的黄色荧光。细胞核内的染色体，因产生 EB-DNA 复合物，诱发出橙红色的荧光，多为圆球形。

五、思考题

1. 简述荧光显微镜的结构原理。
2. 在使用荧光显微镜的过程中，要注意哪些问题？

实验三　扫描电子显微镜实验

一、实验目的
1. 了解扫描电镜的基本结构和原理。
2. 掌握扫描电镜的操作方法。
3. 掌握扫描电镜样品的制备方法。
4. 选用合适的样品，通过对表面形貌衬度和原子序数衬度的观察，了解扫描电镜图像衬底原理及其应用。

二、实验原理
扫描电子显微镜利用细聚焦电子束在样品表面逐点扫描，与样品相互作用产生各种物理信号，这些信号经检测器接收、放大并转换成调制信号，最后在荧光屏上显示反映样品表面各种特征的图像。扫描电镜具有景深大、图像立体感强、放大倍数范围大、连续可调、分辨率高、样品室空间大且样品制备简单等特点，是进行样品表面研究的有效分析工具。

扫描电镜所需的加速电压比透射电镜要低得多，一般在 1~30 kV，实验时可根据被分析样品的性质适当地选择，最常用的加速电压在 20 kV 左右。扫描电镜的图像放大倍数在一定范围内（几十倍到几十万倍）可以实现连续调整，放大倍数等于荧光屏上显示的图像横向长度与电子束在样品上横向扫描的实际长度之比。扫描电镜的电子光学系统与透射电镜的有所不同，其作用仅仅是提供扫描电子束，作为使样品产生各种物理信号的激发源。扫描电镜最常使用的是二次电子信号和背散射电子信号，前者用于显示表面形貌衬度，后者用于显示原子序数衬度。

扫描电镜的基本结构可分为电子光学系统、扫描系统、信号检测放大系统、图像显示和记录系统、真空系统、电源及控制系统六大部分。

三、实验器具及材料
主要仪器：XL-30 型扫描电子显微镜。
主要材料：金属样品和陶瓷样品。

四、实验内容
（一）样品制备
扫描电镜的优点之一是样品制备简单，对于新鲜的金属断口样品，不需要做任何处理，可以直接进行观察。但在有些情况下需对样品进行必要的处理。

（1）样品表面附着有灰尘和油污，可用有机溶剂（乙醇或丙酮）在超声波清洗器中清洗。

（2）样品表面锈蚀或严重氧化，采用化学清洗或电解的方法处理。清洗时，可能会失去一些表面形貌特征的细节，操作过程中应该注意。

（3）对于不导电的样品，观察前需在表面喷镀一层导电金属或碳，镀膜厚度控制在 5~10 nm 为宜。

（二）扫描电子显微镜的操作及样品测试

1. 真空系统部分操作。

（1）开电源、扩散泵冷却水、机械泵、压缩机、变压器及电源总开关。

（2）开真空电源：系统会自动进行抽样品室、镜筒低真空和高真空。

（3）进行四个最主要的操作步骤：灯丝对中，灯丝饱和点调节，物镜光阑对中，消像散。

2. 样品处理。

样品观察前要进行表面导电处理，常用导电处理法包括：真空镀膜法和离子溅射镀膜法。本次试验采用的是离子溅射镀膜法。即在低真空状态下，在阴极与阳极两个电极之间加上几百至上千伏的直流电压时，电极之间会产生辉光放电。在放电的过程中，气体分子被电离成带正电的阳离子和带负点的电子，并在电场的作用下，阳离子被加速跑向阴极，而电子被加速跑向阳极。如果阴极用金属作为电极，那么在阳离子冲击其表面时，就会将其表面的金属粒子打出，这种现象称为溅射。此时被溅射的金属粒子是中性，即不受电场的作用，而靠重力作用下落。如果将样品置于下面，被溅射的金属粒子就会落到样品表面，形成一层金属膜。

（三）扫描电镜图像表面形貌衬度观察

二次电子信号来自样品表面层 5~10 nm，信号的强度对样品微区表面相对于入射束的取向非常敏感，随着样品表面相对于入射束的倾角增大，二次电子的产额增多。因此，二次电子像适用于显示表面形貌衬度。

二次电子像的分辨率较高，一般在 3~6 nm。其分辨率的高低主要取决于束斑直径，而实际上真正达到的分辨率与样品本身的性质、制备方法，以及电镜的操作条件，如高匝、扫描速度、光强度、工作距离、样品的倾斜角等因素有关，在最理想的状态下，目前可达的最佳分辨率为 1 nm。

（四）工作程序

1. 开启试样室进气阀控制开关放真空，将样品放入样品室后，将试样室进气阀控制开关关闭并抽真空；
2. 打开工作软件，加高压至 5 kV（不导电试样）；
3. 将图像选区调为全屏；
4. 调节显示器对比度、亮度至适当位置；
5. 调节聚焦旋钮至图像清晰；
6. 放大图像选区至高倍状态；
7. 消去 X 方向和 Y 方向的像散；
8. 选择适当的扫描速率观察图像；
9. 根据所需要求进行观察和拍照；
10. 做好实验记录及仪器使用记录。

五、注意事项

1. 真空室的真空度。
2. 样品制备过程中，主要样品的选择。
3. 样品要用导电胶进行黏合。
4. 根据观察所需，选择合适的信号源。

六、思考题

1. 原子序数衬度和形貌衬度主要由哪些信号产生？
2. 通过断口形貌观察可以研究材料的哪些性质？
3. 形貌观察镀膜是否会产生假象？

实验四　透射电子显微镜

一、实验目的

1. 熟悉透射电子显微镜的基本构造。
2. 初步了解透射电镜操作过程。
3. 初步掌握样品的制样方法。
4. 学会分析典型组织图像。

二、实验原理

透射电镜以波长极短的电子束作为光源,电子束经由聚光镜系统的电磁透镜将其聚焦成一束近似平行的光线穿透样品,再经成像系统的电磁透镜成像和放大,然后电子束投射到主镜筒最下方的荧光屏上而形成所观察的图像。在材料科学研究领域,透射电镜主要用于材料显微区的组织形貌观察、晶体缺陷分析和晶体结构测定。

透射电子显微镜按加速电压分类,通常可分为常规电镜(100 kV)、高压电镜(300 kV)和超高压电镜(500 kV 以上)。提高加速电压,可缩短入射电子的波长,不仅有利于提高电镜的分辨率,同时还可以提高对试样的穿透能力。这不但可以放宽对试样减薄的要求,而且厚试样与近二维状态的薄试样相比,更接近三维的实际情况。就当前各研究领域使用的透射电镜来看,其主要性能指标大致如下:

加速电压:80~3 000 kV。

分辨率:点分辨率为 0.2~0.35 nm、线分辨率为 0.1~0.2 nm、最高放大倍数为 30 万~100 万倍。

三、透射电镜基本结构

尽管近年来商品电镜的型号繁多,高性能多用途的透射电镜不断出现,但总体来说,透射电镜一般由电子光学系统、真空系统、电源及控制系统三大部分组成。此外,还包括一些附加的仪器和部件、软件等。

(一)电子光学系统

电子光学系统通常又称为镜筒,是电镜的最基本组成部分,是用于提供照明、成像、显像和记录的装置。整个镜筒自上而下分别为电子枪、双聚光镜、样品室、物镜、中间镜、投影镜、观察室、荧光屏及照相室等。通常又把电子光学系统分为照明、成像和观察记录部分。

（二）真空系统

为保证电镜正常工作，要求电子光学系统应处于真空状态下。电镜的真空度一般应保持在 10^{-5} 托①，这需要机械泵和油扩散泵两级串联才能得到保证。目前的透射电镜增加一个离子泵以提高真空度，真空度可高达 133.322×10^{-8} Pa 或更高。如果电镜的真空度达不到要求，会出现以下问题：

（1）电子与空气分子碰撞，改变运动轨迹，影响成像质量。

（2）栅极与阳极间空气分子电离，导致极间放电。

（3）阴极炽热的灯丝迅速氧化烧损，缩短使用寿命，甚至无法正常工作。

（4）试样易于氧化污染，产生假象。

（三）供电控制系统

供电系统主要提供两部分电源：一是用于电子枪加速电子的小电流高压电源；二是用于各透镜激磁的大电流低压电源。目前先进的透射电镜多已采用自动控制系统，其中包括真空系统操作的自动控制、从低真空到高真空的自动转换、真空与高压启闭的连锁控制，以及用微机控制参数选择和镜筒合轴对中等。

四、实验内容

1. 样品的制备：

（1）磨样：将铝合金样品用 1000 或 2000 型号的砂纸磨至 100 mm 左右。

（2）冲孔：把样品用打孔钳打孔，打出 2 个直径为 3 mm 的小圆片。

（3）细磨：将这些小圆片在 5000 型号的砂纸上磨至 50 μm 左右，去毛刺。

（4）电解双喷减薄：将样品夹在双喷仪中进行双喷，当观察到观察孔有光时，关闭电源，拿出样品夹，立即在装有酒精的烧杯中进行 3 次清洗，取出样品后用滤纸包好。

对于 TEM，常用的是 50~200 kV 电子束，样品厚度控制在 100~200 nm，样品经铜网承载，装入样品台，放入样品室进行观察。

2. 仪器调试：开启透射电镜，至真空抽好。调试仪器，经合轴、消像散以后，即可送样观察。

3. 观察记录：将欲观察的铜网膜面朝上放入样品架中，送入镜筒观察。先在低倍下观察样品的整体情况，然后选择好的区域放大。变换放大倍数后，要重新聚焦。将有价值的信息以拍照的方式记录下来，并在记录本上记录观察要点和拍照结果。将样品更换杆送入镜筒，撤出样品，换另一样品观察。

---

① 1 托 = 133.32 Pa。

4. 暗室处理：根据所用胶片的特性配制相应的暗室试剂，在暗室内，在红光条件下冲洗胶片，并在红光条件下将负片放大成正片。

5. 图片解析：根据制样条件、观察结果及样品的特性等进行综合分析，对图片进行合理的解析。

五、实验报告

1. 画出透射电镜的三种成像模式。
2. 观察图片，对样品进行分析。

六、思考题

1. 透射电子显微镜与光学显微镜的区别是什么？
2. 透射电子显微镜的基本构造及各部分的作用分别是什么？

第三章

显微制片技术

实验一　植物组织徒手切片的制作

一、实验目的

1. 熟练掌握徒手切片的制作方法。
2. 了解徒手切片制作过程中注意的问题。

二、实验器具与试剂

1. 器具：显微镜、刀片、小培养皿、镊子、毛笔、吸水纸、纱布、载玻片、盖玻片等。
2. 试剂：10%番红水溶液、0.5%固绿（用95%的酒精配制）、蒸馏水、50%甘油液（用蒸馏水配制）。

三、实验材料

根据季节选择幼嫩植物各个部分、支持物（萝卜或马铃薯）。

四、实验内容

徒手切片是植物形态解剖学实验教学中最简便的一种切片方法。其优点是工具简单，方法简单易学，所需时间短，即切即可观察，可看到自然状态下的形态与颜色。

因徒手切片具备上述优点，因此应用普遍。其步骤如下：

1. 将培养皿中盛上蒸馏水（或清水）。
2. 切片：视材料而定。

（1）如果所切的材料大小、硬度适中，像一般草本植物的根、茎、叶柄等，可直接用手拿着材料切。

（2）如果材料太小、太软或太薄，像叶片、小根、小茎之类，就要用支持物夹着材料去切。萝卜、胡萝卜的储藏根、马铃薯的块茎或通草等，均可用作支持物。切片时，先把支持物切成小块或小段，并从中间劈开一小段，再把材料切成适当的长度或大小，夹入支持物内（如需要材料的横切面，则直接把材料夹入支持物内，如要纵切面，则横夹）进行切片。

（3）如果材料太硬，像木本植物的茎或木材，切片很困难，需先进行软化处理。即将材料切成小块，用水反复煮沸，然后放入50%甘油液（用蒸馏水配制）中，经数星期后取出切片。浸润时间的长短，随材料的大小和硬度而定。

切片时，如切草本植物的幼茎，先将材料切成长约 3 cm 的小段。用左手三个指头夹住材料，并使其高于手指，拿正，以免切伤手指。右手持刀片（刀锋要锋锐），平放在左手的食指之上，刀口向内，且与材料断面平行。左手不动，右手用臂力（不要用腕力）自左前方向右后方拉刀滑行切片，既切又拉，充分利用刀锋，把材料切成正而平的薄片。

连续切下数片后，用湿毛笔将切片从刀片上轻轻地移入盛水的培养皿中。切到一定数量后，进行选片。在切片过程中要注意刀片与材料始终要带水。这样不仅增加刀的润滑，还可以保持材料湿润，不至于因失水而使细胞变形及产生气泡。刀片用后应立即擦干水，在刀口上涂上凡士林或机油，以免生锈。

3. 选片：用毛笔在培养皿中挑选出薄而均匀，并且切面完整的切片，进行临时装片，放置于显微镜下观察。如果是支持物夹着切的，选片时应先将支持物的切片选出后再进行选片。

4. 加盖玻片：用镊子轻夹盖玻片的一边，使盖玻片的相对另一边先接触载玻片上的水滴，而后慢慢地把盖玻片轻轻盖在材料上，尽量避免产生气泡。如有气泡，可用镊子将盖玻片的一侧掀起，然后再慢慢重新盖上。如有水溢出盖玻片，特别是染液，一定要将其用吸水纸吸干净。

5. 加染液染色：染液染色也可在用水和盖玻片进行。方法是滴一滴染液在盖玻片旁，用吸水纸在另一边吸，直到染液充满为止。良好的装片标准是：材料无皱褶，不重叠，水分适宜，无气泡。

6. 切片的方向——三种切面：
（1）横切面：是垂直于茎或根的长轴而切的切面。
（2）径向切面：是通过中心而切的纵切面。
（3）切向切面（弦切面）：是垂直于半径而切的纵切面。

7. 如果切片需要染色和保存下来，要先固定。关于固定液的选择、染色的方法，请参看后面的石蜡切片法。

五、实验报告

从自己做的切片（根、茎、叶均可）中选择最好的一片请老师检查，然后绘制部分详图，并引注各部分名称及标题。

六、思考题

1. 切片时，要注意哪些方面？
2. 什么样的切片是好的切片？

实验二 植物石蜡切片的制作

一、实验目的

1. 熟练掌握石蜡切片的方法。
2. 掌握石蜡切片的制作过程。

二、实验器具与试剂

1. 器具：石蜡切片机、烘箱、显微镜、染色缸、小培养皿、镊子、毛笔、吸水纸、纱布、载玻片、盖玻片等。

2. 试剂：10%番红水溶液、0.5%固绿（用95%的酒精配制）、酒精（100%、95%、80%、70%、50%）、二甲苯、蒸馏水、甘油、中性树胶等。

三、实验材料

幼嫩植物各部分，根据季节选择材料。

四、实验内容

石蜡切片法是显微技术中最重要、最常用的一种方法。它是把材料封埋在石蜡里面，用旋转切片机切片，可以切出很薄的切片。凡是要观察组织的精细结构，大都用石蜡切片。全都过程如下：

1. 固定：用50%或70%的FAA固定液（50%或70%酒精∶甲醛∶冰乙酸＝16∶1∶1；幼嫩材料用50%的FAA；老的材料用70%的FAA），置于4℃固定24 h。

2. 脱水：将固定液倒去，加入50%乙醇，室温静置30 min；重复一次，室温静置20 min。换成1%番红水溶液（用70%酒精配制），室温脱水染色过夜。次日继续脱水，酒精浓度梯度和时间依次为：80%乙醇1 h，95%乙醇1 h，无水乙醇1 h、40 min（2次）。

3. 透明：1/2无水乙醇+二甲苯混合液1 h，纯二甲苯1 h、40 min（2次）。最后加入少量二甲苯（浸没材料即可）和碎蜡，放入38℃温箱中过夜。

4. 浸蜡：将温箱温度调至56℃，计时1 h；换成二级蜡1 h；三级蜡（3次）各1 h、1 h、40 min（从温度上升到56℃开始计时）。

5. 包埋：将带有材料的液体蜡倒入叠好的纸槽中，迅速放入冰水中使蜡凝固，防止气泡产生，以及凝蜡不匀。

6. 切片：修整蜡块，用 Lica RM2126 切片机切片，厚度 5~10 μm。

7. 贴片：在载玻片上涂少许黏片剂，将切好的蜡带放入温水中，捞至载玻片上，最后置于 37 ℃恒温箱过夜烤片。

8. 脱蜡及染色：

（1）番红-固绿对染。

① 脱蜡：二甲苯 60 min、二甲苯 5 min、1/2 无水乙醇+1/2 二甲苯混合液 5 min、无水乙醇 5 min、无水乙醇 5 min、95%乙醇 5 min、80%乙醇 5 min、1%番红室温过夜。

② 染色：80%乙醇 5 min，1%固绿（用 95%酒精配制）迅速蘸一下，大约 10 s，直接放到 95%乙醇 5 min、无水乙醇 5 min、无水乙醇 5 min、1/2 无水乙醇+1/2 二甲苯混合液 5 min、二甲苯 5 min（2 次）。

（2）甲苯胺蓝染色。

① 脱蜡：二甲苯 60 min、二甲苯 5 min、1/2 无水乙醇+1/2 二甲苯混合液 5 min、无水乙醇 5 min、无水乙醇 5 min、95%乙醇 5 min、80%乙醇 5 min、70%乙醇 5 min、50%乙醇 5 min、30%乙醇 5 min、蒸馏水 5 min。

② 染色：用 0.2%~1%甲苯胺蓝染色 1~10 min，再用自来水冲洗 30 s；95%乙醇分色大约 20 s；无水乙醇脱水 2 次，各 5 min；二甲苯透明 2 次，各 5 min。

（3）I_2-KI 染色淀粉颗粒。

① 脱蜡：同甲苯胺蓝染色脱蜡。

② 染色：用 I_2-KI 染色 10 min，快速用三氯乙烷冲洗，再用自来水冲洗 30 s；无水乙醇脱水 2 次，各 5 min；二甲苯透明 2 次，各 5 min。

（4）封片：从二甲苯中取出后，立即在载玻片上滴一滴中性树胶，盖上盖玻片，放至 37 ℃恒温箱中烤片。

（5）镜检：将组织切片置于 Motic B5 professional series 光学显微镜下（Bock Optronics Inc., Canada）观察，并用 Motic Images Advanced 3.1 软件显微拍照。

五、注意事项

1. 番红与固绿在酒精中很容易脱色，因此，在酒精中脱水时，不能放置太久。

2. 用固绿对染之前，应检查番红染色得是否合适，所染颜色应稍深一些，以防其在以后脱水步骤中仍会脱色，如果太浅，应退回重染。

六、实验报告

完成一种材料的石蜡切片的永久切片的制作。

七、思考题

1. 石蜡切片要注意哪些方面的问题？
2. 怎样采集和固定石蜡切片的样品？

实验三　负染色技术

一、实验原理

负染色又称阴性染色，是相对于普通染色（称正染色）而言的。负染色首先由 Hall 在 1955 年提出。Hall 在病毒研究中用磷钨酸染色后，发现图像的背景很暗，而病毒像一个亮晶的"空洞"被清楚地显示出来。在超薄切片的染色中，染色后的样品的电子密度因染色而被加强，在图像中呈现黑色。而背景因未被染色而呈光亮，这种染色称为正染色。而负染色则相反，由于染液中某些电子密度高的物质（如重金属盐等）"包埋"电子密度低的样品，因此在图像中背景是黑暗的，而未包埋的样品颗粒则光亮透明。两者之间的反差正好相反，故称为负染色。对于负染色的机制目前还不十分了解。对颗粒状的生物材料的研究而言，负染色技术与超薄切片方法相比，具有分辨率高、简单快速等优点，因此，在生物学研究中得到越来越广泛的应用。它可以显示生物大分子、细菌、病毒、分离的细胞器及蛋白质晶体等样品的形状、结构、大小及表面结构的特征。尤其在病毒学中，负染色技术成为不可取代的实验技术。

二、实验试剂

目前最常用的负染液是磷钨酸、磷钨酸钾和磷钨酸钠（分别简称为 PTA、KPT、NaPT）。此外，醋酸铀、甲酸铀、硅钨酸、钼酸铵等也常作负染色剂使用。

配制方法：

磷钨酸、磷钨酸钠、磷钨酸钾溶液通常用双蒸水或磷酸缓冲液配制成 1%~3% 的溶液，使用时应用 1 mol/L 氢氧化钠溶液将负染色液的 pH 调至 6.4~7.0 或实验所需的值。

醋酸铀：通常使用双蒸水配制成 0.2%~0.5% 水溶液（pH 4.5）。醋酸铀染色液应是新鲜的，最好使用前配制。醋酸铀溶解需 15~30 min，在黑暗中能稳定几小时，使用前用 1 mol/L 的氢氧化钠溶液将 pH 调至 4.5。

甲酸铀：用双蒸水配制成 0.5%~1% 水溶液，pH 为 3.5，使用时用 1 mol/L 的氢氧化钠溶液将 pH 调至 4.5~5.2。

钼酸铵：用双蒸水配制成 2%~3% 水溶液，使用时用醋酸铵将 pH 调至 7.0~7.4。钼酸铵对有界膜的生物材料具有特别良好的染色值。

三、实验内容

（一）悬滴法

用一根细的吸管吸一滴样品悬液滴在有膜的铜网上，滴样时要防止铜网被液体吸到管上来或翻转而被污染。如果用Formvar膜，在制好膜后，可以直接对粘贴在滤纸上的铜网进行负染色操作。如果用碳膜，要用镊子夹着铜网，滴液后静置数分钟，然后用滤纸从铜网边缘吸去多余的液体，滴上负染色液，染色1~2 min用滤纸吸去负染色液，再用蒸馏水滴在铜网上洗1~2次，用滤纸吸去水，待干后可用于电镜观察。干燥时，由于表面张力的作用，某些敏感的材料可能受到损伤，可用戊二醛或四氧化锇预固定。预固定在滴样之后进行。

（二）喷雾法

将染色液和悬液样品等量混合，用特制的喷雾器喷到有膜的铜网上，待干后可用于电镜观察。喷雾法的优点是雾滴较小，分布均匀，不易凝结成块。但操作较麻烦，溶液混合时易产生沉淀，并且需要耗费较多的样品和染色液，尤其容易造成病毒扩散，故此法不常用。

（三）漂浮法

先将带有支持膜的铜网在悬液样品的液滴上漂浮（有支持膜的那面向下），然后在负染色液的液滴上漂浮。在漂浮期间，样品和染色液被吸附在铜网的支持膜上，漂浮时间与悬滴法的相近。

四、注意事项

一个理想的负染样品的图像应是均匀的，在1万倍的放大倍率下，图像出现一些薄薄的染色斑块，其特点是没有明显的边缘，染色斑由中央向边缘由深到浅，有一个逐渐变化的过程，如同中国水墨画的润色一样。在3万~4万倍观察时，则可见到反差良好而柔和的生物结构。而与此相反，黑白截然分明，缺乏由浅到深的中间色调，或在明亮的载网上出现颗粒性团块，则是染色失败的表现。因此，虽然负染色方法简单，但要获得理想的负染色效果和进行重复性实验却不大容易。下列因素在操作中需加以注意：

（一）悬液样品的纯度

待染色的悬液样品虽然不要求很纯，但如果杂质太多，如大量的细胞碎片、培养基残渣、糖类及各种盐类结晶的存在，将会干扰染色反应和电镜的观察。尤其是不要有过多的糖类，因为在电子束的轰击下，糖类容易碳化而有碍观察，因此最好进行适当的提纯。

（二）悬液样品的浓度

样品悬液的浓度要适中，否则，太稀时，在电镜下寻找样品将很困难；太浓时，样品的堆集会影响观察。因此，第一次制样时，同时用几种浓度的样品进行滴样，从而采用浓度适中的铜网进行观察。一般负染色技术通常要求每份样品至少含有 $10^7\ \text{mL}^{-1}$ 目标颗粒才能被观察到。

（三）样品和染色液的均匀分布问题

生物大分子样品或病毒样品最好使用碳膜作支持膜。使用其他支持膜，在电镜观察时往往会发生样品漂移，而不容易拍摄到好的照片。但是由于碳膜的疏水性，会使样品及染色液凝集，在进行电镜观察时，往往由于样品和染色剂浓密的堆集而无法看清样品的结构细节。为了提高染色效果，需要设法促进样品和染料的均匀分散，可采用以下方法：

使用分散剂：常用的分散剂为牛血清蛋白（BSA），适用于高度纯化的颗粒性悬液。方法是把 0.005%~0.05% 牛血清蛋白溶液加到样品悬液内，所加量无严格的规定，先加数滴，如果仍不见效，可适当增加；也可以直接用 0.01% BSA 作为离心沉淀物的稀释液。此外，也可以用杆菌肽，按 30~50 μg/mL 的浓度用蒸馏水配制成溶液，用作沉淀物的稀释液，或将样品悬液、PTA 和杆菌肽溶液三者等量混合后滴样。

亲水性处理：对碳膜进行亲水性处理的方法如下：把覆盖在铜网上的碳膜放在离子溅射仪中，在 10~1 Pa 的真空中用离子轰击（蚀刻）几秒钟，碳膜即由疏水性变为亲水性。用这种碳膜就不存在样品与染色剂凝集的问题。但要注意碳膜经亲水性处理后，经过 1~2 天又会变为疏水性的，因此最好亲水性处理后立即使用。

（四）样品悬液和染色液的酸碱度问题

样品悬液和染色液的酸碱度会对负染色的结果产生较大的影响。为了确保生物样品有足够的缓冲条件，一般用 2% 醋酸铵或硫酸铵作缓冲液效果较好，并且使悬液的酸碱度呈中性或稍偏酸为宜。

染色液的酸碱度不仅影响到染色液的扩散，而且会对病毒的形态造成一定影响。负染色在制备过程中只要 pH 有微小的变化，就可能产生不同的影响，有时不仅不能获得良好的负反差，相反，会出现正染色的效果。

（五）染色的时机

染色的时机十分重要。滴染色液的时机一般既不要在生物样品完全干了之后，也不应在尚有肉眼可见的水珠时就着手染色。恰当的时机应是用滤纸吸去悬液之后稍待片刻，当肉眼看不出残留的液体时滴加染色液。如果尚有悬液残存时就进行染色，或者完全干后再染色，效果都不佳。

五、实验报告

分析负染色结果。

六、思考题

1. 简述负染色技术原理。
2. 实验中,要使负染样品的图像均匀,应注意哪些事项?

实验四　显微放射自显影技术

一、实验原理

放射自显影技术是利用放射性同位素所产生的射线作用于感光乳胶的氯化银晶体而产生潜影,再经过显影定影处理,把感光的氯化银还原成黑色的银颗粒,即可根据这些银颗粒的部位和数量分析出标本中放射性示踪物的分布,以进行定位和定量分析。

二、实验器具与试剂

器具:显微镜、恒温培养箱、电冰箱、干燥箱、电吹风、暗室。

试剂:酒精、二甲苯、Giemsa 染色液、乳胶、显影液、定影液、^{3}H-TdR。

三、实验材料

小白鼠。

四、实验内容

1. 同位素标记:将 ^{3}H-TdR 注射到小白鼠的腹腔中。
2. 制片:标记 3~4 h 后,处死小白鼠,取出组织并固定 4 h 左右,然后进行切片。
3. 涂乳胶:在暗室中把乳胶涂在载玻片上,直立于盒内,在暗处晾干。
4. 曝光:将晾干的切片放入暗盒,盒内放入少量干燥剂,用黑纸封严,放在 4 ℃ 冰箱中曝光 10~14 天。
5. 显影、定影。
6. 染色:用 Giemsa 染色液染色 10~15 min,用自来水冲洗,晾干。
7. 观察:在显微镜下观察同位素在细胞中的分布。

五、实验报告

描述同位素在细胞中的分布情况。

六、思考题

1. 谈谈你对放射自显影技术的理解。
2. 放射自显影技术的关键是什么?

第四章

植物实验

实验一　细胞基本结构和储藏物质

一、实验目的

1. 掌握植物细胞的基本结构、类型及特点。
2. 了解植物细胞储藏物质的主要类型和储藏方式。
3. 学习生物绘图方法。

二、实验器具与试剂

1. 器具：光学显微镜、载玻片、盖玻片、镊子、刀片、吸水纸、擦镜纸、纱布块。
2. 试剂：蒸馏水、碘液、苏丹Ⅲ。

三、实验材料

洋葱鳞叶表皮细胞制片、柿子胚乳细胞切片、新鲜红辣椒果实、新鲜黑藻嫩枝条、新鲜白萝卜、新鲜马铃薯块茎、花生或蓖麻种子。

四、实验内容

(一) 细胞基本结构观察

1. 植物细胞基本结构：

取洋葱鳞叶表皮细胞制片或用新鲜材料撕取表皮制临时装片观察，可见表皮为一层细胞，其细胞多为近长方形，选择形状较规则、结构清晰的细胞移至高倍镜下观察，可分辨细胞壁、细胞质、细胞核结构。由于大液泡的形成，细胞核位于一侧，高倍镜下还可看见核仁。通过调节细调焦轮可使细胞的不同层次依次成像，加深对细胞立体结构的理解。

2. 质体及胞质环流：

（1）叶绿体：取新鲜黑藻接近茎尖的叶片制成临时装片观察，其细胞为狭长形，内含大量叶绿体。高倍镜下可观察到近叶片中脉或边缘处的某些细胞内叶绿体遵循一定方向环形流动，这是叶绿体随细胞质环流的结果。

（2）有色体：另用镊子取少量新鲜红辣椒靠近果皮的果肉细胞制成临时装片观察，高倍镜下可观察到细胞呈近圆形，内含许多红色颗粒，为有色体。

（3）白色体：用镊子取少量新鲜萝卜制成临时装片观察，高倍镜下细胞也呈近圆形，个别细胞内含许多白色颗粒，即为白色体。

3. 胞间连丝和纹孔：

用刀片沿新鲜的红辣椒的果皮表面平行方向，切取一薄片（或把辣椒的果皮里面朝上平放在桌面上，用快刀刮去肥厚物质，使之很薄），加碘液染色制片观察。在高倍镜下，可以看见其表皮是由不太规则的细胞群构成的，细胞中有着淡黄色的细胞质。细胞壁很厚，呈深黄色，壁上有小孔（纹孔），孔里有细胞质丝穿过。此实验可用红墨水染色 30 min，然后吸去多余的染料，加水封片镜检，可见其细胞质被染成粉红色。也可观察到纹孔和胞间连丝。

（二）植物细胞储藏物质

1. 淀粉：切取马铃薯块茎薄片或用新鲜马铃薯切口处的浆液制成临时装片，显微镜下可见细胞内含许多卵圆形或椭圆形颗粒，即为淀粉粒。高倍镜下将光线适当调暗，可见马铃薯淀粉粒依脐点和轮纹不同，有单粒、复粒和半复粒三种类型。单粒淀粉：每粒淀粉有一个脐点，围绕脐点有许多同心环，即轮纹。复粒淀粉：每粒淀粉有两个或两个以上的脐点和各自的轮纹，而无共同的轮纹层。半复粒淀粉：每粒淀粉具有两个或两个以上的脐点和各自少数的轮纹，还有共同的轮纹层。在做此临时装片时，也可滴加少许碘液，观察淀粉粒显什么颜色。

2. 蛋白质：储藏蛋白质一般以糊粉粒的形式存在。用刀片将花生子叶横切，在其切面上刮取少许粉末加碘液制成临时装片，低倍显微镜下可见细胞内含许多糊粉粒，高倍镜下可见糊粉粒外为淡黄色薄膜，内含 1 个无色球晶体和 1 至数个黄褐色拟晶体。

3. 脂肪：同样取上述切片加苏丹Ⅲ制成临时装片，显微镜下可见细胞内有许多大小不等的球形或不规则形状的橙红色的小油滴，即脂肪。

（三）生物绘图方法

1. 要求：细胞和组织绘图是根据显微镜下的观察内容绘制的，因此，首先要充分观察了解所绘材料的特点、排列及比例。选择有代表性的、典型的部位进行绘图，客观、真实地反映材料的自然状态。即生物绘图要求具备高度的科学性和真实感，形态正确、比例适当、清晰美观。

2. 基本步骤：

（1）根据绘图纸张大小和绘图的数目，安排好每个图的位置及大小，并留好注释文字和图名的位置。

（2）将图纸放在显微镜右方，依观察结果，先用 HB 型铅笔轻轻勾一个轮廓，确认各部分比例无误后，再把各个部分勾画出来。

（3）生物绘图通常采用"积点成线，积线成面"的表现手法，即用线条和圆点来完成全图。绘线条时，要求所有线条都均匀、平滑、无深浅、虚实之分，无明显的起落笔痕迹，尽可能一气呵成不反复。圆点要点得圆、点得匀，其疏密程度表示不同部位颜色深浅。

（4）绘好图之后，用引线和文字注明各部分名称。注字应详细、准确，且所有注字一律用平行引线向右一侧注明，同时要求所有引线右边末端在同一垂直线上。在图的下方注明该图名称，即某种植物、某个器官的某个制片和放大倍数。注意：所有绘图和注字都必须使用 HB 型铅笔，不可以用钢笔、圆珠笔或其他笔。

五、实验报告

1. 绘 1~2 个洋葱鳞叶表皮细胞图并引线注明各部分名称。
2. 绘马铃薯三种类型的淀粉粒图，并引线注明。

六、思考题

1. 植物细胞的基本结构、类型及特点是什么？
2. 如何鉴别植物细胞的储藏物质？
3. 原核细胞和真核细胞在结构上最主要的不同点是什么？

实验二　植物组织的观察

一、实验目的

1. 了解各类植物组织的分布、形态结构特征、功能及相互区别。
2. 掌握植物的分生组织、薄壁组织、保护组织、输导组织和机械组织构造上的特点及其与机能的关系。

二、实验器具与试剂

1. 器具：显微镜、载玻片、盖玻片、镊子、刀片、吸水纸、擦镜纸、纱布块、滴管。
2. 试剂：蒸馏水、碘液。

三、实验材料

洋葱根尖纵切制片、南瓜茎纵切制片、葡萄茎离析制片、蚕豆茎横切制片、椴树茎横切制片、天竺葵叶或其他叶片横切制片、天竺葵叶下表皮制片、鸢尾叶下表皮制片、橘皮分泌组织制片、新鲜白菜叶、新鲜梨果实。

四、实验内容

1. 分生组织：取洋葱根尖纵切制片（示范），在低倍镜下观察原分生组织和初生分生组织（图 4-1）。原分生组织在根的生长点最先端，细胞体积小、细胞壁薄、细胞质浓、细胞核大，无液泡或具多数小液泡，细胞为等径的多面体。原分生组织后方区域是初生分生组织，二者之间无明显界限。注意其细胞的形状及长宽比例。

2. 薄壁组织：广泛存在于植物体中，其共同结构特点是细胞体积大、近圆形、细胞壁薄、有大液泡，有发达的细胞间隙，如图 4-2 和图 4-3 所示。取各类叶横切制片观察叶肉细胞，其细胞体积大，呈圆柱状，内含叶绿体，是薄壁组织中最重要的一类，称为同化组织。

3. 保护组织：保护组织分布在植物体表，有保护作用。

（1）初生保护组织结构：取新鲜白菜叶，撕取其下表皮制成临时装片或取天竺葵叶下表皮制片（示范），观察双子叶植物表皮结构。高倍镜下，可见表皮细胞形状不规则，排列紧密，彼此镶嵌，无细胞间隙。表皮层上分布有多个气孔器（图 4-4），每个气孔器由一对肾形的保卫细胞和中间的气孔组成。保卫细胞中含有叶绿体。有的植物表皮上分布有表皮毛或腺毛。另取鸢

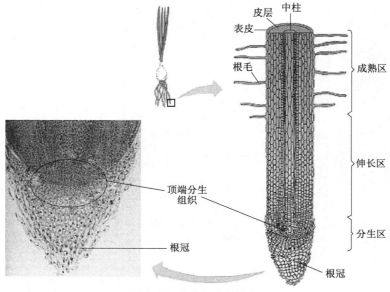

图 4-1　洋葱根尖的结构

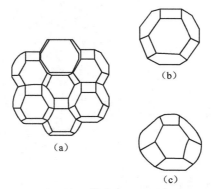

图 4-2　种子植物薄壁组织细胞的典型形状

(a) 一团 14 面体细胞；(b) 一个 14 面体细胞；(c) 一个石刁柏的薄壁细胞

尾叶下表皮制片（示范），观察单子叶植物表皮结构。高倍镜下，可见表皮细胞为狭长形状，排列整齐，有许多气孔器分布（图 4-5）。

（2）次生保护组织结构：取椴树茎横切制片观察周皮结构。显微镜下可见周皮由数层扁平细胞组成，包括木栓层（死细胞）、木栓形成层与栓内层。其中木栓层属于次生保护组织，木栓形成层属于侧生分生组织，栓内层属于薄壁组织。在局部区域，木栓形成层向外分裂，产生薄壁细胞，形成次生通气组织——皮孔。

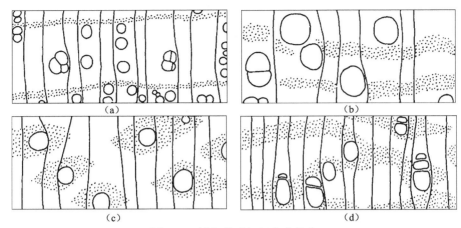

图 4-3 轴向薄壁组织分布特点

(a) 界限离管薄壁组织；(b) 带状离管薄壁组织；(c) 翼状傍管薄壁组织；(d) 聚翼傍管薄壁组织

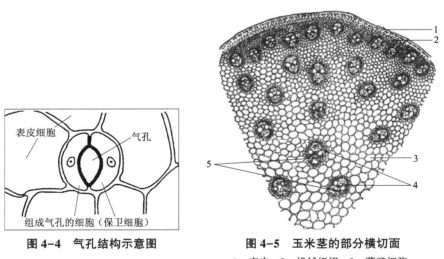

图 4-4 气孔结构示意图

图 4-5 玉米茎的部分横切面

1—表皮；2—机械组织；3—薄壁细胞；
4—韧皮部；5—木质部

4. 机械组织：机械组织细胞的特点是细胞壁部分或全部加厚。

（1）厚角组织：取蚕豆茎横切制片观察厚角组织。蚕豆茎表皮下方具有棱角的部分即为厚角组织，其细胞壁在细胞的角隅处加厚，是生活细胞。

（2）厚壁组织：取葡萄茎离析制片，可观察到许多被染成红色的长梭形木纤维细胞，其细胞壁为全部加厚的次生壁，并大多木质化。再在新鲜梨果肉靠近中部的部分挑取一个沙粒状的组织置于载玻片上，用两片载玻片将其压碎，滴一滴碘液，盖上盖玻片，制成临时制片观察。梨果肉细胞较大，近圆形，包围着颜色较暗的细胞群，这些细胞为多边形，细胞壁异常加厚，细胞腔很小，具有明显的纹孔沟，称为石细胞。

5. 输导组织：取南瓜茎纵切制片观察。显微镜低倍镜下可观察到被染成红色的、具有各种花纹的成串管状细胞，它们是多种类型的导管。每个导管分子均以端壁形成的穿孔相互连接，上下贯通。高倍镜下可见导管依花纹不同，区分为螺纹导管和网纹导管。前者管径较小，细胞壁具有螺旋形加厚并木质化的次生壁；后者管径较大，具有网状加厚并木质化的次生壁。再在镜下木质部的两侧找到染成蓝色的韧皮部，在此处可见一些口径较大的长管状细胞，即为筛管细胞。筛管细胞也是上下相连，高倍镜下可见连接的端壁所在处稍微膨大，染色较深，即为筛板，有些还可见到筛板上的筛孔。筛管无细胞核，其细胞质常收缩成一束，离开侧壁，两端较宽，中间较窄，这就是通过筛孔的原生质丝，比胞间连丝粗大，特称为联络索。在筛管旁边紧贴着一至几个染色较深、细长的伴胞。伴胞细胞质浓，具有细胞核。另在上述葡萄茎离析制片中可观察到梯纹导管。

6. 分泌结构：取橘皮分泌组织制片，观察叶表皮上有多细胞构成的腺毛结构，主脉薄壁细胞中有圆形空洞，即为分泌腔结构。

五、实验报告

1. 绘制白菜叶表皮细胞及气孔器结构图，并引注各部分名称。
2. 绘制 1~2 个网纹导管（或梯纹导管）和螺纹导管细胞图。
3. 绘制 1~2 个石细胞结构图。

六、思考题

1. 植物组织的分布、形态结构特征。
2. 比较植物组织功能及相互区别。

实验三 根尖的分区和根的解剖结构

一、实验目的
1. 了解根系不同类型的外部形态特征、根尖的分区及细胞特点，并加深理解根的生理功能。
2. 掌握根的内部结构特点、侧根发生及根瘤形态。

二、实验器具
显微镜、根的结构模型。

三、实验材料
茶直根系浸制标本、吉祥草须根系浸制标本、豌豆根瘤浸制标本、棉花幼根横切面永久制片、棉花老根横切面永久制片、蜜橘老根横切面永久制片、黄瓜老根横切面永久制片、水稻根横切面永久制片、葱根横切面永久制片、洋葱根尖纵切面永久制片。

四、实验内容
（一）根系的形态
1. 观察茶的根系，它有明显的主、侧根之分，属直根系。
2. 观察吉祥草的根系，它没有明显的主、侧根之分，均为不定根，属须根系。

（二）根尖的分区
取葱根尖纵切面永久制片在低倍显微镜下观察。根尖可分为四个区，由尖端开始，分别为：
1. 根冠区：在根的最先端，全形如帽遮盖生长点，具有保护作用。其外层细胞排列疏松，能分泌黏液，部分外围细胞已经被破坏，内层细胞小而规则，排列紧密。
2. 分生区（生长点）：细胞个体小，细胞壁薄，细胞排列紧密，都是分裂旺盛的幼期细胞。生长点细胞向前分化为根冠，向后分化为根的初生构造。
3. 伸长区：在生长点之后，细胞纵向长，并已开始出现导管和筛管的分化。
4. 根毛区（成熟区）：位于伸长区之后具根毛的部分。其内部细胞已停止生长，分化成熟，故也称成熟区。

(三) 双子叶植物根的内部结构

1. 根的初生结构：取棉花幼根横切面永久制片置于低倍镜下观察，分清表皮、皮层和中柱三部分结构，而后转为高倍镜由外至内仔细观察（图4-6）。

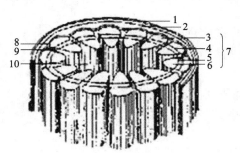

图4-6 双子叶植物茎初生结构立体图解
1—表皮；2—皮层；3—韧皮纤维；4—初生韧皮部；5—形成层；
6—初生木质部；7—维管束；8—维管柱；9—髓射线；10—髓

(1) 表皮：由一层排列紧密的细胞组成，其中某些细胞外壁向外突起形成根毛。

(2) 皮层：可分为三个层次。外皮层细胞与表皮相邻，排列紧密，细胞体积较小。皮层薄壁细胞层数较多，细胞个体大，呈圆形或多边形，具有发达的胞间隙。内皮层细胞一层，细胞体积也较小，排列紧密，有凯氏带增厚，横切面为凯氏点结构。

(3) 中柱：指内皮层以内的中轴部分。由中柱鞘、初生木质部、初生韧皮部和薄壁细胞组成。中柱鞘为紧邻内皮层的，排列紧密的一层细胞，具有潜在的分裂能力。初生木质部成束存在，共有四束，每束木质部横切面略呈三角形，辐射尖端为原生木质部，其导管口径小，是较早分化成熟的；后生木质部靠近轴心，导管口径大，是较晚分化成熟的。因此，木质部的成熟方式为外始式。初生韧皮部也是四束，与木质部束相间排列，细胞小，排列紧密，包含筛管和伴胞，但彼此很难区别。薄壁细胞包括木质部与韧皮部之间的几列薄壁细胞和髓部的薄壁细胞（不发达），其中木质部与韧皮部之间的薄壁细胞具有潜在的分裂能力。

2. 根的次生构造：

取棉花老根横切面永久制片置于低倍镜下观察，外为周皮，内为维管柱。而后转为高倍镜由外至内仔细观察（图4-7）。

(1) 周皮：由三部分组成。最外部为木栓层，2~3层，细胞扁平排列整齐，细胞壁栓质化。栓内层位于周皮最内层，为薄壁细胞。木栓层与栓内层之间有一层具有分裂能力的细胞，即木栓形成层。木栓形成层分裂产生的细胞向外分化形成木栓层，向内分化形成栓内层，三者合称周皮。

（2）维管柱：为周皮内所有部分的总称。由外至内为：

初生韧皮部：所占比例较小，位于栓内层内侧，有时初生韧皮部被压扁挤毁。

次生韧皮部：居于初生韧皮部以内、形成层外方，包括筛管、伴胞、韧皮纤维、韧皮薄壁细胞，与初生韧皮部不易区分。

形成层：围绕在次生木质部之外，成一个圆圈，由几层排列整齐的扁平细胞组成，但只有一层细胞具有分裂能力。

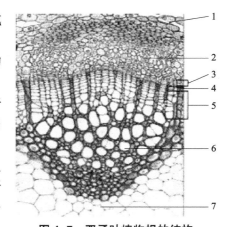

图4-7　双子叶植物根的结构
1—皮层；2—初生韧皮部；3—次生韧皮部；
4—形成层；5—次生木质部；
6—初生木质部；7—髓

形成层细胞向外分裂、分化形成次生韧皮部，向内分裂、分化形成次生木质部。

次生木质部：位于形成层之内，所占比例较大，由导管、管胞、木纤维和木薄壁细胞组成。导管口径大，细胞壁较厚，被染成红色；管胞口径小，靠近导管；木纤维口径小，细胞壁很厚，也呈红色；木薄壁细胞染成蓝色分布其间。在较老的根中，次生木质部与次生韧皮部中还产生了一种新组织，其细胞呈径向排列，由内向外呈放射状，即维管射线。

初生木质部：居于维管束中心，由一些小导管细胞组成四束，呈十字形排列。另取黄瓜老根横切面永久制片观察，与棉花根相比，其特点是：① 维管束为三束，因此射线十分明显且较宽。② 维管形成层不很明显。③ 韧皮纤维呈蓝色，细胞壁厚且成束存在，清晰可见。

再取蜜橘老根横切面永久制片观察，其特点是：① 周皮明显，韧皮部呈蓝色，但韧皮纤维呈红色。② 次生木质部发达，导管数量多，口径大，排列紧密。③ 髓部细胞略有木质化增厚。

（四）单子叶植物根的内部构造

1. 葱根：与棉幼根结构基本相似，但具有如下特点：

（1）皮层较发达，内皮层有明显的五面增厚，横切面上呈马蹄形加厚，外切向壁不加厚。在木质部放射角处有通道细胞。

（2）初生木质部具有5或6个放射角，即5或6束。导管被染成红色，十分明显。根的最中央被大导管占据，所以无髓部。

2. 水稻根：取水稻老、幼根横切面制片观察（图4-8），其特点如下：

（1）近表皮1~3层的皮层细胞形小、壁厚，为机械组织，在老根中可替代已脱落的表皮起保护作用。

（2）皮层薄壁组织在幼根中细胞排列整齐，呈同心辐射状排列，由内向外细胞逐渐增大，胞间隙发达。在老根中，皮层薄壁组织细胞破裂，形成了通气组织。

（3）内皮层也是五面增厚，横切面为马蹄形增厚，并有通道细胞。但内皮层与葱根相比，细胞增厚不明显。

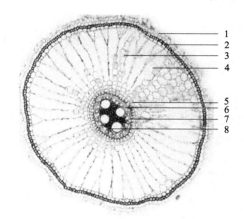

图4-8　水稻老根横切（示气腔）
1—表皮；2—外皮层；3—残余的皮层薄壁细胞；
4—气腔；5—内皮层；6—维管柱鞘；
7—韧皮部；8—木质部

（4）初生木质部为多原型。在较老的根中，中柱内除韧皮部外，所有细胞都木质化增厚，因此整个中柱既保持了输导功能，又有支持固定作用。

（五）侧根的发生

观察水稻根横切面制片（示范），可见侧根的形成情况。侧根起源于根毛区中柱鞘的一定部位，穿过皮层和表皮伸出在外，因此属内起源。

（六）根瘤

观察浸制的豌豆根瘤标本，可见在豌豆根上有许多膨大的小瘤，即根瘤。

五、实验报告

1. 绘棉花幼根横切面简图，并引线注明各部分名称。
2. 绘棉花老根横切面详图，并引线注明各部分名称。

六、思考题

1. 比较双子叶植物根的初生结构和次生结构。
2. 叙述单子叶植物根的内部构造。

实验四　茎的解剖结构

一、实验目的
1. 了解叶芽构造，为学习茎、叶构造奠定基础。
2. 掌握茎的构造与其功能的相关性。

二、实验器具
显微镜、茎的结构模型、叶芽结构模型、玉米茎结构模型。

三、实验材料
棉芽纵切面永久制片、棉花幼茎横切面永久制片、棉花老茎横切面永久制片、椴树茎横切面永久制片、杨树茎横切面永久制片、水稻茎横切面永久制片、竹茎横切面永久制片、新鲜枝条。

四、实验内容
（一）叶芽的构造
取棉芽纵切面永久制片（示范）置于显微镜下观察，可见棉芽顶端为生长锥，中间为芽体（芽轴），两侧为叶原基和幼叶，在幼叶叶腋处还有腋芽原基。茎上叶和芽均起源于表面1~3层细胞，这种起源方式称为外起源。

（二）双子叶植物茎的构造
1. 茎的初生构造：取棉花幼茎横切面永久制片观察，从外向内，其结构分别为：

（1）表皮：细胞排列整齐，外切向壁常角质化，表皮上有少量气孔，还有单细胞表皮毛和多细胞腺毛结构。

（2）皮层：由厚角组织及薄壁组织构成，厚角组织近表皮且含叶绿体，故棉花幼茎呈绿色。此外，外方皮层还有分泌腔结构。

（3）维管柱：为皮层以内的部分，中柱鞘不明显。包括维管束、髓和髓射线。

维管束：几乎连成一环，每束维管束由初生木质部、初生韧皮部和束中形成层组成。木质部与韧皮部为内、外并列，二者之间有形成层，这种排列方式的维管束称为外韧维管束，也称无限维管束。木质部近中心的导管口径小，近韧皮部的导管口径大，说明木质部的成熟方式为内始式。

髓：位于茎的中央，由薄壁细胞组成，所占比例较大，比根发达。

髓射线：在各维管束之间有由1~2列薄壁细胞组成的射线，内连髓部，外连皮层，具有横向运输的功能。

2. 茎的次生构造：取棉花老茎横切面永久制片置于显微镜下由外至内仔细观察。

（1）周皮：由木栓层、木栓形成层和栓内层三部分组成。细胞扁平排列整齐。

（2）皮层：皮层细胞不发达。

（3）维管柱：维管束由外向内包括初生韧皮部、次生韧皮部、维管形成层、次生木质部和初生木质部，较大的维管束中还有维管射线。髓射线由髓部直达皮层，呈漏斗状展开；髓射线中与束中形成层位置相当的那部分细胞，在次生生长中恢复分裂能力，称为束间形成层。束中形成层与束间形成层连成一环，共同组成维管形成层。另取椴树茎横切面永久制片观察，与棉花老茎相比，其特点如下：① 数层周皮细胞扁平，与表皮细胞区分明显，且周皮上有皮孔结构。② 皮层部分细胞内含有晶体，为含晶异细胞。③ 木质部年轮十分清晰，髓及髓射线也清晰可见。再取杨树茎横切面永久制片观察，其茎的构造特点如下：① 周皮细胞呈扁平砖形，被染成粉红色。② 次生木质部发达，导管数量多，口径较大。

（三）单子叶植物茎的构造

取水稻茎横切面永久制片观察，其茎初生结构特点如下：

1. 表皮：位于茎最外一层，细胞排列紧密，外壁常有角质或硅质化突起，并有少量气孔分布。

2. 基本组织：由薄壁细胞组成。近表皮几层细胞常含叶绿体且细胞壁增厚，称为下皮（或机械组织）。在下皮中分布有一轮较小的维管束，即外轮维管束。水稻茎中央的薄壁细胞解体，形成了髓腔。

3. 维管束：维管束共有两轮，外轮维管束分布于机械组织中，较小；内轮维管束排列于基本组织中，较大。每束维管束有维管束鞘包围，木质部近茎中心，呈V字形，开口端各有一个较大的孔纹导管，下部尖端可见环纹或螺纹导管及较明显的原生木质部腔隙，木质部其余部分为木纤维和木薄壁细胞。韧皮部在木质部的外方，较大且呈多边形的细胞为筛管，较小且呈方形或三角形的细胞为伴胞，二者区分明显。木质部与韧皮部之间无形成层存在，故无次生构造产生，为有限外韧维管束。

另取竹茎横切面永久制片观察，其结构与水稻茎结构基本相似，但不具有髓腔，维管束数量多，星散分布于薄壁细胞中。

（四）茎的分枝类型

观察新鲜枝条标本或挂图，了解各茎分枝类型的特点，如图4-9所示。

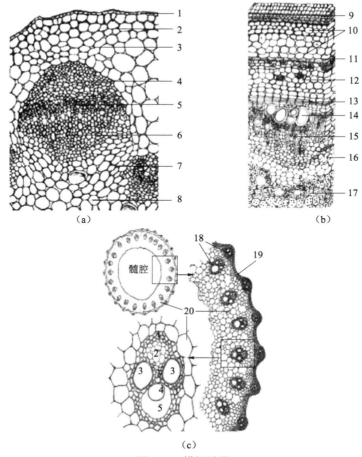

图 4-9　横切结构

(a) 花生茎的横切结构（初生结构）；(b) 棉花茎的横切结构（次生结构）；(c) 水稻茎的横切结构
1、9—表皮；2—厚角组织；3—皮层薄壁细胞；4、12—初生韧皮部；5—形成层；
6、15—初生木质部；7、16—髓射线；8、17—髓；10—皮层；11—木栓形成层；
13—维管形成层；14—次生木质部；18—维管束；19—机械组织；20—基本组织

五、实验报告

1. 绘制水稻茎初生结构简图和一个维管束详图，并引线注明各部分名称。
2. 绘制棉花老茎次生结构简图，并引线注明各部分名称。

六、思考题

1. 茎的形态特征是什么？
2. 双子叶植物茎和单子叶植物的构造有什么区别？

实验五　叶的形态、结构、类型及营养器官的变态

一、实验目的

1. 了解一般叶的外部形态和内部结构特征，对比各类型植物叶片结构特点，从而进一步理解叶片结构与功能的关系及结构与环境的适应性。
2. 通过观察植物营养器官各变态类型的特点，了解其生理功能和对环境的适应性。

二、实验器具

显微镜。

三、实验材料

棉花叶横切面永久制片、水稻叶横切面永久制片、夹竹桃叶横切面永久制片、松针叶横切面永久制片、各类叶片和复叶干制标本、各类型变态根浸制或干制标本、各类型变态茎浸制或干制标本、各类型变态叶浸制或干制标本。

四、实验内容

（一）叶的形态

观察一系列浸制或干制标本，了解叶的形态类型、复叶的类型、完全叶的组成和叶序的类型。

（二）双子叶植物叶片的构造

取棉花叶横切面（图 4-10）永久制片观察，显微镜下可见下列结构：

1. 表皮：由一层排列整齐的细胞组成，有上、下表皮之分。表皮外壁常有角质层覆盖，并有表皮毛和腺毛结构。在表皮上还有气孔器存在，注意分辨两个保卫细胞和气孔结构，其下方往往有孔下室。
2. 叶肉：叶肉是光合作用的场所。棉叶叶肉细胞分化为栅栏组织和海绵组织，称为异面叶。栅栏组织细胞在上表皮之下，由一层圆柱形细胞组成，排列整齐，恰似栅栏，细胞间隙较小，细胞内富含叶绿体。而海绵组织位于栅栏组织和下表皮之间，细胞排列不整齐，细胞间隙极发达。
3. 叶脉：叶的中部是大型叶脉，即主脉。主脉近上下表皮处均有机械组织起支持作用，再向内为基本组织，靠下表皮基本组织较多，形成了明显的突起。维管束位于主脉中央，呈倒扇形，上部为木质部，导管排列成串，呈放射状，导管之间为薄壁细胞；下部为韧皮部，细胞小而致密。木质部与韧

皮部之间的形成层不明显。叶肉中分布有许多横切、纵切或斜切的侧脉，即维管束。每束叶脉外有维管束鞘包围，内含木质部和韧皮部。叶脉越细，其结构越简单，木质部仅有导管，韧皮部仅有筛管。此外，叶片中还可见分泌腔结构。

(三) 单子叶植物叶片的构造

取水稻叶横切面（图4-10）永久制片观察，与棉花叶相比，其特点如下：

1. 表皮：表皮细胞较小，外壁有大量硅质突起和表皮毛。仔细观察气孔器结构，有两个较大的副卫细胞和两个较小的保卫细胞。孔下室也小。特别注意，在上表皮两叶脉之间有几个大型的薄壁细胞，呈倒扇形，称为泡状细胞或运动细胞，其与叶片失水时呈卷曲状有关。

2. 叶肉：没有栅栏组织和海绵组织的分化，为等面叶。叶肉细胞形状不规则，排列紧密，细胞壁具有内褶，细胞内含叶绿体多。

3. 叶脉：主脉向背面即下面突出，横切面上略呈三角形，由多数维管束、一定量薄壁细胞和厚壁细胞组成，其中央部分有几个大的气腔。叶肉中的侧脉有大有小，较大的维管束与茎中的维管束相似，且维管束鞘明显；较小的维管束结构简化，仍具有维管束鞘。叶脉近上、下表皮处均有机械组织。

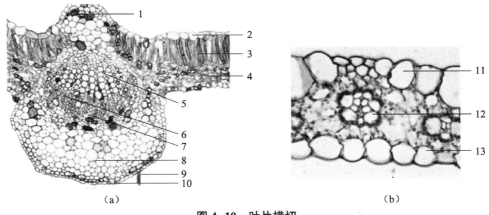

图4-10 叶片横切

（a）棉花叶横切面；（b）水稻叶横切面

1—厚角组织；2、11—上表皮；3—栅栏组织；4—海绵组织；5—木质部；6—形成层；
7—韧皮部；8—薄壁组织；9—表皮毛；10、13—下表皮；12—维管束鞘细胞

(四) 旱生植物叶片的结构

取夹竹桃叶横切面永久制片观察，其叶片适应干旱环境的特点是：

1. 表皮：上表皮由2~3层厚壁细胞组成复表皮，角质层极发达。气孔分

布于下表皮凹陷的气孔窝内，窝内还有表皮毛。这些特殊结构有效地防止水分过度蒸腾。

2. 叶肉：栅栏组织极发达，近上、下表皮均有，多层。细胞间隙小，含叶绿体较多。

3. 叶脉：与棉叶相似，但主脉为双韧维管束。

（五）裸子植物叶片的结构特点

取松针叶横切面永久制片观察。表皮细胞排列紧密，细胞壁厚，无上、下表皮之分；气孔器下陷，有 1 对保卫细胞和 1 对副卫细胞。在表皮内有由几层厚壁细胞组成的下皮层，叶肉细胞形状不规则，为皱褶细胞。叶肉之间分布有树脂道。叶片中央有一圈厚壁细胞，称为内皮层，两束维管束位于其中。在内皮层和两束维管束之间有由传输薄壁细胞和传输管胞组成的传输组织。

（六）营养器官变态类型的观察

仔细观察系列浸制或干制标本及挂图，掌握营养器官变态类型、特征和代表植物。

1. 根的变态类型：可分为储藏根和气生根两类。

（1）储藏根：适用于储藏大量营养物质。

肉质直根：观察萝卜等标本，它由主根肥大而成。上部由下胚轴发育而来，下部由主根发育而来。这两部分经过强烈的次生生长和三生生长（即由副形成层分裂产生的生长）形成了肉质直根。对比观察萝卜和胡萝卜横切面，可见前者次生木质部发达，后者则是次生韧皮部发达。

块根：观察红薯等标本，与肉质直根不同，它主要由侧根或不定根经过增粗生长膨大而成，因此，一株植物可以形成多个块根。块根也是由次生生长和三生生长增粗的。

（2）气生根：指生长在地面以上、空气环境中的各种不定根，其功能多样。

支柱根：观察玉米等标本。其在茎基部几个节上生有许多不定根，这些不定根可深入土中起吸收和支持作用。

攀缘根：观察常春藤等标本，其茎细长柔弱，生有无数不定根，以攀缘其他物体。

寄生根：观察菟丝子标本。菟丝子无叶、无根，不能自养，它借助于由不定根转化而成的吸器（即寄生根）钻入寄主茎内，吸收寄主的营养而生活。

2. 茎的变态类型：可分为地下茎变态和地上茎变态两类。

（1）地下茎变态类型：地下茎生活于土壤中，形态结构常发生明显的变化，但仍保持茎的基本特征不变。

块茎：观察马铃薯等标本。马铃薯由匍匐茎末端膨大而成，其上有顶芽，叶退化后留有叶痕。其叶腋部是凹陷的芽眼，每个芽眼内可产生一至多个腋芽，芽眼下面有退化的鳞叶，称为芽眉。芽眼在马铃薯块茎上螺旋排列。马铃薯横切面结构与茎的一致，为双韧维管束。

根状茎：观察莲藕、竹鞭等标本。根状茎匍匐生于地下，形似根，具有明显的节和节间，节上有鳞片状退化的叶，其内方有腋芽，可发育成地上枝和地下枝，同时节上生有不定根。

鳞茎：观察洋葱等标本。鳞茎呈圆盘状，节间极短，称为鳞茎盘。其顶端有一个顶芽，周围生有许多肥厚的鳞叶，最外围有膜质鳞叶保护。肉质鳞叶叶腋有腋芽，鳞茎盘下生有不定根。其既具有变态茎，又具有变态叶。

球茎：观察荸荠等标本。球茎为球形或扁球形肉质茎，节和节间明显，节上生有干膜状鳞片叶和腋芽。

（2）地上茎变态类型：类型较多，结构也比较复杂。

茎（枝）刺：观察皂荚等标本。茎刺由腋芽发育而成，不易剥落。

茎卷须：观察葡萄、南瓜等标本。茎卷须由顶芽或腋芽变态而来，多发生在腋芽处。由于顶芽变成卷须，腋芽代之继续发育，使茎成为合轴式生长，因而茎卷须挤到与叶相对的位置上。

叶状枝（茎）：观察竹节蓼等标本。茎扁化成绿色叶状体，叶完全退化或不发达，而由叶状枝代替叶进行光合作用。

肉质茎：观察仙人掌等标本。茎变得肉质多汁，呈扁圆形、柱状或球状，能进行光合作用，而叶往往退化为刺。

匍匐茎：观察蛇莓等标本。匍匐茎细长，匍匐生于地面上，顶端生根出芽，节上也生根。

（3）叶的变态类型：叶可塑性最大，发生的变态最多。

叶卷须：观察豌豆等标本。豌豆复叶顶端的 2~3 对小叶变成了卷须，适应于攀缘生长。

鳞片叶：观察洋葱等标本，其鳞茎盘上的肉质和膜质叶都为鳞片叶。

叶刺：观察仙人掌等标本。其肉质茎上的刺即为叶刺。另外，刺槐叶柄基部有一对变态托叶刺。

捕虫叶：观察茅膏菜、猪笼草标本。有些植物叶变态为盘状或瓶状，为捕食小虫的器官，称为捕虫叶。

苞片和总苞：苞片是生于花下的变态叶，一般较小，仍为绿色，如棉花花萼外有 3 片苞片（副萼）。而位于花序基部的苞片称为总苞，如玉米雌花序基部的变态叶。

叶状柄：如台湾相思树的叶片退化，而叶柄变态为扁平叶状体，代行叶的功能。

五、实验报告

1. 绘制棉花叶横切面结构部分详图（包括主脉），并引线注明各部分名称。
2. 绘制水稻叶横切面结构简图，并引线注明各部分名称。

六、思考题

1. 植物叶片的哪些形态与结构和叶的功能相适应？
2. 双子叶植物叶片的结构和单子叶植物叶片的构造的主要区别是什么？

实验六　花的组成及雄蕊与雌蕊的结构

一、实验目的
1. 了解被子植物花的各个组成部分形态结构与功能。
2. 掌握雄蕊花药和雌蕊子房的基本结构。

二、实验器具
显微镜、放大镜、镊子、花的模型。

三、实验材料
油菜子房横切面永久制片、百合子房横切面永久制片、棉花子房横切面永久制片、油菜花药横切面永久制片、百合花药横切面永久制片、十字形花科和豆科及禾本科植物新鲜花材料。

四、实验内容
（一）花的构造（图 4-11）
1. 取一朵十字形花科植物（如油菜或萝卜）的新鲜花解剖观察：

花萼：位于花的最外轮，4 枚，淡绿色，离生（即离萼），开花后期脱落。

花冠：位于花的第二轮，4 瓣，黄色（油菜）或白色（萝卜），离生（即离瓣花），每个花瓣可分为瓣片和瓣爪两部分。开花时花冠两两相对，呈十字形排列，故称为十字形花冠。

雄蕊：位于花的第三轮，6 枚，分离，在花被内排列成两轮，外轮 2 个雄蕊花丝短，内轮 4 个雄蕊花丝长，称为四强雄蕊。每枚雄蕊由花丝和花药组成。

雌蕊：位于花的中央，1 枚，呈瓶状。由柱头、花柱、子房组成。子房上位，在子房基部周围有 4 个绿色小颗粒，为蜜腺（分泌结构）。

以上花的各个部分均着生在花托上，花萼和花冠均为啮合状排列。

2. 取豆科植物（如紫云英）的新

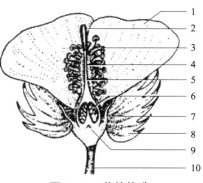

图 4-11　花的构造
1—花冠；2—柱头；3—花药；4—雄蕊管；
5—花柱；6—子房；7—花萼；
8—副萼；9—花托；10—花梗

鲜花解剖观察：

花萼：5枚，基部联合成筒状（即合萼），端部呈裂片状，称为合萼。

花冠：5瓣，且互相分离（离瓣花），为蝶形花冠。外围最大的1片花瓣称为旗瓣，紫色；两侧2片花瓣称为翼瓣，白色；最内侧的是2片合生的龙骨瓣，紫色。

雄蕊：10枚，其中9枚雄蕊花丝合生，包围在子房之外，1枚雄蕊独立，称为二体雄蕊。

雌蕊：1枚，绿色，子房上位，由一心皮组成，胚珠多数。

3. 取禾本科植物（如水稻）的新鲜花解剖观察：

外稃：位于每朵小花的外侧。小麦的外稃先端常有芒。

内稃：位于每朵小花的内侧，比外稃小。

浆片：在外稃之内的基部，有两片肉质透明的小片，称为浆片。当开花时，浆片吸水膨胀，可撑开外稃，便于传粉。

雄蕊：6枚（水稻）或3枚（小麦），花药大，花丝短，开花时迅速伸长。

雌蕊：1枚，有两个明显的羽毛状的柱头，花柱极短，子房上位。另外，小麦的麦穗由小穗组成，每一个小穗外面有2个颖片，其中包括3~7朵小花，上部小花通常不孕。

（二）花药的结构（图4-12）

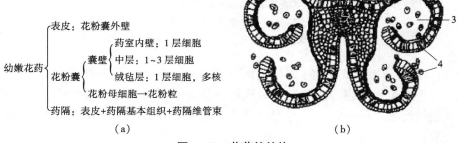

图4-12 花药的结构

(a) 幼嫩花药的结构；(b) 成熟花药的结构

1—药隔；2—表皮；3—花粉室；4—纤维层

1. 百合花药：取幼嫩百合花药横切面永久制片观察雄蕊花药结构。横切面上的花药形似蝴蝶，分为左、右两半，中间以药隔相连，药隔中有一束维管束，称为药隔维管束。两侧共有4个花粉囊，花粉囊壁细胞多层。最外一层为表皮，细胞排列整齐；药室内壁是紧邻表皮的较大且近方形的一层细胞；中层细胞2或3层，细胞小，扁平；最内层为绒毡层，细胞较大，多细胞核且富含营养,具有腺细胞特点,可向药室内分泌各种物质。花粉囊内含大量未成熟的花粉。成熟百合花药横切面结构的不同之处是药室内壁细胞已出现条状纤维加厚的细胞壁变成纤维层现象,而中层和绒毡层均已退化消失,仅留有痕迹,花粉囊内为大量成熟的花粉。

2. 油菜花药：油菜花药横切面结构与成熟百合花药横切面结构相似。

(三) 子房的结构（图 4-13）

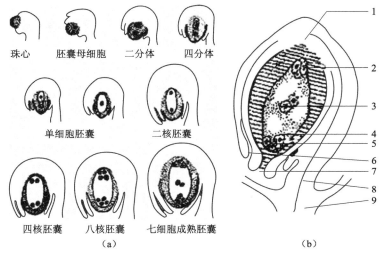

图 4-13 胚珠和胚囊的发育过程（a）(摘自 Holmen 和 Robbins)
和胚珠的结构模式图（b）

1—合点；2—反足；3—中央细胞；4—卵细胞；5—助细胞；
6—珠被；7—珠孔；8—珠柄；9—胎座

1. 油菜子房：取油菜子房横切面永久制片观察。油菜子房由两个心皮组成,子房室被假隔膜分成两室,假隔膜两侧与子房连接处为腹缝线,胚珠着生在腹缝线上,呈四纵列,为侧膜胎座。每个心皮中部都有一束称为背缝线的维管束。

2. 百合子房：取百合子房横切面永久制片比较观察。其子房由三心皮构成,心皮联合于子房中央,呈中轴状,子房三室,胚珠着生在中轴上,称为中轴胎座。

3. 棉花子房：取棉花子房横切面制片观察,其结构与百合子房结构相似,由四心皮组成,也为中轴胎座,每子房室有两个胚珠。

五、实验报告

1. 绘制幼嫩百合花药横切面详图,并引线注明。

2. 绘制油菜子房和棉花子房横切面简图，并引线注明。

六、思考题

1. 花有哪些结构？
2. 叙述雌蕊的发育、结构和受精作用。

实验七　花序、果实的类型和种子的结构

一、实验目的

1. 了解被子植物花序类型、果实类型和结构。
2. 掌握种子的基本结构和类型。

二、实验器具与试剂

1. 器具：放大镜、镊子。
2. 试剂：碘液。

三、实验材料

各种植物花序的新鲜材料或浸制标本、各种植物果实的新鲜材料或浸制标本、已浸泡的蚕豆种子和玉米籽实。

四、实验内容

（一）花序类型的观察

花序按开花顺序可分为无限花序和有限花序两大类。根据花梗有无、花序轴长短及分枝与否、花序轴形状等主要特征，每一类再分为多种类型。

1. 总状花序类（无限花序）：开花顺序自下而上或由边缘渐及中央，如图 4-14 所示。

总状花序：观察油菜、萝卜或荠菜等植物的花序，它们的特点是花序具有一个长的花轴，在花轴上着生有花梗近似等长的许多小花。

圆锥花序（复总状花序）：观察女贞、水稻等植物的花序，其特点是花序具有一个花序总轴，每一个分枝为总状花序，整个花序为圆锥形。

穗状花序：观察车前、马鞭草等植物的花序或小麦的小穗（整个麦穗为复穗状花序），其在花轴上着生有许多无花柄的小花。

复穗状花序：观察小麦花序，它的花序总轴的每一个分枝为穗状花序。

肉穗花序：观察玉米的雌花序，它的花轴肉质肥厚，呈棒状，在花轴上着生有许多无柄单性花。

柔荑花序：观察柳树、桑树、枫杨等植物的花序，它们的花轴柔软下垂，在花轴上着生有许多无柄单性花。

伞房花序：观察梨、棠梨等植物的花序，它们的小花基本上排列在一个平面上，花序下部的小花花梗长，上部的小花花梗短。

质化明显。

核果：观察桃、李、梅、杏枣等果实，它们均为核果。其特征是内果皮全由石细胞组成，特别坚硬，包在种子之外，形成果核。食用部分为发达的肉质化中果皮和较薄的外果皮。

（2）干果：果实成熟时，果皮呈干燥状态。有的开裂，称为裂果；有的不开裂，称为闭果。

① 裂果：果实成熟后果皮开裂。因构成果实的心皮数目和开裂方式不同，分为：

蓇葖果：由1个心皮发育而成的果实，成熟时沿一条缝线开裂。如梧桐、小乌头。

荚果：由1个心皮发育而成的果实，成熟时沿背缝线和腹缝线同时开裂。如豆类。

角果：由2个心皮发育而成的果实，子房一室，具有假隔膜，侧膜胎座。成熟时果皮沿两条腹缝线开裂成两片脱落，留在中间的为假隔膜。

蒴果：由2个以上心皮发育而成的果实，成熟时果实开裂方式各种各样。如棉花为背裂，牵牛花为腹裂，车前草为盖裂，罂粟为孔裂。

② 闭果：果实成熟后，果皮不开裂。

瘦果：由1~3个心皮组成，内含1粒种子。成熟时果皮、种皮分离。如向日葵。

颖果：内含1粒种子，成熟时果皮、种皮不分开。如水稻、玉米等。

坚果：果皮坚硬，内含1粒种子。如板栗。

翅果：果皮延展成翅状。如三角枫、臭椿。

双悬果：由2个心皮组成，每室各含1粒种子。成熟时各心皮沿中轴分开，悬于中轴上端，小果本身不开裂。如芹菜、胡萝卜。

2. 聚合果：一朵花中具有多个聚生在花托上的离生雌蕊，成熟时每一个雌蕊形成一个小果，许多小果聚生在花托上。如莲为聚合坚果，八角为聚合蓇葖果，草莓为聚合瘦果，悬钩子为聚合核果。

3. 聚花果（复果）：由1个花序发育而成的果实。如桑葚、菠萝、无花果。

（三）种子类型的观察

种子是种子植物特有的繁殖器官，由胚珠发育而成。种子一般由胚、胚乳和种皮三部分组成。

1. 无胚乳种子：取浸泡后成为湿软状态的蚕豆种子，从外到内仔细观察。蚕豆种子为扁平肾形，最外有一层革质种皮，在种子一端有黑色疤痕，是种子成熟时与果实脱离后留下的痕迹，称为种脐。将种子擦干，用手挤压种子两侧，可见水和气泡从种脐一端溢出，此处有一个小孔，称为种孔。在种孔另一端种皮上，有一个瘤状突起，称为种脊。剥开种皮，可见胚根露于子叶之外，两片肥厚的豆瓣为子叶，掰开两片子叶，可见子叶着生在胚轴上，在胚轴上端的芽状物为胚芽。如图4-16所示。

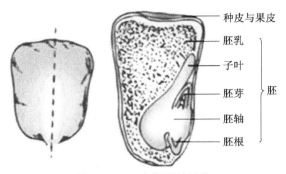

图4-16　玉米颖果的结构

2. 有胚乳种子：取浸泡后的玉米种子（即颖果）进行观察。其外形为圆形或马齿形，稍扁，在下端有果柄。去掉果柄时，可见果皮上有一块黑色组织，即为种脐。透过愈合的果种皮可看到白色的胚位于宽面的下部。用刀片垂直于颖果宽面沿胚的正中纵切成两半，用放大镜观察切面。外面有一层愈合的果皮和种皮；内部大部分是胚乳，如果在切面上加一滴碘液，胚乳部分马上变成蓝色；胚在基部一角，遇碘呈黄色。仔细观察胚的结构，可见上部有锥形胚芽（外有胚芽鞘），下部有锥形的胚根（外有胚根鞘），位于胚芽和胚乳之间的盾状物为盾片（即子叶），胚芽与胚根之间和盾片相连的部分为胚轴。如图4-17所示。

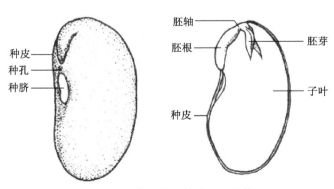

图4-17　菜豆种子的外形和结构

五、实验报告

1. 将实验中所观察的果实列表归类。
2. 绘制蚕豆种子和玉米颖果的结构简图，并引线注明各部分名称。

六、思考题

1. 叙述花序、果实的类型。
2. 简述种子的基本结构和类型。

实验八　低等植物形态特征与类型的观察

一、实验目的

1. 掌握蓝藻门、绿藻门等植物的形态构造及繁殖方式。
2. 了解地衣的形态构造及生殖方式。
3. 了解真菌的形态结构及繁殖方式，掌握子囊菌植物体子实体的类型，担子菌子实体的类型及担子、担孢子的形状。

二、实验器具与材料

颤藻、念珠藻、鱼腥藻、衣藻、团藻、栅藻、石莼、水绵、轮藻、根霉、酵母菌、青霉、曲霉、伞菌子实体、银耳、梨锈病菌、禾柄锈菌、毒菌、灵芝、木耳、叶状、枝状及壳状地衣、子囊盘、海带横切永久装片、显微镜、刀片、镊子、盖玻片、载玻片、培养皿、滴管、纱布、擦镜纸、吸水纸、清水、碘、70%酒精等。

三、实验内容

1. 藻类植物形态结构特征及类型的观察。

蓝藻门（图4-18）：颤藻，念珠藻，鱼腥藻。

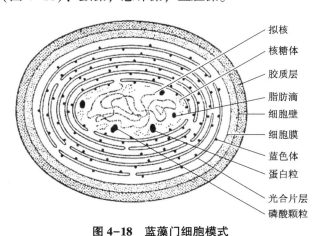

图 4-18　蓝藻门细胞模式

绿藻：衣藻（图4-19），团藻，栅藻，石莼，水绵，轮藻。
2. 藻类植物生活史的观察。
3. 真菌的形态结构及繁殖方式的观察。

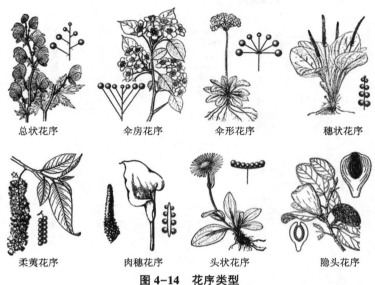

图 4-14 花序类型

伞形花序：观察樱桃、韭菜、葱子等植物的花序，花序轴极短，其上着生的小花花梗几乎等长，整个花序张开如伞。

复伞形花序：观察胡萝卜、芹菜的花序，它们的花序总轴每一个分枝成一个伞形花序，整个花序为复伞形花序。

头状花序：观察向日葵、金盏菊等植物的花序，花轴极短，顶端膨大，上面密集排列有许多无柄小花，全形呈头状或盘状。

隐头花序：观察无花果等植物的花序，其花轴顶端膨大，中央部分下陷，呈囊状，许多小花着生在囊状体的壁上。

2. 聚伞类花序（有限花序）：开花顺序自上而下或由中央渐及边缘。

单歧聚伞花序：其花轴是合轴分枝，每枝于一侧又仅生一枝，其长度超过主枝，枝顶着生小花。观察附地菜的花序，其花序呈螺旋状，称为卷伞花序。观察唐菖蒲的花序，为蝎尾状聚伞花序。

二歧聚伞花序：观察卷耳、繁缕的花序，它们的花轴顶端发育为一朵花后，停止生长，在花轴下面又侧生两枝，枝顶又各着生一花，又复二歧分枝，连续多次。

多歧聚伞花序：观察泽漆的花序，也在花轴顶生一花，但在花轴下面生出多个侧枝，枝的长度超过主轴，顶枝又着生一花，又复分枝。

（二）**果实类型和结构的观察**（图 4-15）

1. 单果：一朵花中仅有一枚雌蕊，形成一个果实。果皮可分为外、中、内三层。根据果皮是否肉质化，可将单果又分为肉质果和干果两大类。

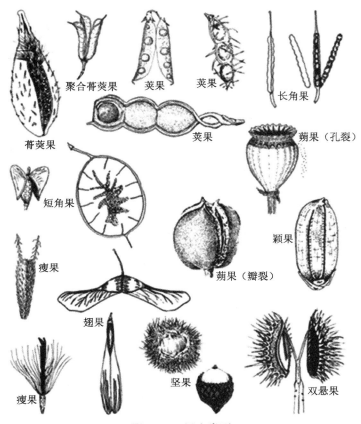

图 4-15 果实类型

（1）肉质果：果实成熟后，果皮或果实其他部分肉质多汁。

浆果：观察葡萄、番茄、茄子果实浸制标本，其外果皮膜质，中果皮、内果皮均肉质化，充满汁液，内含多枚种子。

柑果：柑橘类植物果实称为柑果。观察柑橘果实横切面，它是由多心皮子房发育而成。外果皮革质，并具有油囊（分泌腔）；中果皮比较疏松，分布有维管束；内果皮成薄膜状，缝合成囊状，分隔成若干瓣，囊内生有无数肉质多浆的腺毛，是食用的主要部分。

瓠果：葫芦科植物的果实称为瓠果。观察瓜类果实的横切面或纵切面，子房由三心皮组成，子房和花托一并发育成果实，称为假果。肉质部分包括果皮和胎座。

梨果：是苹果、梨的果实。也属假果，食用的主要部分是花托发育而成的果肉，中部才是子房发育而来，外果皮与花托没有明显的界线，内果皮革质化明显。

核果：观察桃、李、梅、杏枣等果实，它们均为核果。其特征是内果皮全由石细胞组成，特别坚硬，包在种子之外，形成果核。食用部分为发达的肉质化中果皮和较薄的外果皮。

（2）干果：果实成熟时，果皮呈干燥状态。有的开裂，称为裂果；有的不开裂，称为闭果。

① 裂果：果实成熟后果皮开裂。因构成果实的心皮数目和开裂方式不同，分为：

蓇葖果：由1个心皮发育而成的果实，成熟时沿一条缝线开裂。如梧桐、小乌头。

荚果：由1个心皮发育而成的果实，成熟时沿背缝线和腹缝线同时开裂。如豆类。

角果：由2个心皮发育而成的果实，子房一室，具有假隔膜，侧膜胎座。成熟时果皮沿两条腹缝线开裂成两片脱落，留在中间的为假隔膜。

蒴果：由2个以上心皮发育而成的果实，成熟时果实开裂方式各种各样。如棉花为背裂，牵牛花为腹裂，车前草为盖裂，罂粟为孔裂。

② 闭果：果实成熟后，果皮不开裂。

瘦果：由1~3个心皮组成，内含1粒种子。成熟时果皮、种皮分离。如向日葵。

颖果：内含1粒种子，成熟时果皮、种皮不分开。如水稻、玉米等。

坚果：果皮坚硬，内含1粒种子。如板栗。

翅果：果皮延展成翅状。如三角枫、臭椿。

双悬果：由2个心皮组成，每室各含1粒种子。成熟时各心皮沿中轴分开，悬于中轴上端，小果本身不开裂。如芹菜、胡萝卜。

2. 聚合果：一朵花中具有多个聚生在花托上的离生雌蕊，成熟时每一个雌蕊形成一个小果，许多小果聚生在花托上。如莲为聚合坚果，八角为聚合蓇葖果，草莓为聚合瘦果，悬钩子为聚合核果。

3. 聚花果（复果）：由1个花序发育而成的果实。如桑葚、菠萝、无花果。

（三）种子类型的观察

种子是种子植物特有的繁殖器官，由胚珠发育而成。种子一般由胚、胚乳和种皮三部分组成。

1. 无胚乳种子：取浸泡后成为湿软状态的蚕豆种子，从外到内仔细观察。蚕豆种子为扁平肾形，最外有一层革质种皮，在种子一端有黑色疤痕，是种子成熟时与果实脱离后留下的痕迹,称为种脐。将种子擦干,用手挤压种子两侧,可见水和气泡从种脐一端溢出,此处有一个小孔,称为种孔。在种孔另一端种皮上,有一个瘤状突起,称为种脊。剥开种皮,可见胚根露于子叶之外,两片肥厚的豆瓣为子叶,掰开两片子叶,可见子叶着生在胚轴上,在胚轴上端的芽状物为胚芽。如图4-16所示。

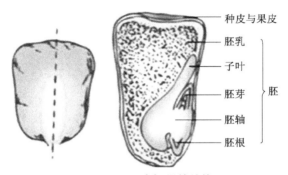

图4-16 玉米颖果的结构

2. 有胚乳种子:取浸泡后的玉米种子(即颖果)进行观察。其外形为圆形或马齿形,稍扁,在下端有果柄。去掉果柄时,可见果皮上有一块黑色组织,即为种脐。透过愈合的果种皮可看到白色的胚位于宽面的下部。用刀片垂直于颖果宽面沿胚的正中纵切成两半,用放大镜观察切面。外面有一层愈合的果皮和种皮;内部大部分是胚乳,如果在切面上加一滴碘液,胚乳部分马上变成蓝色;胚在基部一角,遇碘呈黄色。仔细观察胚的结构,可见上部有锥形胚芽(外有胚芽鞘),下部有锥形的胚根(外有胚根鞘),位于胚芽和胚乳之间的盾状物为盾片(即子叶),胚芽与胚根之间和盾片相连的部分为胚轴。如图4-17所示。

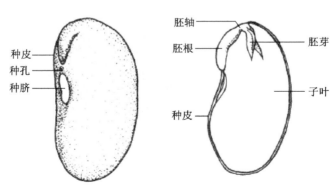

图4-17 菜豆种子的外形和结构

五、实验报告

1. 将实验中所观察的果实列表归类。
2. 绘制蚕豆种子和玉米颖果的结构简图,并引线注明各部分名称。

六、思考题

1. 叙述花序、果实的类型。
2. 简述种子的基本结构和类型。

实验八　低等植物形态特征与类型的观察

一、实验目的

1. 掌握蓝藻门、绿藻门等植物的形态构造及繁殖方式。
2. 了解地衣的形态构造及生殖方式。
3. 了解真菌的形态结构及繁殖方式，掌握子囊菌植物体子实体的类型，担子菌子实体的类型及担子、担孢子的形状。

二、实验器具与材料

颤藻、念珠藻、鱼腥藻、衣藻、团藻、栅藻、石莼、水绵、轮藻、根霉、酵母菌、青霉、曲霉、伞菌子实体、银耳、梨锈病菌、禾柄锈菌、毒菌、灵芝、木耳、叶状、枝状及壳状地衣、子囊盘、海带横切永久装片、显微镜、刀片、镊子、盖玻片、载玻片、培养皿、滴管、纱布、擦镜纸、吸水纸、清水、碘、70%酒精等。

三、实验内容

1. 藻类植物形态结构特征及类型的观察。

蓝藻门（图4-18）：颤藻，念珠藻，鱼腥藻。

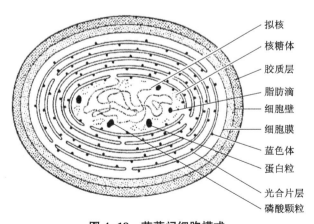

图4-18　蓝藻门细胞模式

绿藻：衣藻（图4-19），团藻，栅藻，石莼，水绵，轮藻。
2. 藻类植物生活史的观察。
3. 真菌的形态结构及繁殖方式的观察。

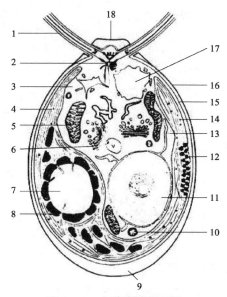

图 4-19 衣藻属超微结构

1—鞭毛；2—基粒；3—细胞质；4—嗜铁颗粒；5—线粒体；6—高尔基体；7—蛋白核；
8—淀粉鞘；9—细胞质与细胞壁之间的空间；10—类脂体；11—细胞核；12—眼点；
13—内质网；14—叶绿体；15—细胞膜；16—细胞壁；17—伸缩胞；18—乳状突起

真菌：根霉（图 4-20），酵母菌（图 4-21），青霉，曲霉，其他子囊菌、担子和担孢子（图 4-22），禾柄锈菌，各种担子菌标本。

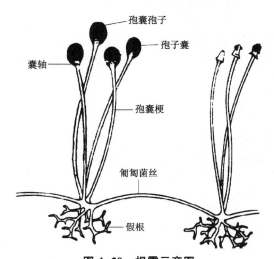

图 4-20 根霉示意图

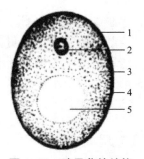

图 4-21 酵母菌的结构

1—细胞壁；2—细胞核；3—细胞质；
4—细胞膜；5—液泡

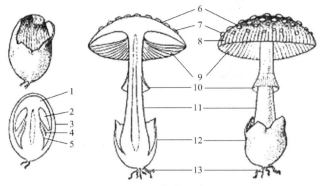

图 4-22 蘑菇示意图

1，6—菌盖；2，9—菌褶；3—苞（菌托）；4，10—菌环；5，11—菌柄；
7—鳞片；8—条纹；12—菌托；13—菌丝索

4. 地衣的形态构造及生殖方式的观察。

地衣：地衣粉芽，地衣子囊盘，叶状地衣（图 4-23）、枝状地衣、壳状地衣三种标本。

图 4-23 叶状地衣

四、实验报告

1. 绘制颤藻丝状体图。
2. 绘制一个衣藻，注明各结构名称。
3. 绘制一个水绵细胞及水绵梯形接合的两对细胞图，并注引注。
4. 绘制根霉一小部分。
5. 绘制一蘑菇外形图。

六、思考题

1. 形成"水华"的蓝藻种类主要有哪些？为什么出现"水华"现象？其危害是什么？
2. 绿藻门植物和陆生高等植物有哪些相似的地方？

实验九　高等植物形态特征与类型的观察

一、实验目的

1. 掌握苔藓植物、蕨类植物、裸子植物和被子植物的形态结构特征及生殖方式。
2. 了解苔藓植物、蕨类植物、裸子植物和被子植物繁殖器官的形态结构及其生活史。
3. 通过对苔藓植物、蕨类植物、裸子植物和被子植物花的解剖及果实的观察，更进一步掌握各科植物的识别特征和各类花及其果实的主要特征和形态构造。

二、实验器具与材料

显微镜、解剖镜、放大镜、解剖针、镊子、刀片、钢笔、铅笔、小尺、培养皿、载玻片、盖玻片、滴瓶、清水等。苔藓植物：地钱、葫芦藓等；蕨类植物：蕨、鳞毛蕨、卷柏等；裸子植物：裸子植物新鲜标本和裸子植物标本；被子植物：玉兰花和果实、樟树花、毛茛花（或小毛茛花）、红蓼花（或荞麦花或小斑叶蓼花）、加拿大杨花、垂柳花序。

三、实验内容

1. 苔藓植物形态结构特征及生活史的观察。
2. 蕨类植物形态结构特征及生活史的观察。
3. 裸子植物的分类及裸子植物生活史的观察。
4. 被子植物分科代表植物花的解剖观察及果实的观察。

四、实验方法

（一）苔藓植物形态结构特征及生活史的观察（图 4-24 和图 4-25）

1. 地钱：
（1）地钱的配子体；（2）地钱的生殖器官；（3）地钱的孢子体。
2. 葫芦藓：
（1）葫芦藓的配子体；（2）葫芦藓的生殖器官；（3）葫芦藓的孢子体。
3. 其他苔藓植物的观察：
（1）角苔；（2）泥炭藓；（3）小金发藓；（4）大金发藓；（5）藓类原丝体。

64　普通生物学实验

图 4-24　苔藓

(a) 青苔；(b) 地钱

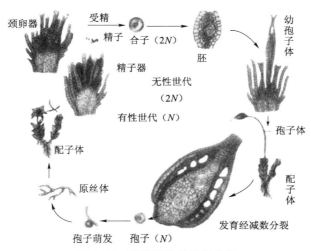

图 4-25　苔藓植物的世代交替

(二) 蕨类植物形态结构特征及生活史的观察

1. 卷柏 (图 4-26)。

图 4-26　卷柏

2. 蕨（图 4-27）或鳞毛蕨。

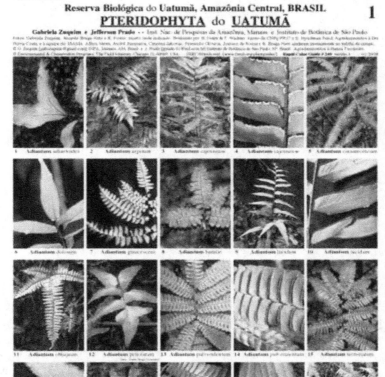

图 4-27　蕨类植物

（三）裸子植物的分类及裸子植物生活史的观察

1. 裸子植物的分类：

对所有裸子植物标本进行比较观察，注意相似植物间的区别，并对其按纲、科、属、种进行分类。

2. 裸子植物生活史的观察（以马尾松为例）：

（1）马尾松枝条的形态（图 4-28）；（2）雄球花和雌球花；（3）花粉囊及花粉粒；（4）苞鳞、珠鳞和胚珠；（5）胚珠和雌配子体的结构；（6）观察成熟的球果和种子；（7）不同发育时期的雄球花纵切的永久制片；（8）不同发育时期的雌球花纵切的永久制片。

图 4-28 马尾松

(a) 马尾松；(b) 马尾松雌球花；(c) 马尾松雄球花

（四）被子植物分科代表植物花的解剖观察及果实的观察

玉兰花和果实、樟树花、毛茛花（或小毛茛花）、红蓼花（或荞麦花，或小斑叶蓼花）、加拿大杨花、垂柳花序，如图 4-29 所示。

图 4-29 被子植物分科代表植物花

(a) 玉兰花；(b) 樟树花；(c) 毛茛花；(d) 垂柳花

五、实验报告

1. 绘制地钱胞芽和配子体切面图。
2. 绘制葫芦藓的孢蒴纵切面图。
3. 绘制卷柏茎的横切面构造图及卷柏孢子叶球和孢子囊图。
4. 绘制所观察各花的花图式。

六、思考题

1. 以葫芦藓为例说明苔藓植物的生活史。
2. 根据地钱孢子体的产生和发育过程，分析其营养方式及它和配子体的关系。与葫芦藓比较，两者有何异同？
3. 试述蕨类植物的生活史，并与葫芦藓的生活史比较，有何不同？
4. 将松柏纲三科的特征列表比较。

实验十　植物标本的采集、制作与保存

一、实验目的
1. 掌握植物标本的采集方法。
2. 学会各类植物标本的制作方法。
3. 学会植物标本的保存方法。

二、实验器具与材料
望远镜、照相机、调温电熨斗、干燥箱、真空泵、真空干燥器、海拔仪、指南针、采集袋（箱）、标本夹和尼龙绳、小镐和小掘铲、枝剪和高枝剪、剪刀、放大镜、浮游植物采集网、护腿和蛇药、细砂、透明胶带、白鸡毛、乒乓球、木条、大培养皿、大广口瓶、标本缸、玻璃片、玻璃、吸水纸、记录本和铅笔、标本号牌、台纸、盖纸、玻璃纸、马粪纸、纸浆、白板纸、透明胶纸；树胶、浓盐酸、硼酸、亚硫酸、氢氧化钠、氢氧化钾、氯化汞、食盐、氯化锌、硫酸铜、碳酸钠、甘油、福尔马林、酒精、石蜡、松香、乙醚、丙酮、曙红、龙胆紫、颜料、油漆、硅胶、开水、蒸馏水等，野外采集的各种植物标本。

三、实验内容
1. 植物标本的采集。
2. 各类植物标本的制作。
3. 植物标本的保存。

四、实验方法
（一）植物标本的采集
1. 采集标本应该携带的工具。
2. 采集的一般方法。

（二）植物标本的制作
1. 腊叶标本；
2. 浸制标本；
3. 叶脉标本；
4. 载玻片标本；

5. 干装标本；
6. 立体标本；
7. 生态标本。

(三) 植物标本的保存

1. 干制标本的储藏。
2. 浸制标本的保存。

五、实验报告

1. 在校园内采集 10 种木本植物、10 种草本植物制作成腊叶标本。
2. 选取一些植物的果实，制作成浸制标本。
3. 选取一些植物的叶片，制作叶脉标本。

六、思考题

1. 什么叫作植物标本？
2. 植物标本的采集、制作与保存方法有哪些？

实验十一　植物生态、群落及植物多样性的观察

一、实验目的
1. 通过观察实地的生活植物，进一步巩固课堂所讲授各科植物的特征，扩大对常见植物的认识范围，并进一步扩大植物分类学知识范围。
2. 初步学会在野外识别与记载植物。
3. 进一步熟悉运用工具书来鉴定植物。

二、实验器具与材料
各种变态根及常态根、各种常态茎和变态茎、各种叶型、各种主要的花序类型及花、各种类型的果实、部分种子标本、本地常见木本、草本植物。

放大镜、刀片、解剖针、笔记本、铅笔、野外采集手册等。

三、实验内容
1. 本地常见木本、草本植物的识别。
2. 植物生态、群落的观察。
3. 本地常见植物的鉴定。

四、实验方法
(一) 被子植物各器官外部形态的认识
1. 准备。
2. 步骤。
3. 方法。

(二) 植物生态、群落及植物多样性的野外观察
1. 根据实际情况将学生分组，并分别由教师带领，按预定计划逐步进行。
2. 采用以练为主，以讲为辅，讲练结合的办法，教师在实地对所要观察的植物只作简明扼要的介绍，学生边听边动手观察解剖，并做好简要观察笔记。
3. 观察路线待定。

(三) 本地常见植物的鉴定
将本地常见的植物采集 100 种以上，在老师的指导下分小组利用工具书

五、思考题

1. 将实验中观察的被子植物各器官的全部材料按不同形态项目、分类整理，各举 2~4 个实例。

2. 将野外观察中所观察过的植物，按表 4-1 进行归类总结。

表 4-1　归类总结

科 名	属 名	种 名	学 名	主要特征	经济价值
杨梅科	杨梅属	杨梅	Myrica ruba	乔木，幼茎树皮褐灰色，老树皮纵浅裂……	果食用

实验十二　植物的元素缺乏症（溶液培养）

一、实验目的

1. 掌握植物溶液培养的方法。
2. 熟悉植物的各种营养缺乏症的典型症状。

二、实验原理

植物的生长发育，除需要充足的阳光和水分外，还需要矿质元素，否则植物就不能很好地生长发育，甚至会死亡。应用溶液培养技术，可以观察矿质元素对植物生活的必需性；用溶液培养做植物的营养实验，可以避免土壤里各种复杂因素。近年来也已应用溶液培养进行无污染蔬菜的栽培生产。本实验有意识地配制各种缺乏某种矿质元素的培养液，观察植物在这些培养液中所表现出来的各种症状，加深对各种矿质元素生理作用的认识。

三、实验方法

（一）材料准备

番茄、蓖麻、小麦、玉米等的种子都可作为材料。粒小的种子，从种子带来的营养元素少，容易出现缺乏症；粒大的种子，可以在幼苗未做缺元素培养之前，先将胚乳（或子叶）除去，这样可以加速缺乏症的出现。种子用漂白粉溶液灭菌30 min，用无菌水冲洗数次，然后放在洗净的石英砂中发芽，加蒸馏水，等幼苗长出第一真叶时待用。

（二）配制完全培养液及缺素培养液

按附录常见试剂的配制中完全培养液的配制方法配制完全培养液及缺素培养液（学生可自己设计）：配制时先取蒸馏水900 mL，然后加入储备液，最后配成1 000 mL，以避免产生沉淀。培养液配好后，用稀酸、碱调节pH至5~6。

（三）培养观察

选取大小一致的植株，用泡沫塑料包裹茎部，插入培养缸盖的孔中，每孔一株。将培养缸移至温室中，经常注意管理并观察，用蒸馏水补充缸中失去的水分。每隔一定时间（一周左右，随植株大小而定）更换培养液，并测定换出溶液的pH。植株长大后要通气，通气可用鱼缸打气泵。注意记录植株的生长情况、各种元素缺乏症的症状及出现的部位。

（四）元素缺乏症检索

1. 老叶受影响：

（1）影响遍及全株，下部叶子干枯并死亡。

① 植株淡绿色，下部叶子发黄，叶柄短而纤弱（缺 N）。

② 植株深绿色，并出现红或紫色，下部叶子发黄，叶柄短而纤弱（缺 P）。

（2）影响限于局部，有缺绿斑，下部叶子不干枯，叶子边缘卷曲并呈现凹凸不平状。

① 叶子缺绿斑，有时变红，有坏死斑，叶柄纤弱（缺 Mg）。

② 叶子缺绿斑，在叶边缘和近叶尖或叶脉间出现小坏死斑，叶柄纤弱（缺 K）。

③ 叶子缺绿斑，叶子（包括叶脉）产生大的坏死斑，叶子变厚，叶柄变短（缺 Zn）。

2. 幼叶受影响：

（1）顶芽死亡，叶子变形或坏死。

① 幼叶变钩状，从叶尖和边缘开始死亡（缺 Ca）。

② 叶基部淡绿，从基部开始死亡，叶子扭曲（缺 B）。

（2）顶芽仍活着，缺绿或萎蔫而无坏死斑。

① 幼叶萎蔫，不缺绿，茎尖弱（缺 Cu）。

② 幼叶不发生萎蔫，缺绿。

a. 有小坏死斑，叶脉仍为绿色（缺 Mn）。

b. 无坏死斑，叶脉仍为绿色（缺 Fe）。

c. 无坏死斑，叶脉坏死（缺 S）。

（五）继续培养观察

待植株症状表现明显后，将缺元素培养液换成完全培养液，留下一株继续培养，观察植株症状是否减轻甚至消失，其余植株测量根、茎的长度、质量，叶子数目、大小和质量，节数和节间长度，然后在烘箱中烘干，用作测定植株中的 N、P、K 含量材料。

四、思考题

1. 你培养的植物元素缺乏症是否明显？为什么？

2. 分析有些矿质元素的缺乏症为何首先出现在老叶中，而另一些矿质元素的缺乏症首先出现在嫩叶中？

3. 探索性实验：应用植物溶液培养技术，在完全培养液和缺钾培养液中培养豌豆幼苗，显微镜下观察正常植株的气孔运动有何差异，根据所学知识解释原因。

实验十三　植物外植体消毒和接种

一、实验目的

学习和掌握植物外植体表面消毒的常规方法。

二、实验原理

用于进行组织培养的组织、器官和细胞称为外植体。简单地说，凡是在离体条下培养的植物或植物体的一部分都叫作外植体。在植物组织培养中，外植体如果是带菌的，在接种前都必须进行表面消毒，这是取得培养成功的最基本的和重要的前提。常用消毒剂对外植体进行消毒。

三、实验器具与材料

1. 水稻种子。
2. 试剂：0.1%氯化汞（剧毒！小心使用）、75%乙醇无菌水、无菌培养皿、MS培养基。
3. 器具：无菌纸、一次性手套、酒精灯、标签纸、记号笔、超净工作台、烧杯、镊子、剪刀、解剖刀、培养容器。

四、实验步骤

1. 外植体的灭菌：首先将水稻种子去壳，然后用75%酒精消毒30 s，无菌水冲洗2次，再用0.1%氯化汞灭菌8 min，然后用无菌水清洗6~8次，每次清洗3 min，用无菌水浸种约6 h。
2. 接种前：用75%乙醇棉球或用2%苯扎溴铵溶液擦拭超净工作台台面，将培养基及用具放在工作台上，开超净工作台紫外灯照射20 min，然后开送风开关，之后关闭紫外灯，通风10 min后，再开日光灯进行无菌操作。
3. 接种：将吸足水分的水稻种子先用无菌水洗涤3次，无菌纸吸干水分。取出培养皿，剪刀和镊子在使用前插入75%乙醇溶液中，使用镊子时，在酒精灯火焰上炽烧片刻，冷却后，取种子接种于培养基上。以上操作都要将培养瓶（或培养皿）靠近火焰旁。
4. 将培养容器斜面向上，并使它们位于水平位置，也可将培养容器放在左手中。将塞盖用右手拧转松动，以便接种时拔出。用火焰灼烧管口，灼烧时应不断转动试管口（靠手腕动作，使试管口沾染的少量菌得以烧死）。

将烧过的接种针（环）触动培养基部分，使其冷却，以免烧死被接种的外植体，然后轻轻接触外植体，慢慢将接种针（环）抽出试管。打开培养容器盖，将外植体放在培养基上，每瓶放 3 块外植体，封口，贴标签，注明姓名，标明时间和材料名称。整理好接种室（箱）的台面，搞好清洁卫生。

5. 绿豆种子用 75% 乙醇溶液浸泡 30 s，然后用 0.1% 氯化汞溶液（加入吐温 2 滴）浸泡 5 min，期间不断搅拌溶液，用无菌水洗涤 8~10 次，每次清洗时间 3 min，用无菌纸擦干种子外围水分，按照上述同样的步骤接种于培养基上。

五、实验报告

观察接种材料（如种子）接种后 2~5 天的污染情况，用表格表示接种材料的数目、污染的外植体数，并计算污染率。

污染率（%）=（污染的材料数/总接种材料数）×100%。

如果培养材料大部分发生污染，说明消毒剂浸泡的时间短；若接种材料虽然没有被污染，但材料已发黄，组织变软，表明消毒时间可能过长，组织被破坏死亡；若接种材料没有被污染，并且生长正常，即可以认为消毒剂浓度、消毒时间适宜。

六、思考题

1. 实验人员进入接种室接种之前，应做哪些准备工作？
2. 在接种过程中，通过哪些措施来防止细菌对接种工具、接种材料的污染？
3. 对外植体表面消毒时，为什么常用"两次消毒法"？
4. 外植体用消毒剂消毒后，为什么要用无菌水漂洗？为什么常在消毒溶液中加入 1~2 滴表面活性剂（如吐温）？
5. 接种的植物材料如何进行预处理？如何接种？
6. 根据发育方向，初代培养可分为几种类型？

实验十四　愈伤组织的诱导（初代培养）

一、实验目的

学习植物组织固体培养基的配制，学习高压灭菌器的使用，为外植体的接种与初代培养做准备。

二、实验原理

在植物组织培养中，固体培养基是最常用的一种培养基类型。由于培养基中含有植物细胞生长所必需的各类营养物质，主要包括水、大量元素、微量元素、铁盐、有机复合物、糖、凝固剂和植物生长调节物质，因此，培养基也是微生物繁殖的极好场所。所以，必须对培养基进行灭菌处理，以确保无菌操作的顺利进行。

三、实验器具与材料

1. 仪器、用具。

高压灭菌锅、超净工作台、分析天平（0.000 1 g）、pH 计（或 pH 试纸）、微波炉、手术剪刀、解剖刀、镊子、药匙、玻璃棒、称量纸、洗瓶、记号笔、烧杯（1 000 mL）、量杯、量筒（1 000 mL、100 mL、50 mL）、耐热皮筋（或棉绳）、100 mL 三角瓶（每人按 3~4 瓶准备）、培养皿（每 2 人按 1 套准备）、封口膜、定性滤纸等。

2. 试剂。

① 95%乙醇、1 mol/L NaOH、1 mol/L HCl。
② MS 培养基各母液、2,4-D 母液、蔗糖、琼脂。

四、实验步骤（以水稻子为例）

（一）器皿准备

清洗三角瓶、烧杯、量筒、量杯、镊子、手术刀、培养皿、打孔器等，烘干或自然晾干备用。

（二）计算母液使用量

根据下面公式量取母液：

$$母液取用量（mL）= \frac{配制的培养基体积（mL）}{母液的扩大倍数}$$

激素母液用量（mL）= 培养基配制量（L）×激素使用浓度（mg/L）

配制 1 000 mL 培养基需要加入各母液的量分别为：

大量元素母液：100 mL；微量元素母液：10 mL；铁盐母液：10 mL；有机物母液：10 mL；激素母液：10 mL。

（三）配制

称取适量的琼脂（常用量 10 g/L）置于 1 000 mL 大烧杯中，加蒸馏水 500 mL 左右，在微波炉中加热使之溶解，待琼脂完全溶化后，加入蔗糖（常用量 30 g/L），溶后，加入上述各种母液，最后，加蒸馏水定容到需配培养基的终体积。

每组配制 MS 固体培养基 1 000 mL，培养基组成为：MS+1 mg/L 2,4-D+3%蔗糖+1%琼脂（pH 5.8）。

（四）pH 调节

充分混合，待温度降至 50~60 ℃时，用 1 mol/L NaOH 溶液或 1 mol/L HCl 溶液调 pH 到 5.8，注意用玻璃棒不断搅动。

（五）分装

搅匀培养基并迅速分装在 100 mL 的三角瓶中（温度低于 40 ℃以下时，琼脂就会凝固），每瓶 25~30 mL，1 000 mL 培养基可以分装至 30~40 瓶，迅速盖上封口膜，用封口材料包上瓶口。在瓶子上注明配制者姓名和配制日期，准备灭菌。注意：分装时不要把培养基弄到管壁上，以免日后污染。

（六）灭菌

培养基内含有丰富的营养物质，有利于细菌和真菌繁殖，所以培养基配好后要及时灭菌，同时将接种用具，如镊子、解剖刀、蒸馏水、培养皿（装有滤纸）等进行灭菌。

使用高压锅灭菌要注意以下几点：

(1) 检查灭菌锅外层锅内水位，水量过少时，应加蒸馏水。把分装好的培养基放入灭菌锅的消毒桶内，盖上锅盖，上好螺栓后接通电源加热。

(2) 排放冷空气，关闭放气阀，当灭菌锅盖上的压力表指针移至0.1 MPa（121 ℃）时，控制压力表稳定在该压力下 15 min，即达到灭菌目的。

(3) 灭菌后，先切断电源，让灭菌锅内温度自然下降，待灭菌锅压力表指针降到 0 时，打开排气阀，旋松螺栓，开启锅盖，取出已灭菌的培养基，置于水平台子上，在室温下冷却，同时取出灭菌水、培养皿、镊子、解剖刀、滤纸等。

(4) 灭菌后的培养基应在室温下放置 2~3 天，观察有无微生物生长，以确定培养基是否灭菌彻底。经检查没有杂菌生长时方可使用。

要求：每人准备培养基 3~4 瓶。

五、实验报告

1. 仔细记录培养基制备过程中各种母液、试剂称量的量。
2. 观察在配制培养基过程中的现象与遇到的问题，并加以解释。

六、思考题

1. 培养基表达式：MS+1 mg/L 2,4-D+2.5%蔗糖+1%琼脂，pH 5.8，表达的含义是什么？
2. 若培养基中有杂菌，请分析原因。

实验十五　胡萝卜愈伤组织的诱导

一、实验目的

1. 学习植物材料表面灭菌的常规方法。
2. 了解接种的无菌操作技术。
3. 学习诱导植物器官形成愈伤组织的方法。

二、实验原理

植物组织培养是应用无菌操作的方法，培养离体的植物器官、组织或细胞的过程。如果组织培养使用的植物材料是带菌的，在接种前就必须选择合适的消毒剂对植物外植体进行消毒，获得无菌材料进行组织培养，这是取得组织培养成功的前提和重要保证。

由于植物细胞具有全能性，外植体在合适的培养基上，可以通过脱分化，形成一种能迅速增殖的无特定结构和功能的细胞团——愈伤组织。

三、实验器具与材料

1. 仪器：超净工作台、光照条件、酒精灯、打火机、橡皮筋、记号笔、脱脂棉 1 包、8 把水果刀、8 个 1 000 mL 烧杯（装废液用）、8 个 500 mL 广口瓶（内装 75% 酒精及棉球）、8 个 150 mL 锥形瓶（内装 75% 酒精 100 mL）、8 个 250 mL 试剂瓶（内装 $HgCl_2$ 或次氯酸钠的消毒液）。

2. 无菌器材：吸水纸（定性滤纸）、25 套直径 90 mm 的培养皿、8 个 250 mL 三角瓶（或烧杯）、8 瓶 500 mL 无菌水、8 把大号镊子、8 把解剖刀。

植物材料：直根胡萝卜。

3. 试剂：95% 乙醇、0.1% 氯化汞（或次氯酸钠）。

培养基：MS+1 mg/L 2,4-D+30 g/L 蔗糖+10 g/L 琼脂，pH 5.8。

四、实验步骤

1. 接种前，用 75% 酒精棉球擦拭超净工作台台面，将培养基及接种用具放在超净工作台台面上，打开超净工作台紫外灯及接种间紫外灯，照射约 30 min，然后关闭紫外灯，通风 20 min 后，打开日光灯即可进行无菌操作。

2. 外植体预处理：将胡萝卜根用流动的自来水冲洗干净，用小刀削去其表皮 1~2 mm，切成 15~20 mm 厚的块段，置于 250 mL 三角瓶或大烧杯中。

3. 双手用肥皂洗净,以70%乙醇棉将手擦拭一遍。

以下4~7操作全部在无菌条件下进行。

4. 外植体消毒:将胡萝卜片放入已灭菌的250 mL三角瓶(或大烧杯)中,先用70%酒精对胡萝卜消毒5 min,然后将酒精倒掉,再用0.1%的升汞消毒10~12 min(或用30%的次氯酸钠消毒液将植物材料淹没浸泡约30 min)。倒掉消毒液,然后用无菌水中漂洗3次,每次2 min,洗时不断摇动三角瓶,以确保完全除去消毒液。

5. 将胡萝卜片放入垫有无菌滤纸的培养皿中,一手用消毒好的镊子固定胡萝卜,一手用灭菌后的解剖刀切除胡萝卜块段截面的表面部分,余下部分切成包含形成层的长、宽约5 mm,厚约1 mm的小片。在完成切割后,将解剖刀和镊子放入95%乙醇中浸蘸一下,在酒精灯焰上灼烧灭菌之后,放回原处,待冷却后即可使用。注意:在每一次使用镊子、解剖刀后,都要对其消毒一次。

6. 接种:在酒精灯焰附近处,取下三角瓶的封口膜,用火烧灼瓶口。用无菌镊子夹取胡萝卜薄片并迅速半插入琼脂培养基上,每瓶放4~5片,注意将近根尖的一面接触培养基。将培养瓶口在酒精灯焰上小心地轻转灼燎数秒,立即用封口膜封好瓶口。

7. 培养:将接种后的三角瓶放到光照培养箱中,在25 ℃下的黑暗中培养3~4周(图4-30)。

(a)

(b)

接种第19天(长出幼叶)

(c)

图4-30 胡萝卜愈伤组织

五、实验报告

1. 接种 1 周~10 天后，调查、计算污染率：

$$污染率（\%）= 污染的材料数/接种材料数 \times 100\%$$

2. 每周观察并记录胡萝卜外植体产生愈伤组织的情况，包括出现愈伤组织前培养物的形态、愈伤组织出现的时间及愈伤组织的形态特征（愈伤组织的颜色、质地等），4 周后调查、计算愈伤组织诱导率：

$$诱导率（\%）= 形成愈伤组织的材料数/接种材料数 \times 100\%$$

六、思考题

1. 分析影响愈伤组织诱导的主要因素。
2. 以胡萝卜为材料为什么强调要切取含有形成层部分？胡萝卜其他部分（如茎、叶、花）能否诱导出愈伤组织？

实验十六　愈伤组织的生根培养（植株再生）

一、实验目的

了解愈伤组织再分化原理，学习愈伤组织生根培养的方法。

二、实验原理

愈伤组织在离体培养过程中，组织和细胞的潜在发育能力可以在某种程度上得到表达，伴随着反复的细胞分裂，又开始新的分化。将脱分化的细胞团或组织经重新分化而产生出新的具有特定结构和功能的组织或器官的一种现象，称为再分化。在一定的培养条件下，愈伤组织通过分化可以形成苗或根的分生组织甚至是胚状体，继而发育成完整的小植株。

三、实验器具与材料

1. 水稻种子愈伤组织。
2. 试剂：
（1）NAA、BA、琼脂、蔗糖等。
（2）分化培养基：MS+6-BA 2 mg/L+NAA 0.5 mg/L+3.5%~4%蔗糖+0.75%琼脂。
3. 器具：各种接种工具、超净工作台。

四、实验步骤

1. 按照培养材料的要求，分别配制诱导伤组织生芽培养基或生根培养基。
2. 培养基和接种工具消毒，准备无菌水和无菌纸。
3. 在酒精灯旁，小心地从愈伤组织容器瓶中选出愈伤组织3~5块，放置到分化培养基中，盖上盖后写上接种日期、外植体名称和培养基成分。
4. 在培养室中培养，2周后统计愈伤组分化情况，如图4-31所示。

五、实验报告

1. 记录愈伤组织分化培养基培养2周后新生芽发生和生长的状况，计算分化率。

分化率（%）=（生芽愈伤组织块数/接种愈伤组织总块数）×100%

2. 记录愈伤组织培养25天后，发生不定根的情况，计算生根率（%）：

图 4-31 植物组织的生根培养

生根率（%）=（生根愈伤组织块数/接种愈伤组织总块数）×100%

六、思考题

1. 愈伤组织发生不定芽和不定根的能力与哪些因素有关？
2. 植物生长物质对诱导愈伤组织分化起何作用？
3. 愈伤组织再生成完整植株有几种方式？哪一种较好？为什么？
4. 为了促使愈伤组织再分化，应怎样调整生长素和细胞分裂素的比例？
5. 试管苗驯化中应注意调节什么因素？
6. 如何估测增殖率？如何安排快速繁殖计划？

实验十七　烟草花药培养实验

一、实验原理

不仅二倍体的植物细胞具有全能性，单倍体的植物细胞同样具有全能性。在小孢子向配子体的发育过程中，如果将细胞外部环境改变，细胞就有可能不沿着配子体的发育途径进行，转而以愈伤组织或胚状体的形式，沿孢子体的途径发育，形成具有根、茎、叶分化的单倍体植株。

二、仪器和用具

超净工作台、显微镜、消毒锅、三角瓶、烧杯、量筒、培养皿、镊子、酒精灯。

三、材料和试剂

正常生长的烟草（Nicotiana tobacum）植株上的花蕾、N6 培养基、不加任何激素、70%乙醇、饱和漂白粉溶液。

四、方法和步骤

1. 材料的准备：

从烟草植株上摘取合适的花蕾（花冠大小与萼片等长），先在显微镜下检查花粉发育时期，从花蕾中取出一个花药，放于载片上，加一滴醋酸洋红液，轻轻用镊子压碎花药，除去碎片，加一盖玻片，放置片刻后做镜检。注意采用单核晚期或二核初期的花药。

2. 材料的消毒：

用70%乙醇擦拭未开放的花蕾表面，在饱和漂白粉溶液中浸 10~15 min，然后用无菌水冲洗 3~5 遍。

3. 接种：

用镊子除去萼片，切开花蕾一侧，轻轻挤出雄蕊，收集于无菌培养皿中。轻轻地将每个花药与花分离，不要损伤花药。受损的花药不能接种，因为容易产生非花粉愈伤组织。将花药接种于培养基表面，使每个花粉囊都接触到培养基。每 50 mL 的三角瓶可接种 10 个花药。

4. 培养：

接种后的三角瓶放于 25~28 ℃的暗处培养，经 2 周后开始形成花粉胚。

一旦分辨，即将三角瓶转入光下培养，温度可降到 20~30 ℃，每天光照 16 h，至少 1 000 Lx。6 周内，胚状体可发育成小植物。将小植物转移到培养基成分减半的 N6 培养基中，用 250 mL 的三角瓶作培养器，适当加强光照。几周后将具有健壮根系和多片叶子的小植物移栽到盆中（图 4-32）。

图 4-32　烟草的组织培养

五、思考题

1. 植物根、茎、叶的分化发育是否与核相（染色体倍数性）有关？单倍体细胞为什么也具有全能性？

2. 为什么处于单核晚期或二核初期的花药容易培养成单倍体植株？

实验十八　油菜薹茎段原生质体的分离和培养

一、实验原理

原生质体是除去了细胞壁后裸露的球形细胞，能直接摄取外源 DNA 和细胞器。由于原生质体仍然具有全能性，因此，原生质体是遗传转化的一个理想受体，制备并培养原生质体是植物细胞遗传操作技术的基础之一，也是常用的方法之一。

原生质体活力测定比较简便，广泛应用的方法是荧光素双醋酯（FDA）染色法。FDA 本身无荧光，无极性，能自由地透过完整的原生质膜。一旦进入原生质体，由于受到酯酶的分解，产生有荧光的极性物质荧光素便不能自由进入原生质膜，因此，有活力的原生质体有荧光，无活力的便无荧光产生。

二、仪器和用具

超净工作台、手摇离心机、显微镜、倒置显微镜、荧光显微镜、培养箱、水浴锅、消毒锅、真空泵和抽滤装置、微孔过滤器、微孔滤膜、尼龙膜、不锈钢网、解剖刀、尖镊子、剪刀、烧杯、培养皿、离心管、移液管、吸管、胶带等。

三、材料和试剂

抽薹后至开花初前的甘蓝型油菜（Brassica napus L.）植株、70% 乙醇、0.1% $HgCl_2$、酶液、原生质体洗涤液、荧光素双酯醋酸酯（FDA）、原生质体培养基、分化培养基等。

四、方法和步骤

1. 油菜薹茎段原生质体的分离和培养。

在油菜抽薹后至开花初期，取其薹茎段，去掉薹叶和花蕾，将其切成 5 cm 长的小段，放入用 70% 乙醇中消毒 2 min，用无菌水冲洗 1 次，加入 0.1% $HgCl_2$ 消毒 10 min，用无菌水冲洗 4 次待用。

2. 原生质体游离。

用解剖刀和镊子去掉灭菌后薹茎的表皮和皮层，将中间髓部切成 0.5 mm 左右的薄片，放入 50 mL 的三角瓶中，按每克材料加 5 mL 的比例加入酶液，静置过夜，酶解温度 25 ℃，次日早上，将酶解物在水平旋转式摇床上摇 1 h，最终酶解时间 12~24 h。

3. 原生质体纯化。

待原生质体游离较完全时，将酶解液分别经 100 目和 200 目的尼龙膜网上过滤，滤液经 500 r/min 离心 5 min，去掉上清液，用洗涤液将原生质体洗涤 2 次，沉下的原生质体悬浮于 1.5 mL 的洗涤液中，然后在 10 mL 的刻度离心管中加入 8.5 mL 含 15% 蔗糖的洗涤液中，在此页面上缓缓加入上述 1.5 mL 的原生质体悬浮液。700 r/min 离心 3 min，小心吸出界面的原生质体。

4. 原生质体的活力测定。

吸取洗涤过的原生质体悬浮液 0.5 mL，置于 10 mL 小试管中，加入 FDA 液，使终浓度为 0.01%，混匀，室温放置 5 min 后用荧光显微镜观察，激发光滤片用 QB_{24}，压制滤光片。发绿色荧光的是有活力的原生质体，不产生绿色荧光的表示无活力。原生质体的活力以下面公式计算：

$$原生质体活力 = \frac{有活力的原生质体}{观察的总原生质体} \times 100\%$$

5. 原生质体培养。

采用液体浅层培养，在 6 cm 直径的培养皿里，加入 3 mL 的培养液，原生质体密度为 $10^4 \sim 10^6$ 个/mL，于暗处静置培养，培养温度为 25 ℃。培养至 10 天及 15 天时，分别用含 0.1 mol/L 蔗糖培养基稀释，每次加入 0.5 mL。10 天后转入室内散射光下培养，21 天时，用细吸管小心吸出培养基，另外加入 2 mL 扩增培养。

6. 观察。

从第二天开始，可以在倒置显微镜下观察细胞的再生、细胞分裂及细胞团的形成。

7. 植株再生。

将 2 mm 以上的小愈伤组织转入分化培养基中诱导分化，待芽长至 1 cm 左右，将芽切下，转入 1/2 MS 无激素的生根培养基中诱导生根，在分化及生根过程中，培养温度为 (25±1)℃，每天光照 14 h，光强 2 500 Lx。

由于植物原生质体的培养是一项精细的技术，周期也长，同时原生质体培养植株的条件和方法在各种植物中并无一致的模式，本实验只是提供一般方法和程序。

五、思考题

1. 分析原生质体分离时各成分的作用。
2. 原生质体纯化的方法有哪些？设计一种纯化的改进方法。
3. 植物原生质体在细胞工程研究中有什么意义？

实验十九　植物组织水势的测定（小液流法）

一、实验目的

了解植物组织中水分状况的另一种表示方法及用于测定的方法和它们的优缺点。

二、实验原理

水势表示水分的化学势，像电流由高电位处流向低电位处一样，水从水势高处流向低处。植物体细胞之间、组织之间及植物体和环境间的水分移动方向都由水势差决定。当植物细胞或组织放在外界溶液中时，如果植物的水势小于溶液的渗透势（溶质势），则组织吸水而使溶液浓度变大；反之，则植物细胞内水分外流而使溶液浓度变小；若植物组织的水势与溶液的渗透势相等，则二者水分保持动态平衡，所以外部溶液浓度不变，而溶液的渗透势即等于所测植物的水势。可以利用溶液的浓度不同，其相对密度也不同的原理，来测定实验前后溶液的浓度的变化，然后根据公式计算渗透势。

三、仪器药品

试管、毛细滴管、移液管剪刀、镊子、甲烯蓝。

四、操作步骤

首先配制一系列不同浓度（0.1、0.2、0.3、0.4、0.5、0.6、0.7、0.8 mol/L）的蔗糖溶液各 10 mL，注入 8 支试管中，各管都加上塞子，并编号。按编号顺序在试管架上排成一列，作为对照组。另取 8 支试管，编好号，按顺序放在试管架上，作为实验组。然后由对照组的各试管中分别取溶液 4 mL，移入相同编号的实验组试管中，再将各试管都加上塞子。用剪刀将菠菜叶剪成约 0.5 cm，大小相等的小块 60~80 片。向实验组的每一试管中各加相等数目（约 10 片）的叶片小块，塞好塞子，放置 30 min，在这段时间内摇动数次，到时间后，向每一试管中各加甲烯蓝粉末少许，并振荡，此时溶液变成蓝色。用毛细滴管从实验组的各试管中依次吸取着色的液体少许，然后伸入对照组的相同编号试管的液体的中部，缓慢从毛细滴管尖端横向放出一滴蓝色实验溶液，并观察小液滴移动的方向。如果有色液滴向上移动，说明溶液从细胞液中吸出水分而被冲淡，相对密度比原来的小了；如果有色液下移动，则说明细胞从溶液中吸了水，溶液变浓，相对密度变大；如果液滴不动，则说明实验溶液的密度等于对照溶液，即植物组织的水势等于溶液的渗透势。

五、思考题

1. 用小液流法测定植物组织的水势与用质壁分离法测定植物细胞的渗透势都是由外界溶液的浓度算出的溶质势，它们之间的区别何在？
2. 说明实验操作过程中的注意事项。

实验二十　蒸腾强度的测定（容量法）

一、实验目的

了解测定植物蒸腾作用的方法。

二、实验原理

带叶的枝条插在一定体积的水中，由于叶子的蒸腾作用，使容器中水的体积不断减少，通过水体积的减少，即可计算植物的蒸腾强度，即单位时间内，单位叶面积散失的水量，常以 $g/(m^2 \cdot h)$ 表示。外界环境条件，如光、温度、风速等，都会影响蒸腾强度。

三、仪器药品

广口瓶软木塞、1 mL 移液管、小分液漏斗、铁架台、橡皮管、T 形管弹簧纸夹、凡士林、吹风机、100 W 台灯。

四、操作步骤

1. 选取一个与广口瓶相匹配的软木塞，广口瓶中装满水。

2. 选取一枝生长健壮的枝条，在水中将枝条基部剪去一段，插入软木塞的孔中，在孔的周围涂上凡士林，以防漏气。盖紧软木塞，打开分液漏斗活塞，加入水，使广口瓶和水平放置的移液管中充满水，不能留有气泡。检查整个系统是否漏气、漏水，发现漏气、漏水处，可用凡士林封好。最后关闭分液漏斗活塞。

3. 在距离枝条约 20 cm 处放置一个 100 W 台灯，光照期间保持叶面温度在 25~28 ℃。当移液管内水柱的凹面移动到刻度时，开始计时。每 0.5 h 记录 1 次移液管中液面的位置，共计 2 次；在距离枝条 15 cm 处用吹风机吹风，记录叶面温度，每 0.5 h 记录 1 次移液管中液面的位置，共计 2 次；在室内自然光和无吹风的情况下按上述方法记 2 次读数，作为对照。如果蒸腾作用强，已超出移液管读数，则需从分液漏斗向容器补水，重新开始记录读数。

4. 实验结束后，将叶片剪下，计算叶面积。方法是：剪取 100 cm² 硫酸纸，在分析天平上称重。在此硫酸纸上画出并剪下叶片的实际形状，称重 m_1，叶面积 S 即为 $S=(m_1/m_0) \times 100\%$。

5. 计算蒸腾强度 Q：$Q=m/(ST)$。式中，Q 为蒸腾强度（$g/(m^2 \cdot h)$）；

m 为由于蒸腾作用失去的水分的质量（根据失水的体积换算成质量）；S 为叶面积；T 为光照或吹风时间。根据上述公式，分别计算在光照、吹风和对照条件下的蒸腾强度。

五、思考题

1. 实验用的枝条为什么要在水中剪下？不这样做会出现什么问题？
2. 比较不同条件下植物的蒸腾强度，说明蒸腾强度不同的原因。

实验二十一 钾离子对气孔开度的影响

一、实验目的
观察钾离子在气孔开张中的作用。

二、实验原理
保卫细胞的渗透系统可由钾离子调节，无论是环式或非环式光合磷酸化，都可形成 ATP。ATP 不断给保卫细胞原生质膜上的钾-氯离子交换泵做功，支持保卫细胞逆着离子浓度差而从周围表皮细胞吸收钾离子，降低保卫细胞的渗透势，从而使气孔张开。

三、仪器药品
显微镜、镊子、恒温箱、载玻片、盖玻片、培养皿、0.5%硝酸钾、0.5%硝酸钠。

四、操作步骤
1. 配 0.5% KNO_3 及 0.5% $NaNO_3$ 溶液；
2. 在 3 个培养皿中分别放 0.5% KNO_3、0.5% $NaNO_3$ 及蒸馏水各 15 mL；
3. 撕蚕豆叶表皮若干放入上述 3 个培养皿中；
4. 培养皿放入 25 ℃温箱中，使溶液温度达到 25 ℃；
5. 将培养皿置于人工光照条件下照光半小时；
6. 分别在显微镜下观察气孔的开度。

五、思考题
1. 试比较在何种溶液中气孔的开度最大，为什么？说明原因。
2. 钾离子引起气孔开张的原理是什么？

实验二十二 单盐毒害及离子间拮抗现象

一、实验目的

通过简单实验说明培养液中各种离子平衡（各种离子及其浓度）的重要性。

二、实验原理

离子间的拮抗现象的本质是复杂的，它可能反映不同离子对原生质亲水胶粒的稳定度、原生质膜的透性，以及对各类酶活性调节等方面的相互制约作用，从而维持机体的正常生理状态。

三、仪器药品

烧杯纱布、石蜡、0.12 mol/L KCl、0.06 mol/L $CaCl_2$、0.12 mol/L NaCl（所用药品均需用 AR）。

四、操作步骤

实验前 3~4 天选择饱满的小麦种子 100 粒浸种，在室温下萌发，待根长 1 cm 时，即可用作材料。

取 4 个小烧杯，依次分别倒入下列盐溶液：

（1）0.12 mol/L KCl；
（2）0.06 mol/L $CaCl_2$；
（3）0.12 mol/L NaCl。

配制的总盐溶液量如下：100 mL 0.12 mol/L NaCl + 1 mL 0.06 mol/L $CaCl_2$ + 2 mL 0.12 mol/L KCl。小烧杯用涂石蜡的纱布盖上。挑选大小相等及根系发育一致的小麦幼苗 10 株或 20 株，小心种植在纱布盖的孔眼里，使根系接触到溶液，在室温下培育 2~3 星期后，即可看出在单盐溶液中，小麦幼苗生长，特别是它们的根部出现畸形。

五、思考题

1. 比较小麦在不同盐溶液中的生长情况并解释之。
2. 说明在培育过程中需要注意的事项。

实验二十三　植物根系对离子的选择吸收

一、实验目的

通过实验说明植物对环境的阴离子和阳离子的吸收速度不同，从而改变了环境的酸碱度，以示生产实践中施用化肥时，注意它的性质及其带来的问题。

二、实验原理

植物根系对不同离子的吸收量是不同的，即使是同一种盐类，对阳离子与阴离子的吸收量也不相同。本实验是利用植物对不同盐类的阴、阳离子吸收量不同，使溶液的 pH 发生改变以说明这一吸收特性。此实验也使我们了解什么是生理酸性盐与生理碱性盐。

三、仪器药品

pH 计、精密 pH 试纸、移液管 100 mL、三角烧瓶、0.5 mg/mL $(NH_4)_2SO_4$、0.5 mg/mL $NaNO_3$。

四、操作步骤

1. 在实验前 2~3 周培养根系完好的小麦（或其他植物）植株。

2. 实验开始时吸取 0.5 mg/mL 浓度的 $(NH_4)_2SO_4$ 和 $NaNO_3$ 各 100 mL 分别置于两个 100 mL 三角烧瓶中，另一个三角烧瓶中放蒸馏水 100 mL。用 pH 计或精密 pH 试纸测定以上各溶液和蒸馏水的原始 pH。

3. 取根系发育完善的大小相似的小麦 3 份，每份数株，但数目相等，分别放于上述 3 个三角烧瓶中，在室温下经 2~3 h 后取出植株，并测定溶液的 pH。实验结果按表 4-2 记录。

表 4-2　植物从盐溶液中吸收离子后溶液 pH 的变化

处理	pH	
	放植株前	放植株后
0.5 mg/mL $(NH_4)_2SO_4$		
0.5 mg/mL $NaNO_3$		
蒸馏水		

注：为了避免根系的分泌作用影响实验结果，故用蒸馏水作对照，将上述 pH 变化进行修正，即得真实的 pH 变化。

五、思考题

1. $(NH_4)_2SO_4$ 是生理酸性盐还是生理碱性盐？
2. 本实验中用蒸馏水作对照，它主要起什么作用？

实验二十四　植物体内有机物运输途径（环割法）

一、实验目的
熟悉植物体有机物运输的途径。

二、实验原理
韧皮部的筛管是植物体内有机物质运输的通道，环割实验即可证明这一点。在木本植物的枝条或树干上，用刀环形剥去一层树皮，深达形成层，从而阻断了割环上下方有机物的交换，在割环的上方聚集着从叶片运来的大量有机物，引起树皮组织生长加强，从而形成愈伤组织或瘤状物。

三、仪器
解剖刀。

四、操作步骤
1. 夏季，在幼龄杨树或其他木本植物上选定尚未发生分枝的旺长枝条，于其中 1~2 枝进行环状剥皮，使剥环宽度在 3 cm 左右。环割后，每星期观察一次枝条变化，并与生长情况相似的对照枝条进行比较，特别注意观察以下几个方面：
（1）剥环上部叶片是否萎蔫；
（2）枝条顶端生长速度有何改变；
（3）剥环上下切口愈伤组织生长情况；
（4）剥环上下部休眠芽萌发情况。
2. 另选一相似枝条进行双环割，再剥环相距 40~50 cm，同样观察以上各项。
3. 秋季要将以上处理的枝条剪下（连同对照枝条，风干后保存作教学材料）。

五、思考题
1. 试述植物体中有机物从叶运到根的途径。
2. 试述植物体中有机物运输形式及运输方向。

实验二十五　IAA 的生物鉴定（小麦芽鞘切段伸长法）

一、实验目的

熟悉生长素含量的生物测定方法。

二、实验原理

将小麦胚芽鞘的延长部分切成段，漂浮在含有生长素 IAA 的溶液中。这些切段可以继续伸长，在一定浓度范围内，芽鞘切段的伸长与生长素浓度的对数成正比，因而可通过测定切段伸长多少来测定生长素的含量。

三、仪器药品

25 ℃ 暗室、滤纸、旋转器分析天平、小瓷缸、大瓷缸、培养皿、具塞试管、移液管、青霉素瓶、刀片、小镊子、尼龙网、刻度尺、半对数坐标纸，饱和漂白粉溶液。

小麦品种：扬麦 1 号，最好用中农 28。

100 ppm IAA 母液：称 10 mg IAA 溶于少量无水酒精中，再用水稀释至 100 mL。此溶液在冰箱中可保存一个月。

缓冲液：称取柠檬酸 1.019 g、蔗糖（AR）20 g 溶于 1 000 mL 重蒸馏水中，pH 为 5.0。

四、操作步骤

1. 挑选大小均匀的小麦种子（必须用前一两年的种子，因当年新收的种子发芽不整齐），用饱和漂白粉溶液灭菌 30 min 后，用自来水冲洗 30 min，放在盛有湿润滤纸的培养皿中，腹沟朝下，在 25 ℃ 的黑暗条件下萌发 24 h。

2. 当第一胚根出现后，移于用尼龙网覆盖的小瓷缸中，胚根插入尼龙网眼，小瓷缸放入盛水的大瓷缸中，以保持湿度，或在小瓷缸上罩上烧杯保湿。

3. 继续在 25 ℃ 黑暗下培养，约 40 h 后，当胚芽鞘长达 3 cm 左右时，选取 2.8~3.0 cm 幼苗作为生物鉴定材料，因这样大小的芽鞘对 IAA 最敏感。

4. 切去芽鞘尖端 3 mm，取下面 5 mm 切段做实验。

5. 将 5 mm 切段漂浮在重蒸馏水中浸洗 2~3 h，除去初段中的内源激素。

6. 配制 0.001、0.01、0.1、1.0、10 ppm 的 IAA 的系列标准溶液（配在具塞试管中）。

吸取 100 ppm IAA 1 mL+9 mL 缓冲液，变成 10 ppm IAA；

吸取 10 ppm IAA 1mL+9 mL 缓冲液，变成 1 ppm IAA；

吸取 1 ppm IAA 1 mL+9 mL 缓冲液，变成 0.1 ppm IAA；

吸取 0.1 ppm IAA 1mL+9 mL 缓冲液，变成 0.01 ppm IAA；

吸取 0.01 ppm IAA 1 mL+9 mL 缓冲液，变成 0.001 ppm IAA。

7. 在具塞青霉素瓶中分别吸入上述 IAA 系列标准溶液（0.001、0.01、1.0、10 ppm IAA）2 mL，另外吸取 2 mL 缓冲液作为对照。

8. 切段浸泡后，用滤纸将切段表面水分吸干，在上述盛有不同浓度生长素的青霉素瓶中，分别放入芽鞘切段 10 段（最好放 11~12 段，以便挑选），加塞，每一浓度重复 3 次。将青霉素瓶置于旋转器上（旋转速度为 16 r/min）在 25 ℃暗室中旋转培养。

9. 上述操作均需在暗室中绿光下进行。

10. 旋转培养 20 h 后取出芽鞘切段，在滤纸上吸干，测量芽鞘切段的长度。

11. 在半对数坐标纸上，以芽鞘切段增长百分数为纵坐标，IAA 浓度为横坐标，作出标准曲线。在生长素浓度为 0.001~1.0 ppm 范围内，切段的伸长与生长素浓度的对数成正比，如需鉴定某一植物提取液中生长素含量，必须与标准的 IAA 作对照。

五、思考题

1. 采取小麦芽鞘切段伸长法测定生长素含量时，为什么要将芽鞘尖端 3 mm 切去而取下面的 5 mm 做实验？

2. 为什么要用缓冲液配制 IAA 的系列标准溶液？

实验二十六　种子发芽率的快速测定

一、实验目的

熟悉种子活力的测定方法。

种子发芽率是指在最适宜条件下，在规定天数内，发芽的种子占供试种子的百分数。它是决定种子品质和实用价值大小的主要依据，其与播种的用种量直接有关。但是常规方法（直接发芽）测定发芽率所需时间较长，特别是有时为了应急需要，没有足够的时间来测定发芽率，遇到休眠种子也无法知道。快速测定法即氯化三苯四氮唑法（TTC 法），则能在较短时间内获得结果。

二、实验原理

凡有生命活力的种子胚部，在呼吸作用过程中都有氧化还原反应，而无生命活力的种胚则无此反应。当 TTC 渗入种胚的活细胞内，并作为氢受体被脱氢辅酶（$NADH_2$ 或 $NADPH_2$）上的氢还原时，便由无色的 TTC 变为红色的三苯基甲（TTE）。

三、仪器药品

恒温箱、烧杯、培养皿、镊子、刀片、天平。

0.5% TTC 溶液：称取 0.5 g TTC 放在烧杯中，加入少许 95%乙醇使其溶解，然后用蒸馏水稀释至 100 mL。溶液避光保存，若变红色，即不能再用。

四、操作步骤

1. 浸种。

将待测种子在 30~35 ℃温水中浸种（大麦、小麦、籼谷 6~8 h，玉米 5 h 左右，粳谷 2 h），以增强种胚的呼吸强度，使显色迅速。

2. 显色。

取吸胀的种子 200 粒，用刀片沿种子胚的中心线纵切为两半，将其中的一半置于 2 只培养皿中，每皿 100 个半粒，加入适量的 0.5% TTC，以覆盖种子为度。然后置于 30 ℃恒温箱中 0.5~1 h。观察结果，凡胚被染为红色的是活种子。将另一半在沸水中煮 5 min 杀死胚，做同样染色处理，作为对照观察。

3. 计算活种子的百分比，如果可能的话，与实际发芽率作比较，看是否相符。

五、思考题

1. 实验结果与实际情况是否相符？为什么？
2. 如何排除其他因素的干扰？

实验二十七　叶绿体的制备及其对染料的还原作用

一、实验目的

掌握分离与纯化叶绿体的方法，了解细胞器的一般分离程序及叶绿体的光还原活性。

二、实验原理

细胞或组织和分离介质混合，破碎，匀浆，然后用差速离心法经几次不同转速离心，可以获得不同的细胞器。离体的完整的具有光合活性的叶绿体的制备就是采用这种方法。被分离的叶绿体是否具有光合活性，可以用不同的方法来鉴定，对染料（2,6-二氯酚靛酚）在光下的还原作用是其中的一种方法。所以，通过染料和离体叶绿体混合液在照光前后染料颜色上的变化，可以鉴别被分离的叶绿体的活力。叶绿体是比较大的细胞器，在叶肉细胞中含量丰富，用新鲜的植物叶片匀浆后使用普通离心机进行离心也能得到良好的分离效果。

叶绿体酶系对热敏感，在室温下容易失活，因此，提取叶绿体的全部过程必须保持在 0~4 ℃ 条件下。所以，在实验中所需基本仪器和药品都必须放置在冰箱中，并且整个操作过程都应在 0~4 ℃ 条件下完成。

三、实验器具与试剂

1. 器具。

显微镜、镜油、擦镜纸、载玻片、盖玻片、离心机、瓷研钵、盘式天平、剪刀、纱布、玻璃漏斗、烧杯、量筒、玻璃棒、滴管、吸水纸、分光光度计、水浴锅、新鲜的菠菜叶。

2. 试剂。

（1）STN 缓冲液：将 0.4 mol/L 蔗糖、0.01 mol/L NaCl、0.005 mol/L $MgCl_2$ 溶于 0.05 mol/L 三羟甲基氨基甲烷（Tris）-HCl 缓冲液，调 pH 至 7.6。称取 6.06 g Tris、136.9 g 蔗糖、0.58 g NaCl、0.29 g $MgCl_2$，加入蒸馏水 750 mL，混合后用 1 mol/L HCl 调 pH 至 7.6，然后用蒸馏水稀释到 1 L。

（2）1×10^{-4} mol/L 3-(3,4-二氯苯)-1,1-二甲基脲（DCMU）。

（3）2.5×10^{-4} mol/L 2,6-二氯酚靛酚：称取 2,6-二氯酚靛酚 72 mg，溶于 1 L 蒸馏水中，在黑暗条件下保存。

(4) 冰块。

四、实验内容

1. 叶绿体的制备。

(1) 将菠菜叶片洗净，吸干表面水滴，储存在 4 ℃ 冰箱中备用。

(2) 取 10 mL 分离介质（STN 缓冲液），分两次放入研钵中。

(3) 去掉叶柄和主脉，称取 5 g 叶片，并把叶片剪成 1~2 小块，和介质一起在钵中研磨，磨成匀浆为止。

(4) 将匀浆液用两层纱布过滤到烧杯中。

(5) 滤液在 1 000 r/min 条件下离心 8 min，弃去沉淀，留上清液。

(6) 在上清液中加入分离介质 5 mL，混匀，再在 1 000 r/min 条件下离心 8 min，弃去沉淀，留上清液。

(7) 上清液用 2 500 r/min 离心 10~20 min，弃上清液，留下沉淀的叶绿体小球。

(8) 加入适量冷却的 STN 缓冲液，将沉淀的叶绿体全部悬浮，将叶绿体悬浮液储存于冰箱中。

(9) 转移出 0.5 mL 叶绿体悬浮液到另一支干净试管中，在 60 ℃ 水浴中保持 5 min，然后取出试管，贴上标签再储存于冰箱中。

(10) 分别在两张载玻片上各滴一滴加热和未加热的叶绿体悬浮液，用盖玻片盖起来，在油镜下观察这两种叶绿体的形态。

2. 叶绿体对染料的还原作用（表 4-3）。

表 4-3　叶绿体对染料的还原加样表

试管号	染料（2×10^{-4} mol/L）	STN 缓冲液	DCMU（1×10^{-4} mol/L）
1	—	5.0 ml	—
2	1.0 mL	4.0 mL	—
3	1.0 mL	3.0 mL	1.0 mL

(1) 取出没有加过热的叶绿体悬浮液试管，充分摇动，以便全部叶绿体呈均匀的悬浮状态。然后取 0.1 mL 叶绿体悬浮液，加 4.9 mL STN 缓冲液混合倒入一个干净的比色管内，用这支不含染料的叶绿体比色管作对照，校正分光光度计零点。

(2) 像前面那样再次摇匀没加过热的叶绿体悬浮液试管，再取 0.1 mL 加到 2 号管中，摇匀后倒入另一支干净的比色管内，放在分光光度计比色管内立即读出吸光率，波长为 600 μm。

(3) 把 2 号管的比色杯放入盛水的 100 mL 烧杯中,调节比色杯与 60 W 光源的距离为 10 cm,然后打开电源,准确照光 1 min,再一次立即读出吸光率。如此反复测定 5~10 次,并将结果以曲线表示。

(4) 再取 0.1 mL 没有加过热的叶绿体悬浮液加入 3 号管中,用 1 号管校正分光光度计,按步骤(2)~(3),重复这个程序,并记录每次数据。为了减少比色管的误差,可使用同一比色管,每次换溶液时,倒出原来管内溶液,用蒸馏水连续清洗几次,并用吸水纸吸去比色杯内残留的水分,将结果用曲线表示。

五、实验报告

1. 观察经过加热和未加热这两种叶绿体在形态上的区别,并绘出草图。
2. 分离的叶绿体是否含有叶片的其他组分?详细分析原因。

六、思考题

1. 离体叶绿体对染料的还原作用的原理是什么?
2. 叶绿体为什么在室温下容易失活?

实验二十八　光合作用

一、实验目的

证明叶绿素和二氧化碳是植物进行光合作用制造淀粉的必要条件，从而加深对光合作用意义的认识。

二、实验器具与试剂

表面玻璃皿、三口烧瓶、毛笔、氢氧化钠溶液、碘溶液。

三、实验材料

盆栽锦紫苏或叶为绿–白型的其他盆栽植物、盆栽菜豆或其他盆栽植物。

四、实验内容

1. 将盆栽的幼龄锦紫苏放在暗室里，直至叶中淀粉耗尽（可由教师准备）。然后将植物从暗室里取出，移放在阳光或人工光下照射。3~4 h 后，摘下一片绿–白型叶片，放在表面玻璃皿上，用毛笔蘸碘溶液涂抹叶片。2 min 后，用蒸馏水洗去过多的碘溶液。然后仔细检查叶片的绿色部分变成蓝色（有淀粉形成），叶子的红色部分仍为棕色（无淀粉形成）。

2. 把一盆栽的幼龄菜豆放在暗室里，待植物叶的淀粉耗尽（可由教师准备），将其一片仍然生长在植株枝条上的叶插入三口烧瓶内。瓶里盛氢氧化钠溶液 10 mL 左右（以除去瓶中的二氧化碳）。密封瓶口，以免外界的二氧化碳进入三口烧瓶内。最后把整个装置固定好，放在阳光或人工光下照射数小时后（一般在 4 h 后即可），摘取放在瓶内的叶片，同时摘下瓶外的任一叶片，放在表面玻璃皿上，记录下两片叶子的颜色。再向叶片上加碘液。2 min 后，用蒸馏水洗去多余的碘液。

五、实验报告

将实验观察的结果写成报备。
将两片叶子进行对比，观察它们有无颜色变化。
瓶外叶片是否变成蓝黑色？

六、思考题

1. 绿色植物进行光合作用需要哪些必须条件？
2. 在无光条件下有光合作用的暗反应，那么在有光照下暗反应能进行吗？

实验二十九　大黄中蒽醌类成分的提取、分离和鉴定

一、实验目的

1. 熟悉蒽醌类成分的提取、分离方法。
2. 掌握 pH 梯度提取法的原理和操作技术。
3. 学习蒽醌类化合物的鉴定方法。

二、实验原理

大黄为蓼科植物，味苦，性寒，具有泻热通肠、凉血解毒、逐瘀通经等功效。其主要成分为蒽醌化合物，含量为 3%~5%，大部分与葡萄糖结合苷，游离苷元有大黄酸、大黄素、芦荟大黄素、大黄酚、大黄素甲醚等。其中，大黄酸具有羧基，酸性最强；大黄素具有 β-酚羟基，酸性第二；芦荟大黄素连有羟甲基，酸性第三；大黄素甲醚和大黄酚的酸性最弱。根据以上化合物的酸度差异，可用碱性强弱不同的溶液进行梯度萃取分离。

大黄酸	$R_1 = H$	$R_2 = COOH$
大黄素	$R_1 = CH_3$	$R_2 = OH$
芦荟大黄素	$R_1 = CH_2OH$	$R_2 = H$
大黄素甲醚	$R_1 = CH_3$	$R_2 = OCH_3$
大黄酚	$R_1 = CH_3$	$R_2 = H$

三、实验器具与试剂

试剂：大黄粗粉、浓硫酸、$NaHCO_3$、Na_2CO_3、$NaOH$、浓盐酸、乙酸乙酯、石油醚、乙醚。普通滤纸、薄层层析硅胶板（2.5 cm×10 cm）、广泛 pH 试纸、剪刀、铅笔、尺子、点样毛细管、样品管等。

仪器：500 mL 圆底烧瓶、球形冷凝管（30 cm）、橡皮管、烧杯、滴管、层析缸（广口瓶）、250 mL 分液漏斗、布氏漏斗、抽滤瓶、水浴锅、集热式磁力搅拌器、磁子、循环水式多用真空泵、铁架台等。

四、实验材料

普通滤纸、薄层层析硅胶板（2.5 cm×10 cm）、广泛 pH 试纸、剪刀、铅笔、尺子、点样毛细管、样品管等。

五、实验内容

大黄素的提取、分离流程如图 4-33 所示。

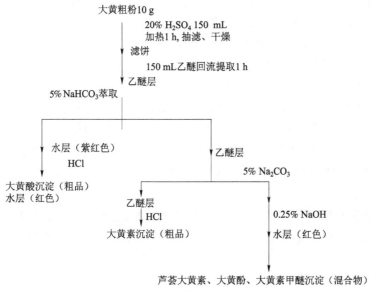

图 4-33 大黄素的提取、分离流程

六、实验内容

1. 游离蒽醌的提取。

（1）酸水解：称取大黄粗粉 10 g，加 20% H_2SO_4 水溶液 150 mL，在水浴中加热 1 h，放冷，抽滤，滤饼用 NaOH 溶液洗至近中性（pH 约为 6），于 70 ℃ 干燥后，研碎，置于 250 mL 圆底烧瓶中，加入乙醚 150 mL 回流提取 1 h（调 45 ℃，回流即可），得到乙醚提取液。

（2）蒽醌类成分的提取：乙醚提取液经薄层层析检查，有大黄酸、芦荟大黄素、大黄素、大黄素甲醚和大黄酚。薄层板为硅胶-CMC 黏合板，展开剂为石油醚（60~90 ℃）：乙酸乙酯（7:3），近水平或直立展开，在可见光下，可看到四个斑点。其中最上面黄色斑点为大黄酚和大黄素甲醚的混合物，在此条件下，不能分开，其余 3 个斑点依 R_f 值的顺序（由大到小）是大黄素

（橙色斑点）、芦荟大黄素（黄色斑点）、大黄酸（黄色斑点），记录图谱并计算 R_f 值。

2. pH 梯度萃取分离。

（1）将乙醚提取液加入 250 mL 分液漏斗（使用前先检漏）中，以 35 mL 5% $NaHCO_3$ 水溶液萃取三次，乙醚层经薄层层析检查（展开剂同上），指示已提尽大黄酸后，合并三次 $NaHCO_3$ 萃取液，用浓盐酸酸化至 pH 2~3，析出大黄酸沉淀（注意：加酸时应缓慢加入，以防酸液溢出，如出现分层现象，需将上层乙醚蒸去才能析出固体）。抽滤后，刮下颗粒并称重。

（2）经 5% $NaHCO_3$ 水溶液萃取后的乙醚层，继续以 35 mL 5% Na_2CO_3 水溶液萃取三次，乙醚层经薄层检查（展开剂同上），指示已提尽大黄素后，合并三次 Na_2CO_3 萃取液，用浓盐酸酸化至 pH 2~3，析出大黄素沉淀（酸化时操作同前）。抽滤后，刮下颗粒并称重。

（3）经 5% Na_2CO_3 水溶液萃取后，乙醚层以 35 mL 0.25% NaOH 水溶液萃取四次，乙醚层经薄层检查（展开剂同上），指示已提尽后，合并三次 NaOH 萃取液，用浓盐酸酸化至 pH 2~3，析出芦荟大黄素、大黄酚和大黄素甲醚沉淀混合物（酸化时操作同前）。抽滤后，刮下颗粒并称重。

3. 样品鉴定。

分别取各蒽醌结晶数毫克置于样品管中，加 2% 氢氧化钠溶液 1 mL，观察颜色变化。凡有互为邻位或对位羟基的蒽醌呈蓝紫至蓝色，其他羟基蒽醌呈红色。

4. 注意事项。

（1）游离蒽醌的提取要控制温度，回流不宜太剧烈。

（2）pH 梯度萃取分离时，要保证提取充分，可以用薄层色谱作监测。

（3）注意碱液浓度及萃取时的静置时间对实验结果的影响。

七、实验报告

结合本实验，思考设计实验方案所需因素。

八、思考题

1. 简述大黄中 5 种游离羟基蒽醌化合物的酸性与结构的关系。
2. 游离的蒽醌的提取要控制温度吗？为什么？

# 第五章

动物实验

实验一　动物的细胞和组织

一、实验目的
1. 了解细胞的基本结构及有丝分裂各期的特点。
2. 了解动物的 4 类基本组织的结构和功能。

二、实验器具与试剂
1. 器具：幻灯机、载玻片、盖玻片、解剖器、吸管、吸水纸、牙签。
2. 试剂：0.1% 的亚甲基蓝、0.7% 及 0.9% 的 NaCl 溶液、蒸馏水。

三、实验材料
人口腔上皮、疏松结缔组织及血液组织（活蛙或蟾蜍）、有丝分裂制片、复层扁平上皮、透明软骨、平滑肌及神经组织 4 种组织装片。

四、实验内容

(一) 人口腔上皮细胞
用牙签的粗端，在自己的口腔内颊轻轻刮几下（动作要轻柔，避免损伤颊部）。将刮下的白色黏性物均匀地涂在载玻片上形成薄层，加一滴 0.9% NaCl 溶液，然后加盖玻片，在低倍显微镜下观察。一般口腔上皮细胞呈扁平多边形，常数个连在一起，并且由于口腔上皮细胞薄而透明，因此光线需要暗些。找到口腔上皮细胞后，将其放在视野中心，再换高倍镜观察。仔细辨认细胞核、细胞质、细胞膜。若观察不清楚，可在盖玻片一侧加一滴 0.1% 的亚甲蓝，另一侧放一小块吸水纸，使染液（注意染液用量，若过多，会妨碍观察）流入盖玻片下面，将细胞染成浅蓝色，核染色较深。

(二) 疏松结缔组织
将活蛙或蟾蜍麻醉或处死后，剪开腹部皮肤。在皮肤与肌肉层之间取下一小片结缔组织，放在干净的载玻片上，加一滴 0.7% NaCl 溶液。用解剖针将其展薄，加数滴 1% 亚甲基蓝溶液。2 min 后用 0.7% NaCl 溶液冲去多余染液。加盖玻片后在镜下观察。可见结缔组织细胞不是很规则，核着色深而清楚，细胞质色浅，能辨认出细胞界限；而胶原纤维和弹性纤维均不着色。一般胶原纤维成束，弯曲成波浪状；弹性纤维细而具分支，不成束，无波浪状弯曲。

(三) 血液组织

解剖蛙或蟾蜍，以吸管从心脏（最好在动脉圆锥处）取出血液，放一小器皿中，加入少许 0.7% NaCl 溶液稀释。吸此液一滴，制成临时装片，在镜下观察。可见蛙的红细胞呈扁椭圆形。单个红细胞呈极浅的黄色，中央有一较大的椭圆形细胞核。血细胞间的无色液体称为血浆。轻轻地敲击载片，可看到血细胞在血浆中转动，注意观察红细胞的侧面是什么形状。

(四) 肌肉组织

从保存的蝗虫浸制标本胸部用细镊子取下一小束肌肉，放在载玻片上加1~2滴水，用解剖针仔细分离（越细越好），加盖玻片置于镜下观察。蝗虫的肌肉为横纹肌，肌肉组织由长形的肌纤维组成。外面有一层薄膜，叫作肌膜。细胞中与其长轴平行排列着许多细丝状物，此为肌原纤维。肌原纤维有明暗相间的横纹，可在高倍镜下详细观察。在细胞膜下面分布有许多椭圆形的细胞核，故横纹肌为多核的合胞体。若观察不够清楚，可用 0.1% 亚甲基蓝染色。

(五) 细胞的有丝分裂

在各示范切片中应辨认出染色体、中心粒及纺锤体，注意分裂各期的特点（图5-1）。

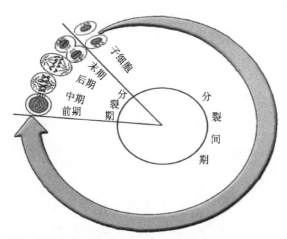

图5-1 动物细胞有丝分裂过程（图片来自网络，西南大学网络教育学院）

1. 前期：染色体出现，着色较深，中心粒已分裂为二，向两极移动，形成纺锤体。在前期结束时，核仁及核膜消失。

2. 中期：染色体排列在细胞赤道面上，中心粒已达两极，此时纺锤体最大，染色体数目很清楚。

3. 后期：各染色体已纵裂为二，分别向两极移动，细胞已开始分裂，细胞的中部出现凹陷。

4. 末期：细胞分裂为二，染色体消失，重新组成的核出现。

（六）4 类基本组织的结构

1. 上皮组织（复层扁平上皮）：取食道横切片，用低倍镜找到上皮，转高倍镜观察。基层为排列整齐的一层柱状细胞，最外层为多层扁平细胞。

2. 软骨组织：观察透明软骨的染色切片，可见大部分底质被染成相同的均匀颜色，此即为软骨基质。基质中有许多圆形或卵圆形的窝，称为胞窝，常常 2 个或 4 个并列在一起。胞窝内有软骨细胞，细胞核染成深色，细胞膜界限很清楚，细胞质染色极浅，不太清楚。

3. 肌肉组织（平滑肌）：取猫胃的横切片，在低倍镜下观察，肠壁被染成粉红色的部分为肌肉层，将光线调节略暗些，可见肌肉是由很多细梭形的细胞所组成，此即为平滑肌细胞，核呈椭圆形，被染成蓝紫色。

4. 神经组织：观察牛脊髓涂片，找到有细胞处，则可见细胞被染成淡蓝色，细胞体形状不规则。细胞核位于中央，色浅，核仁着色较深，能看到细胞突起，树突的基部较粗。

五、实验报告

1. 绘制 1~2 个人口腔上皮细胞结构图。
2. 绘制肌肉组织（平滑肌）的结构图。

六、思考题

1. 总结动物细胞有丝分裂的特点。
2. 总结动物细胞与植物细胞有何区别与联系。

实验二　草履虫的培养与生命活动的观察

一、实验目的
1. 掌握微型动物的观察和实验方法。
2. 认识和理解原生动物的单个细胞是一具完整的能独立生活的动物有机体。
3. 认识原生质具有应激性，了解草履虫的科学研究价值。

二、实验器具与试剂
1. 器具：显微镜、体视显微镜、秒表、镊子、载玻片、盖玻片、试管、滴管、毛细滴管、玻璃棒、烧杯、量筒、1 mL 移液管（吸管）、漏斗、滤纸、精密 pH 试纸（pH 为 0.5~5.0 和 5.0~7.0）、吸水纸、脱脂棉、橡皮吸球。
2. 试剂：冰醋酸、5%醋酸、洋红粉末（天然品、非化学合成）、1%氯化钠溶液、蓝黑墨水、蒸馏水。

三、实验材料
大草履虫培养液、草履虫横分裂及接合生殖的装片。

四、实验内容
(一) 草履虫的形态结构与运动
1. 草履虫临时装片的制备：

将少许撕松的棉花纤维放在载玻片中部，再用滴管吸取并滴一滴草履虫培养液在棉花纤维之间，盖上盖玻片，在低倍镜下观察。如果草履虫游动很快，用吸水纸在盖玻片的一侧吸去部分水（注意不要吸干），再进行观察。

2. 草履虫的外形与运动：

在低倍镜下，将光线适当调暗点，可见草履虫形似倒置草鞋底，前端钝圆，后端稍尖，体表密布纤毛，体末端纤毛较长。从虫体前端开始，体表有一斜向后行直达体中部的凹沟，称为口沟，口沟处有较长而强的纤毛。

游泳时，草履虫全身纤毛有节奏地呈波状依次快速摆动。由于口沟的存在和该处纤毛摆动有力，而使虫体绕其中轴向左旋转，沿螺旋状路径前进。用细针触碰草履虫的前端，草履虫会倒退着游，转身转向，然后游开，这是回避反应；如果用细针触碰草履虫的后端，草履虫会加快向前游动，这是逃避反应。

3. 内部构造：

选择一个比较清晰而又不太活动的草履虫转高倍镜观察其内部构造。虫体的表面是表膜，紧贴表膜的一层细胞质透明无颗粒，称为外质，外质内有许多与表膜垂直排列的折光性较强的椭圆形刺丝泡；外质以内的细胞质多颗粒，称为内质。

虫体腹面口末端有一胞口，胞口后连一深入内质的弯曲短管，称为胞咽，胞咽壁上生有由长纤毛联合形成的波动膜。注意观察口纤毛和胞咽波动膜的波动。

内质网大小不同的圆形泡，多为食物泡。在虫体的前、后端各有一透明的圆形泡，可以伸缩，为伸缩泡。当伸缩泡主泡缩小时，可见其周围有 6~7 个呈放射状排列的长形透明小管，即收集管。注意前后两个伸缩泡之间及伸缩泡的主泡与收集管之间的收缩规律。

大草履虫有大、小两个细胞核，位于内质中央，实验时小核不易观察到。在盖玻片一侧滴一滴 5% 冰醋酸，另一侧用吸水纸吸引，使盖玻片下的草履虫浸在冰醋酸中。将光线适当调亮，1~2 min 后，草履虫被杀死。在低倍镜下可见到虫体中部被染成浅褐色、呈肾形的大核；转高倍镜调焦后，可见大核凹处有一点状的小核。

（二）食物泡的形成及变化

取一滴草履虫培养液于另一载玻片中央，用牙签蘸取少许洋红粉末掺入草履虫液滴中，混匀，再加少量棉花纤维并加盖玻片。立即在低倍镜下寻找一被棉花纤维阻拦而不易游动，但口沟未受压迫的草履虫，转高倍镜仔细观察食物泡的形成、其大小的变化及在虫体内环流的过程。

（三）草履虫的应激性实验

1. 刺丝泡的发射：

制备草履虫临时装片。在盖玻片的一侧滴一滴用蒸馏水稀释 20 倍的蓝黑墨水，另一侧用吸水纸吸引，使蓝黑墨水浸过草履虫。在高倍镜下观察，可见刺丝已射出，在草履虫体周围呈乱丝状。

2. 草履虫对盐度变化的反应：

（1）配制系列浓度的氯化钠溶液：

将 1% 氯化钠溶液用蒸馏水稀释成 0.1%、0.3%、0.5%、0.8% 等系列浓度，分别置于小试管内。试管上做好标记。

（2）用不同浓度氯化钠溶液刺激草履虫：

取 5 块载玻片,第 1 块滴入蒸馏水作对照,后 4 块分别滴入以上配制的系列浓度氯化钠溶液,再用毛细滴管吸取并滴一小滴草履虫培养液于各载玻片的溶液中。为避免稀释了盐溶液,草履虫液不宜滴加过多;各浓度氯化钠溶液中滴入草履虫液的先后间隔时间需掌握好,以保证各盐度刺激草履虫 5 min 后观察。混匀,加棉花纤维和盖玻片,制成临时装片,依次置于显微镜下观察。

(3) 伸缩泡收缩频率的变动:

在低倍镜下选择 1 个清晰又不太活动的草履虫,转高倍镜观察其伸缩泡的收缩。用秒表记录伸缩泡的收缩周期,重复 3 次计数,取平均值,并推算每分钟伸缩泡的收缩频率。再选择 2 只草履虫,如上计数。然后计算 3 只草履虫伸缩泡的平均收缩频率。

按以上方法观察记录,计算并比较草履虫在蒸馏水和不同浓度氯化钠溶液中伸缩泡的收缩频率。

此外,还注意观察草履虫在 0.8% 氯化钠溶液中时,其体形和运动有何变化。在盖玻片一侧滴加蒸馏水,另一侧用吸水纸吸引,用蒸馏水替代 0.8% 氯化钠溶液,这时观察到草履虫有何变化?

3. 草履虫对酸刺激的反应:

(1) 配制醋酸溶液:

用滤纸过滤草履虫培养液。用滤液配制浓度为 0.01%~0.02% 和 0.04%~0.06% 的醋酸溶液,分别置于试管中。用 pH 试纸分别轻轻浸入草履虫聚集处和滴入酸液处,测 pH。

(2) 草履虫对酸刺激的反应:

①用滴管吸取密集草履虫的培养液滴于载玻片上,使液滴为直径略小于载玻片宽度的一片圆形液层。将载玻片置于显微镜载物台中央,用毛细滴管吸取 0.01%~0.02% 醋酸溶液,轻轻滴一小滴在载玻片上的草履虫液层中央。滴加醋酸溶液时,最好通过滴管尖端醋酸液滴与载玻片上草履虫液面的接触而使酸液缓缓进入草履虫液层中央,在镜下观察草履虫动态,也可肉眼观察。用 pH 试纸分别轻轻浸入草履虫聚集处和滴入酸液处,查看 pH。

②再取一块载玻片,用 0.04%~0.06% 醋酸重复以上实验,观察草履虫动态并检测液层中草履虫聚集处和滴入酸液处的 pH。

③分析实验结果,说明草履虫对不同 pH 的趋性。草履虫最喜爱的酸度是多少?

(四) 草履虫的生殖

取草履虫分裂生殖和接合生殖装片,于低倍显微镜下观察。

1. 草履虫分裂生殖装片：

观察草履虫的无性生殖是横裂还是纵裂。

2. 草履虫接合生殖装片：

观察两虫体在何处接合。接合生殖有何生物学意义？

五、实验报告

绘制草履虫结构图，并标出各部分结构名称。

六、思考题

1. 为什么原生动物是最原始、最简单的动物？
2. 为什么说原生动物的单个细胞是一个完整的能独立生活的动物个体？

实验三　眼虫和变形虫的形态结构和生命活动

一、实验目的

通过观察眼虫、变形虫，掌握鞭毛虫纲的主要特点，并认识一些有经济价值或常见的种类。

二、实验器具与试剂

显微镜、载玻片、盖玻片、吸管和吸水纸。

三、实验材料

培养的眼虫和变形虫。

四、实验内容

变形虫一般体小、透明，在装片过程中因受水震动影响，常缩成一团，因此，在制成装片后，需静置片刻，待虫体伸展后，将光线调暗些，则易于找到。眼虫的鞭毛不经染色也可看到，但需将光线调暗到适宜程度，仔细观察，常可见到鞭毛。

(一) 眼虫的观察

在每个实验桌上有一瓶眼虫培养液，注意：培养液是什么颜色？这种颜色是否均匀分布？这与光线有何关系？从瓶里绿色较浓的一边用吸管吸一些培养液，在载玻片上滴一滴并加盖玻片，先在低倍镜下观察。在镜内可看到许多绿色游动的眼虫，注意它们的体形。观察它们是如何运动的。当眼虫不常活动时，常呈现出一种蠕动状态，称为眼虫式运动。在高倍镜下观察一个蠕动的眼虫，注意其身体蠕动的情形。辨认眼虫的前后端。前端钝圆，后端尖削。在前端有一个略呈长圆形、无色透明的部分，称为储蓄泡。前端的一侧有一红色的眼点。眼点的功用是什么？细胞内有许多绿色的椭圆形小体（叶绿体）。在身体中央稍靠后方有一个圆形、透明的结构，即细胞核。将光线调暗些，可看到虫体的前端有一根鞭毛在不停地摆动。在盖玻片的一侧加一小滴碘液，其能将鞭毛及细胞核染成褐色。副淀粉粒及收缩泡不易看到。有时在视野内可看到圆形不动的个体，外面形成一层较厚的包囊。

(二) 变形虫的观察

用吸管从标本液底部的泥沙表面或从培养液中吸取数滴放在载玻片上，

加盖玻片，然后用低倍镜观察。一般变形虫体较小且几乎透明，在低倍镜下呈极浅的蓝色。当变形虫缓慢移动时，其身体不断地改变形状。根据这两个特点在镜下仔细寻找（将光线调暗些），找到一个变形虫后，换高倍镜观察。观察时要随动物运动而移动载玻片，以保持变形虫在视野内。变形虫体的最外面为质膜，其内为细胞质。变形虫的细胞质明显地分为两部分，外边一层透明的为外质。外质里面颜色较暗、含有颗粒的部分叫作内质。在内质的中央有一个呈扁圆形、较内质略为稠密的结构即为细胞核。在内质中还可看到一些大小不同的食物泡和伸缩泡。伸缩泡是一个清晰透明的圆形的泡，时隐时现。伸缩泡的功用如何？注意变形虫的运动，当变形虫移动时，细胞质随之流动，其体表不断突出，形成伪足。详细观察伪足的形成过程。摄食：如果发现一变形虫正在取食，应详细观察这种动作，不能消化的渣滓则经虫体的表面（运动中形成的后端）排出体外。

五、实验报告

绘出变形虫的放大图，表示出所见到的各种结构。

六、思考题

1. 眼虫体内的叶绿体有何功用？
2. 变形虫如何运动？如何摄食？
3. 通过观察代表动物，总结鞭毛纲与肉足纲的主要特征。

实验四　多细胞动物早期胚胎发育

一、实验目的

通过观察海星早期胚胎发育的各个时期，了解多细胞动物早期发育的一般过程，从而加深对多细胞动物起源的理解。

二、实验器具

显微镜。

三、实验材料

海星早期胚胎装片。

四、实验内容

观察海星早期胚胎装片，宜在低倍镜下观察，观察处于不同平面的胚胎细胞时，必须及时转动细调焦器，切不可用粗调焦器。

观察海星早期胚胎装片：

1. 取海星卵裂装片，在低倍镜下观察，分别认识下列各期：单细胞期只有一个大细胞，其中有两种情况：一种是可看到大而清晰的细胞核，这是未受精卵；另一种则看不到细胞核，这是受精后待分裂的卵。受精卵进行第一次分裂后，形成两个连在一起的较小的细胞，这是2细胞时期。再进行一次分裂，则成为4细胞时期。第三次分裂就进入8细胞时期。但在显微镜下并非立即就能看清8个细胞。因为4细胞后，细胞不是排列在同一平面上，所以必须及时转动准焦螺旋才能看清。再进行分裂就进入16细胞时期、32细胞时期。

2. 取海星囊胚装片观察：囊胚期是由一层细胞构成的空球状物，由于观察的是装片，所以细胞界线不明显。中央的空腔叫作囊胚腔（或卵裂腔）。

3. 取海星原肠胚装片观察：囊胚一端的细胞内陷，形成具有两胚层的胚，称为原肠胚。外面的细胞层叫外胚层，两胚层之间的空腔是原来的囊胚腔。内胚层包围的腔是原肠腔。原肠腔和外界相通的小孔叫作胚孔。

五、实验报告

绘制海星早期胚胎发育简图，标示受精卵、2~8细胞期、囊胚和原肠胚。

六、思考题

1. 原肠腔是如何形成的？
2. 简述原肠腔的构造。

实验五　水螅、涡虫、蛔虫和蚯蚓的比较解剖

一、实验目的

通过对水螅、涡虫、蛔虫和蚯蚓形态结构的比较观察，了解 4 个门动物主要特征的异同及无脊椎动物的进化过程。

二、实验器具

显微镜、解剖镜、放大镜。

三、实验材料

水螅、三角涡虫、猪蛔虫和环毛蚓的整体装片标本，整体浸制标本，解剖标本和切片标本。

四、实验内容

1. 对称形式的比较观察：用解剖镜或放大镜观察 4 种动物的整体浸制标本，比较其对称形式，并思考其与各自生活环境和生活方式的关系。

2. 体节、体壁和体腔的比较观察：

用解剖镜或放大镜观察 4 种动物的整体浸制标本，可见水螅和涡虫的身体均不分节，蛔虫的身体也不分节，但体表有横纹，蚯蚓的身体有明显的分节现象。

在显微镜下分别观察 4 种动物的横切片，比较其体壁结构的异同。水螅的体壁由外胚层、无细胞结构的中胶层和内胚层组成，属两胚层动物；涡虫的体壁由单层柱状表皮细胞、肌肉层和实质组织组成；蛔虫的体壁由角质膜、表皮层和肌肉层组成；蚯蚓的体壁由角质膜、表皮层、肌肉层和体腔膜组成。显微观察 4 种动物的横切片，并对照观察其解剖标本，比较其体腔：水螅和涡虫无体腔；在蛔虫体壁的肌肉层与肠之间的空腔为假体腔（原体腔或初生体腔）；蚯蚓有真体腔，位于中胚层内部，由来源于中胚层的体腔膜所包裹，隔膜将真体腔分隔成许多小室。

3. 消化系统的比较观察：

用显微镜观察水螅和三角涡虫装片和切片，用放大镜观察猪蛔虫和环毛蚓的解剖标本，比较其消化系统结构的异同。水螅的身体内部为一空腔，与外界相通，也与触手相通，此为消化循环腔。口长在圆锥形的凸起——垂唇

上，平常口关闭，呈星形，当摄食时口张开，口周围有细长的触手，呈辐射排列，主要为捕食器官。高倍镜下观察其内胚层细胞，主要为内皮肌细胞和腺细胞，内皮肌细胞的顶端通常有鞭毛，且细胞内常可看到食物泡。三角涡虫的消化系统有口、咽和肠三部分，无肛门。肠分 3 支，1 支向前，2 支向后，每支又分出许多囊状侧支。蛔虫的消化系统为由口、咽、肠、直肠及肛门组成的长扁形的消化管。蚯蚓的消化道由口、口腔、食道、嗉囊、砂囊、胃、肠、盲肠和肛门组成。

4. 呼吸、排泄和循环的比较观察：

用显微镜观察水螅和三角涡虫装片与切片，用放大镜观察猪蛔虫和环毛蚓的解剖标本，比较其呼吸、排泄和循环系统结构的异同。这 4 种动物均无专门的呼吸器官。水螅无专门的排泄器官；三角涡虫的排泄系统为原肾管系统，体两侧各有 1 条弯曲的纵排泄管，并有分支，分支末端为焰细胞；蛔虫的排泄器官是由一个原肾细胞特化形成的 H 形管，2 条纵排泄管位于侧线内；环毛蚓的排泄器官为后肾管，每体节有 1 对。水螅、涡虫和蛔虫无专门的循环系统；蚯蚓的循环系统主要由 1 条背血管、1 条腹血管、2 条食道侧血管、1 条神经下血管和 4 对连接背腹血管的环血管即心脏组成。

5. 神经系统的比较观察：

用显微镜观察水螅和三角涡虫装片与切片，用放大镜观察猪蛔虫和环毛蚓的解剖标本，比较其神经系统结构的异同。水螅的神经细胞位于外胚层细胞的基部，接近中胶层的部分，神经细胞的凸起彼此连接起来形成网状；涡虫的神经系统为梯形，头部有 1 对脑神经节，由此分出 1 对腹神经索通向体后，在腹神经索之间还有横神经相连，并由脑神经节和腹神经索发出神经分支分布到各器官组织；蛔虫的中枢神经系统由位于咽部的围咽神经环和由此向前向后发出的 6 条神经索组成；蚯蚓的中枢神经系统由脑、围咽神经、咽下神经节和位于腹面呈链状的腹神经索组成。

五、实验报告

根据对水螅、三角涡虫、猪蛔虫和环毛蚓的比较观察，试述无脊椎动物在对称形式、分节现象、体腔、消化系统、排泄系统、循环系统和神经系统等方面的演化趋势。

六、思考题

1. 两侧对称形式的出现在动物进化上的意义是什么？
2. 本实验观察时需要注意什么？

实验六 蝗虫的结构

一、实验目的

通过对棉蝗的外形观察及内部解剖，了解昆虫的一般特征。

二、实验器具与试剂

1. 器具：解剖器、解剖盘、载玻片、盖玻片、放大镜、显微镜。
2. 试剂：甘油。

三、实验材料

棉蝗的浸制标本。

四、实验内容

（一）外部形态

棉蝗一般体呈青绿色，浸制标本呈黄褐色。体表被有几丁质外骨骼。身体可明显分为头、胸、腹3个部分。雌雄异体，雄虫比雌虫小。

1. 头部：头部位于身体最前端，卵圆形，其外骨骼愈合成一坚硬的头壳。头部可分为以下部分：头壳的正前方为略呈梯形的额，额下连一长方形的唇基；额的上方、两复眼之间的背上方为头顶；复眼以下、头的两侧部分为颊；头顶和颊之后为后头。

头部具有下列器官：

（1）眼：棉蝗具有1对复眼和3个单眼。① 复眼：椭圆形，棕褐色，较大，位于头顶左右两侧。用刀片自复眼表面切下一薄片，置于载玻片上，加甘油制成装片，于显微镜下观察，可见复眼由许多六角形的小眼组成。② 单眼：形小，黄色。1个在额的中央，2个分别在两复眼内侧上方，3个单眼排成一个倒"品"字形。

（2）触角：1对，位于额上部两复眼内侧，细长，呈丝状，由柄节、梗节及鞭节组成。

（3）口器：典型的咀嚼式口器。① 上唇：1片，连于唇基下方，覆盖着大颚，可活动。上唇略呈长方形，其弧状下缘中央有一缺口；外表面硬化，内表面柔软。② 大颚：为1对坚硬的几丁质块，位于颊的下方、口的左右两侧，被上唇覆盖。两大颚相对的一面有齿，下部的齿长而尖，为切齿部；上部的齿粗糙宽大，为臼齿部。③ 小颚：1 对，位于大颚后方、下唇前方。小颚基部分为轴节和茎节，轴节连于头壳，其前端与茎节相连。茎节端部着生 2 个活动的薄片，外侧的呈匙状，为外颚叶，内侧的较硬，端部具齿，为内颚叶。茎节中部外侧还有 1 根细长、具有 5 节的小颚须。④ 下唇：1 片，位于小颚后方。成为口器的底板，两侧有 1 对具有 3 节的下唇须。⑤ 舌：位于大、小颚之间，为口前腔中央的 1 个近椭圆形的囊状物。

2. 胸部：头部后方为胸部，胸部由 3 节组成，由前向后依次称为前胸、中胸和后胸。每胸节各有 1 对足，中、后胸背面各有 1 对翅。

（1）外骨骼：为坚硬的几丁质骨板。背部的称为背板，腹面的称为腹板，两侧的称为侧板。

（2）附肢：胸部各节依次着生前足、中足和后足各 1 对。前、中足较小，为步行足；后足强大，为跳跃足。

（3）翅：2 对。有暗色斑纹，各翅贯穿翅脉。前翅着生于中胸，革质，形长而狭，休息时覆盖在背上，称为覆翅。后翅着生于后胸，休息时折叠而藏于覆翅之下，将后翅展开，可见它宽大，膜质，薄而透明，翅脉明显。注意观察其脉相。

3. 腹部：与胸部直接相连，由 11 个体节组成。

（1）外骨骼：外骨骼较柔软，只由背板和腹板组成，侧板退化为连接背、腹板的侧膜。雌、雄蝗虫第 1~8 腹节形态构造相似，在背板两侧下缘前方各有 1 个气门。在第 1 腹节气门后方各有 1 个大而呈椭圆形的膜状结构，称为听器。第 9、10 两节背板较狭，且相互愈合。第 11 节背板形成背面三角形的肛上板，盖着肛门。第 10 节背板的后缘、肛上板的左右两侧有 1 对小突起，即尾须，雄虫的尾须比雌虫的大；两尾须下各有 1 个三角形的肛侧板。腹部末端还有外生殖器。

（2）外生殖器：雌虫第 9、10 节无腹板，第 8 节腹板特长，其后缘的剑状突起称为导卵突起，导卵突起后有 1 对尖形的产卵腹瓣（下产卵瓣）；在背侧肛侧板后也有 1 对尖形的产卵瓣，为产卵背瓣（上产卵瓣），产卵背瓣和腹瓣构成产卵器。雄虫第 9 节腹板发达，向后延长并向上翘起，形成匙状的下生殖板，将下生殖板向下压，可见内有一突起，即阳茎。

（二）内部解剖

左手持蝗虫，使其背部向上，右手持剪剪去翅和足，再从腹部末端尾须处开始，自后向前沿气门上方将左、右两侧体壁剪开，剪至前胸背板前缘。在虫体前、后端两侧体壁已剪开的裂缝之间，剪开头部与前胸间的颈膜和腹部末端的背板。将蝗虫背面向上置于解剖盘中，用解剖针自前向后小心地将背壁与其下方的内部器官分离开，最后用镊子将完整的背壁取下。依次观察下列器官系统：

1. 循环系统：观察取下的背壁，可见腹部背壁内面中央线上有一条半透明的细长管状构造，即为心脏。心脏按节有若干略膨大的部分，为心室。心脏前端连一细管，即大动脉。心脏两侧有扇形的翼状肌。

2. 呼吸系统：自气门向体内，可见许多白色分支的小管分布于内脏器官和肌肉中，即为气管；在内脏背面两侧还有许多膨大的气囊。用镊子撕取胸部肌肉少许，或剪取一段气管，放在载玻片上，加水制成装片，置于显微镜下观察，即可看到许多小管，其管壁内膜有几丁质螺旋纹。

3. 生殖系统：棉蝗为雌雄异体异形，实验时可互换不同性别的标本进行观察。

（1）雄性生殖器官：精巢位于腹部消化管的背方，1对，左右相连，成一长椭圆形结构，仔细观察，可见有许多小管，即为精巢管。精巢腹面两侧向后伸出1对输精管，分离周围组织可看到，两管绕到消化管腹方汇合成1条射精管。射精管穿过生殖下板，开口于阳茎末端。副性腺和储精囊位于射精管前端两侧，为一些迂曲的细管，通入射精管基部。仔细将副性腺的细管拨散开，还可看到1对储精囊，也开口于射精管基部。

（2）雌性生殖器官：卵巢位于腹部消化管的背方，1对，由许多自中线斜向后方排列的卵巢管组成。沿输卵管走向分离周围组织，并将消化管末端向背方略挑起，可见两输卵管在身体后端绕到消化管腹方汇合成1条总输卵管，经生殖腔开口于产卵腹瓣之间的生殖孔。自生殖腔背方伸出一弯曲小管，其末端形成一椭圆形囊，即受精囊。

4. 消化系统：由消化管和消化腺组成。消化管可分为前肠、中肠和后肠。前肠之前有由口器包围而成的口前腔，口前腔之后是口。用镊子移去精巢或卵巢后进行观察。

（1）前肠：自咽至胃盲囊，包括下列构造：① 咽：口后的一段肌肉质短管。② 食管：咽后一段管道。③ 嗉囊：食管后方膨大的囊状管道。④ 前胃：嗉囊之后，较嗉囊略细的一段粗管。

（2）中肠：又称胃，在与前胃交界处有12个呈指状突起的胃盲囊，6个伸向前，6个伸向后方。

（3）后肠：包括：① 回肠：与胃连接的较粗的一段肠管。② 结肠：回肠之后较细小的一段肠管，常弯曲。③ 直肠：结肠后部较膨大的肠管，其末端开口于肛门，肛门在肛上板之下。

（4）唾液腺：1对，位于胸部嗉囊腹面两侧，色淡，葡萄状，有1对导管前行，汇合后通入口前腔。

5. 排泄器官：为马氏管，着生在中、后肠交界处。将虫体浸入培养皿内的水中，用放大镜观察，可见马氏管是许多细长的盲管，分布于血体腔中。

6. 神经系统：用剪刀剪开两复眼间的头壳，剪去头顶和后头的头壳，但保留复眼和触角；再用镊子小心地除去头壳内的肌肉，即可见到：

（1）脑：位于两复眼之间，为淡黄色块状物（注意观察脑向前发出的主要神经各通向哪些器官？）。

（2）围食管神经：为脑向后发出的 1 对神经，到食管两侧。用镊子将消化管前端轻轻挑起，可见围食管神经绕过食管后，各与食管下神经节相连。除留小段食管外，将消化管除去，再将腹隔和胸部肌肉除去，然后观察。

（3）腹神经链：为胸部和腹部蝮板中央线处的白色神经索。它由两股组成，在一定部位合并成神经节，并发出神经通向其他器官（数数有多少个神经节，各在什么部位？）。

五、实验报告

绘制棉蝗中枢神经系统图，注明脑和神经节名称。

六、思考题

1. 通过对棉蝗的解剖与观察，说明昆虫纲的主要特征。
2. 上述的哪些特征是对陆生生活的适应？

实验七 鱼类外形观察和内部解剖

一、实验目的

1. 通过对鲫鱼外形观察和内部解剖,了解硬骨鱼类的主要特征及鱼类适应水生生活的形态结构特征。
2. 掌握硬骨鱼内部解剖的基本操作方法。

二、实验器具与试剂

解剖剪、镊子、解剖盘、脱脂棉。

三、实验材料

鲜活鲫鱼(或鲤鱼)。

四、实验内容

1. 每人取一条鲫鱼,先观察鲫鱼的外形、鳞式、鳍式,取下一片鳞片观察,确定其类型(图5-2)。

鳞式:

侧线鳞:有侧线器官穿孔的鳞片;

侧线上鳞:由背鳍起点斜列到侧线鳞的鳞数;

侧线下鳞:由臀鳍起点斜列到侧线鳞的鳞数。

  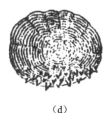

 (a)   (b)   (c)   (d)

图5-2 鱼鳞的类型(据南京农学院,1984)

(a)盾鳞;(b)硬鳞;(c)圆鳞;(d)栉鳞

鳍式:D、A、C、P、V分别代表背鳍、臀鳍、尾鳍、胸鳍和腹鳍;鳍棘数目—罗马数字;鳍条数目—阿拉伯数字;"-"表示鳍棘与鳍条相连;","表示二者分离;"—"表示变化范围。

比如,鲤鱼的鳍式为:D.Ⅱ,18—19;P.Ⅰ,16—18;V.Ⅱ,8—9;A.Ⅲ,5—6;

C.20—22。表示鲤鱼有背鳍1个，棘2个，软鳍条18~19；胸鳍有棘1个，软鳍条16~18；腹鳍有棘2个，软鳍条8~9；臀鳍有棘3个，软鳍条5~6；尾鳍有软鳍条20~22。

2. 解剖鲫鱼：

外形观察完毕，按图5-3的操作步骤剪去鲫鱼左侧体壁，掀去左鳃盖，先原位观察内脏器官的结构和内脏自然位置。

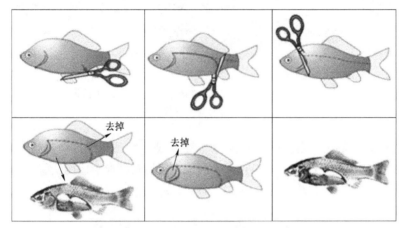

图5-3 鲫鱼解剖的顺序（图片来自网络）

（1）循环系统：

去掉左侧体壁和鳃盖即可看到其心脏，心脏位于两胸鳍之间的围心腔内，按心脏跳动的顺序可区分静脉窦、心房、心室，另外，还有动脉球，如图5-4所示。

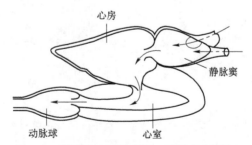

图5-4 硬骨鱼心脏模式图（图片来自网络）

① 心室。心室为淡红色，其前端有一白色壁厚的圆锥形小球体，为动脉球，自动脉球向前发出1条较粗大的血管，为腹大动脉。

② 心房。心房位于心室的背侧，暗红色，薄囊状。

③ 静脉窦。静脉窦位于心房背侧面，暗红色，壁很薄，长囊状。

（2）鳔：位于消化管的背方、体腔的背部，呈银白色的囊状结构，如图 5-5 所示。鳔从头后一直伸展到腹腔后端，分前、后两室，后室前端腹面发出一细长的鳔管，通入食管背壁。

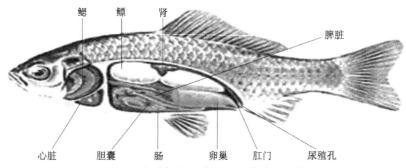

图 5-5 鱼类鳔的示意图（图片来自网络）

（3）生殖系统：由生殖腺和生殖导管组成。生殖腺包括精巢（白色俗称鱼白）、卵巢（黄色），生殖导管是由生殖腺表面的膜延伸形成的细管，如图 5-6 所示。

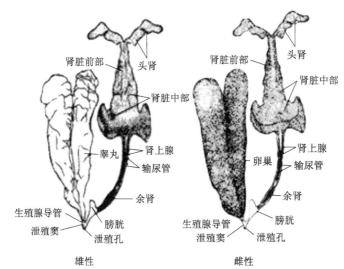

图 5-6 鲫鱼的排泄和生殖系统（图片来自网络）

（4）排泄系统：除去鳔，观察肾脏、输尿管和膀胱，如图 5-6 所示。

① 肾脏。1 对肾脏紧贴于腹腔背壁正中线两侧，为红褐色狭长形器官，肾脏最宽处在鳔的前、后室相接处。肾的前端为头肾，体积增大，并向左右扩展，进入围心腔，位于心脏的背方。

② 输尿管。每个肾最宽处各通出一细管，即输尿管，沿腹腔背壁后行，

在近末端处两管汇合通入膀胱。

③膀胱。两输尿管后端汇合后稍扩大形成的囊即为膀胱,其末端开口于泄殖窦。可用镊子分别从臀鳍前的两个孔插入。观察它们进入直肠或泄殖窦的情况,由此可在体外判断肛门和泄殖孔的开口。

（5）消化系统：

移去左侧生殖腺,观察肝胰脏、肠管、胆囊。剪开口角,用镊子展开肠,观察上下颌、舌、鳃裂、咽齿、食管、胃、肠、肛门,如图5-7所示。

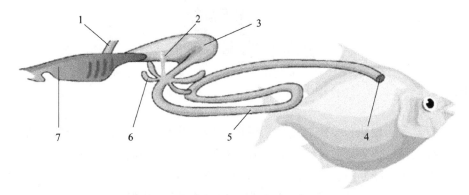

图5-7 鲫鱼的消化系统（图片来自网络）
1—鳔管；2—胆囊；3—胃；4—肛门；5—肠；6—幽门盲囊；7—咽

①口腔。口腔由上、下颌包围而成,颌无齿,口腔背壁由厚的肌肉组成,表面有黏膜,腔底后半部有一不能活动的三角形舌。

②咽。口腔之后为咽部,其左、右两侧有5对鳃裂,相邻鳃裂间生有鳃弓,共5对。第5对鳃弓特化成咽骨,其内侧着生咽齿。在下面观察鳃的步骤完成后,将外侧的4对鳃除去,暴露第5对鳃弓,可见咽齿与咽背面的基枕骨腹面角质垫相对,能夹碎食物。

③食管。食管在咽的后方,食管很短,其背面有鳔管通入,并以此为食管和肠的分界点。

④肠。肠接于食管,曲折盘旋,为体长的2~3倍,肠的前2/3段为小肠,后部为大肠,最后一部分为直肠,直肠以肛门开口于臀鳍基部前方。但肠的各部外形区别不甚明显。可在观察了肝胰脏和胆囊之后,用圆头镊子将盘曲的肠管展开再行观察。

⑤肝胰脏。鲫鱼（或鲤鱼）的肝脏和胰脏合并在一起,尚未分开,故称肝胰脏,为紧贴在肠管间的红褐色腺体。

（6）鳃：鳃是鱼类的呼吸器官。鲫鱼的鳃由鳃弓、鳃耙、鳃片组成,鳃隔退化,如图5-8所示。

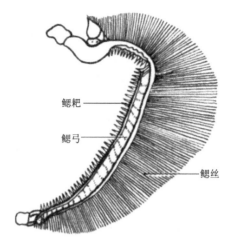

图 5-8 鳃及其结构模式图（图片来自网络）

① 鳃弓：鳃弓位于鳃盖之内，咽的两侧，共 5 对。每个鳃弓内缘凹面生有鳃耙；第 1~4 对鳃弓外缘并排长有 2 列鳃片，第 5 对鳃弓没有鳃片。

② 鳃耙：鳃耙为鳃弓内缘凹面上成行的三角形突起。第 1~4 对鳃弓各有 2 行鳃耙，左右互生；第 1 对鳃弓的外侧鳃耙较长；第 5 对鳃弓只有 1 行鳃耙。

③ 鳃片：鳃片为薄片状，鲜活时呈红色。每个鳃片称为半鳃，长在同一鳃弓上的 2 个半鳃合称全鳃。剪下 1 个全鳃，放在盛有少量水的培养皿内，置于体视显微镜下观察。可见每 1 鳃片由许多鳃丝组成，每 1 鳃丝两侧又有许多突起状的鳃小片，鳃小片内分布着丰富的毛细血管，是气体交换的场所。横切鳃弓，可见 2 个鳃片之间退化的鳃隔。

（7）脑：从两眼眶下沿体长轴剪开头部背面骨骼，再在两端横剪两下，用镊子移去头部骨骼，用棉球吸去发亮的脑脊液，观察脑的结构，如图 5-9 所示。

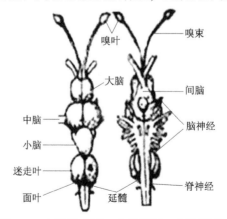

图 5-9 鱼脑模式图（左背面观，右腹面观）

五、实验报告

1. 写出鲫鱼的鳞式、鳍式。
2. 根据原位观察，绘制鲫鱼的内部解剖图，注明各器官名称。

六、思考题

1. 鱼类有哪些适于水生生活的形态结构特征？
2. 比较鱼类与哺乳动物在身体构造方面的异同点。

实验八　青蛙（或蟾蜍）的消化、呼吸、泄殖和神经系统

一、实验目的

1. 通过蛙（或蟾蜍）的内部解剖和观察，了解两栖动物消化、呼吸、泄殖系统和神经系统的形态构造及特点。
2. 学习蛙类动物的一般解剖技术。

二、实验器具与试剂

1. 器具：解剖器、蜡盘、鬃毛、大头针、放大镜、棉花。
2. 试剂：乙醚（或氯仿）。

三、实验材料

活蛙（或蟾蜍）、蛙（或蟾蜍）神经系统示范标本。

四、实验内容

解剖蛙（或蟾蜍）剪开腹壁时，应沿腹中线稍偏左侧剪，以免损毁位于腹中线的腹静脉。同时注意剪刀尖应向上挑，以免损伤内脏。将右侧腹壁翻开前，先将腹静脉从腹壁上剥离开。用双毁髓法处死活蛙（或蟾蜍），或使其麻醉致死。麻醉法：将活蛙（或蟾蜍）置于装有浸过乙醚（或氯仿）棉球的广口瓶内，加盖静置至蛙深度麻醉致死。

将已死的蛙（或蟾蜍）腹面向上置于蜡盘中，展开四肢，用大头针于腕部和跗部钉入，以将蛙（或蟾蜍）固定在蜡板上。

（一）口咽腔

为消化和呼吸系统共同的通道。

1. 舌：左手持镊将蛙（或蟾蜍）的下颌拉下，可见口腔底部中央有一柔软的肌肉质舌，其基部着生在下颌前端内侧，舌尖向后伸向咽部。右手用镊子轻轻将舌从口腔内向外翻拉出展平，可看到蛙的舌尖分叉（蟾蜍舌尖钝圆，不分叉），用手指触舌面有黏滑感。右手持剪剪开左右口角至鼓膜下方，令口咽腔全部露出。

2. 内鼻孔：1对椭圆形孔，位于口腔顶壁近吻端处，取一鬃毛从外鼻孔穿入，可见鬃毛由内鼻孔穿出（内鼻孔有何功用？）。

3. 齿：沿上颌边缘有一行细而尖的牙齿，齿尖向后，即颌齿（蟾蜍无齿）；在 1 对内鼻孔之间有两丛细齿，为犁齿（蟾蜍无齿）。

4. 耳咽管孔：位于口腔顶壁两侧、颌角附近的 1 对大孔。用镊子由此孔轻轻探入，可通到鼓膜。

5. 声囊孔：雄蛙口腔底部两侧口角处，耳咽管稍前方，有 1 对小声囊孔（雄蟾蜍无此孔）。

6. 喉门：位于舌尖后方，在腹面的具有纵裂的圆形突起。内由 1 对牛圆形杓状软骨支持，两软骨间的纵裂即喉门，其是喉气管室在咽部的开口。

7. 食管口：喉门的背侧，咽底的锥襞状开口。观察完口咽腔后，剪开皮肤。然后用镊子将两后肢基部之间的腹直肌后端提起，用剪刀沿腹中线稍偏左自后向前剪开腹壁（这样不致损毁位于腹中线上的腹静脉），剪至剑胸骨处时，再沿剑胸骨的左、右侧斜剪，剪断乌喙骨和肩胛骨。用镊子轻轻提起剑胸骨，仔细剥离胸骨与心包膜间的结缔组织（注意勿损伤心包膜），最后剪去胸骨和胸部肌肉。将腹壁中线处的腹静脉从腹壁上剥离开，再将腹壁向两侧翻开，用大头针固定在蜡板上。此时可见位于体腔前端的心脏、心脏两侧的肺囊、心脏后方的肝脏，以及胃、膀胱等器官（本实验中暂不仔细观察心脏）。

(二) 消化系统

1. 肝脏：红褐色，位于体腔前端、心脏的后方，由较大的左、右两叶和较小的中叶组成。在中叶背面，左、右两叶之间有一绿色圆形小体，即胆囊。用镊子夹起胆囊，轻轻向后牵拉，可见胆囊前缘向外发出两根胆囊管，一根与肝管连接，接收肝脏分泌的胆汁，一根与总输胆管相接。胆汁经总输胆管进入十二指肠。提起十二指肠，用手指挤压胆囊，可见有暗绿色胆汁经总输胆管而入十二指肠。

2. 食管：将心脏和左叶肝脏推向右侧，可见心脏背方有一乳白色短管与胃相连，此管即食管。

3. 胃：为食管下端所连的一个弯曲的膨大囊状体，部分被肝脏遮盖。胃与食管相连处称为贲门；胃与小肠交接处明显紧缩，变窄，为幽门。胃内侧的小弯曲，称为胃小弯；外侧的弯曲称为胃大弯；胃中间部称为胃底。

4. 肠：可分为小肠和大肠两部分。小肠自幽门后开始，向右前方伸出的一段为十二指肠；其后向右后方弯转并继而盘曲在体腔右下部，为回肠。大肠接于回肠，膨大而陡直，又称为直肠；直肠向后通泄殖腔，以泄殖腔孔开口于体外。

5. 胰脏：为一条淡红色或黄白色的腺体，位于胃和十二指肠间的弯曲处。

将肝、胃和十二指肠翻折向前方，即可看到胰脏的背面。总输胆管穿过胰脏，并接受胰管通入。但胰管细小，一般不易看到。

6. 脾：在直肠前端的肠系膜上，有一红褐色球状物，即脾。它是一个淋巴器官，与消化无关。

(三) 呼吸系统

蛙为肺皮呼吸。肺呼吸的器官有鼻腔、口腔、喉气管室和肺。其中鼻腔和口腔已于口咽腔处观察过。

1. 喉气管室：左手持镊轻轻将心脏后移，右手用钝头镊子自咽部喉门处通入，可见心脏背方有一个短粗、略透明的管子，即喉气管室，其后端通入肺。

2. 肺：为位于心脏两侧的一对粉红色、近椭圆形的薄壁囊状物。剪开肺壁可见其内表面呈蜂窝状，密布微血管，位于外、内鼻孔的位置，联系鼻瓣的开闭和口咽腔底壁的升降动作。想想蛙（或蟾蜍）是怎样进行咽式肺呼吸的。

(四) 泄殖系统

将消化管移向一侧，仔细观察泄殖系统。蛙（或蟾蜍）为雌雄异体，观察时可互换不同性别的标本。

五、实验报告

绘出青蛙（或蟾蜍）泄殖系统结构图。

六、思考题

1. 两栖类动物适于水陆生活的特征有哪些？
2. 再列举一些其他两栖动物，并与青蛙作比较。

实验九 离体蛙心脏灌流

一、实验目的

观察内环境理化因素相对稳定对维持心脏正常节律性活动的重要作用，了解肾上腺素、乙酰胆碱等激素、神经递质对心脏活动的调节意义。

二、实验原理

心脏的正常节律性活动需要一个适宜的内环境（如 Na^+、K^+、Ca^{2+} 等的浓度及比例，pH 和温度），而内环境的变化则直接影响到心脏的正常节律性活动。在体心脏还受交感神经和迷走神经的双重支配，交感神经末梢释放去甲肾上腺素，使心肌收缩力加强，传导速度加快，心率加快；迷走神经末梢释放乙酰胆碱，使心肌收缩力减弱，心肌传导速度减慢，心率减慢。将失去神经支配的离体心脏保持于适宜的理化环境中（如任氏液），在一定时间内仍能产生自动节律性兴奋和收缩。而改变任氏液的组成成分，离体心脏的活动就会受到影响。

三、实验器具、试剂与材料

1. 器具：斯氏蛙心套管、蛙心夹、蛙板、蛙类手术器械、二道仪、长滴管、铁支架等。
2. 试剂：任氏液、1% NaCl、2% $CaCl_2$、1% KCl、3%乳酸、肾上腺素、乙酰胆碱等。
3. 材料：青蛙或蟾蜍。

四、实验内容

1. 离体蛙心标本制备（斯氏蛙心插管法）：

取蟾蜍一只，打开胸腔，暴露心脏。在主动脉干下方穿双线，一条在左主动脉上端结扎，作插管时牵引用；另一条在动脉球上方打一活结备用（用以结扎和固定插管）。

玻璃分针将心脏向前翻转，在心脏背侧找到静脉窦，在静脉窦以外的地方做一结扎（切勿扎住静脉窦），以阻止血液继续回流心脏（也可不进行此操作）。

左手提起左主动脉上方的结扎线，右手持眼科剪在左主动脉根部（动脉球前端）沿向心方向剪一斜口，将盛有少许任氏液、大小适宜的蛙心插管由此开口处轻轻插入动脉球。当插管尖端到达动脉球基部时，应将插管稍向后退（因主动脉内有螺旋瓣，会阻碍插管前进），并将插管尾端稍向右主动脉方向及腹侧面倾斜，使插管尖端向动脉球的背部后方及心尖方向推进，在心室收缩时，经主动脉瓣进入心室（如图5-10）。注意插管不可插得过深，插管的斜面应朝向心室腔，以免插管下口被心室壁堵住。

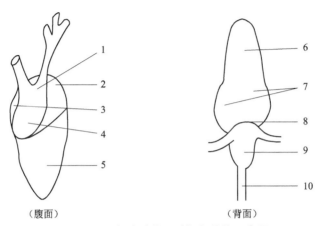

图5-10 两栖类动物心脏解剖结构示意图
1—主动脉干；2—左心房；3—右心房；4—动脉圆锥；5、6—心室；
7—左、右心房；8—半月形白线；9—静脉窦；10—后腔静脉

若插管中任氏液液面随心室的收缩而上下波动，则表明插管进入心室，可将动脉球上已准备好的松结扎紧，并固定于插管侧面的钩上，以免蛙心插管滑出心室。剪断结扎线上方的血管，轻轻提起插管和心脏，在左右肺静脉和前后腔静脉下引一细线并结扎，于结扎线外侧剪去所有相连的组织则得到离体蛙心。此步操作中应注意静脉窦不受损伤并与心脏连接良好。最后，用任氏液反复换洗插管内的任氏液，直到插管中无残留血液为止。此时，离体蛙心标本制备成功，可供实验。

2. 实验项目：

(1) 记录心脏在只有任氏液时心脏的活动情况，并将其作为正常对照。

(2) Na^+ 的作用：用吸管吸出插管中的任氏液后，换以等量的1%氯化钠溶液，观察心脏活动的变化。有变化出现时，应立即将插管内的液体吸出，并以等量任氏液换洗2~3次，至心跳恢复正常。

(3) Ca^{2+} 的作用：将1~2滴2%的氯化钙溶液加入灌流液中，观察心脏活动的变化。有变化出现时，应立即以等量任氏液换洗数次，至心跳恢复正常。

(4) K^+ 的作用：将1~2滴1%的氯化钾溶液加入灌流液中，观察心脏活

动的变化。有变化出现时，应立即以等量任氏液换洗数次，至心跳恢复正常。

（5）肾上腺素的作用：将 1~2 滴 1∶10 000 肾上腺素加入灌流液中，观察心脏活动的变化。有变化出现时，应立即以等量任氏液换洗数次，至心跳恢复正常。

（6）乙酰胆碱的作用：将 1~2 滴 1∶10 000 乙酰胆碱加入灌流液中，观察心脏活动的变化。有变化出现时，应立即以等量任氏液换洗数次，至心跳恢复正常。

（7）酸的作用：将 1~2 滴 3% 的乳酸加入灌流液中，观察心脏活动的变化。有变化出现时，应立即以等量任氏液换洗数次，至心跳恢复正常。

五、实验报告

1. 记录并分析 Na^+、Ca^{2+} 及 K^+ 对心跳活动的影响。
2. 分析有些蛙心标本套管内液面升降不明显的原因并提出相应的对策。

六、思考题

1. 实验过程中套管内液面为什么每次都应保持一定的高度？
2. 高浓度 Ca^{2+} 任氏液与肾上腺素引起的心脏活动变化有何不同？为什么？

实验十 鸟 类 实 验

一、实验目的

1. 通过对家鸽（或家鸡）骨骼及解剖的观察，认识鸟类各系统的基本结构及其适应于飞翔生活的主要特征。
2. 学习解剖鸟类的方法。

二、实验器具与试剂

1. 器具：钟形罩、解剖盘、骨剪、剪刀和镊子等。
2. 试剂：乙醚。

三、实验材料

家鸽（或家鸡）整体骨骼标本，活家鸽（或家鸡、鹌鹑）。

四、实验内容

(一) 家鸽（或家鸡）骨骼系统的观察

1. 脊柱：区分颈椎、胸椎、腰椎、荐椎和尾椎。除颈椎及尾椎外，鸟类的大部分椎骨已愈合在一起，使其背部更为坚强而便于飞翔。

(1) 颈椎：14 枚（家鸡为 16~17 枚），彼此分离。第一、二颈椎特化为寰椎与枢椎。取单个颈椎（寰椎与枢椎除外）观察椎体与椎体之间的关节面，其上面和侧面有何不同？鸟类的颈椎为何种形状？有何功能？

(2) 胸椎：5 个胸椎互相愈合，每一个胸椎与 1 对肋骨相关节。鸟类与鱼类的肋骨相比有何区别？

(3) 愈合荐骨（综荐骨）：由胸椎（1 个）、腰椎（5~6 个）、荐椎（2 个）、尾椎（5 个）愈合而成。

(4) 尾椎：在愈合荐骨的后方有 6 个分离的尾椎骨。

(5) 尾椎骨：位于脊柱的末端，由 4 个尾椎骨愈合而成。

2. 头骨：鸟类头部的骨骼多由薄而轻的骨片组成，骨片间几乎无缝可寻（仅于幼鸟时，尚可认出各骨片的界限）。头骨的前部为颜面部；后部为顶枕部，后方腹面有枕骨大孔。头骨的两侧中央有大而深的眼眶。眼眶后方有小的耳孔。注意上颌与下颌向前延伸形成喙，不具有牙齿。

3. 肩带、前肢及胸骨：

(1) 肩带：由肩胛骨、乌喙骨及锁骨组成，非常健壮，分为左、右两部分，在腹面与胸骨连接。

① 肩胛骨：细长，呈刀状，位于胸廓的背方，与脊柱平行。

② 乌喙骨：粗壮，在肩胛骨的腹方，与胸骨连接。

③ 锁骨：细长，在乌喙骨之前，左、右锁骨在腹端愈合成一个"V"字形的叉骨。生活时上端与乌喙骨相连，下端由韧带与胸骨相连。

④ 肩臼：由肩胛骨和乌喙骨形成的关节凹，与肱骨相关节。

(2) 前肢：对照教材上的图认识肱骨、尺骨、桡骨、腕骨等骨骼的形状和结构，注意其腕掌骨合并及指骨退化的特点。

(3) 胸骨：为躯干部前方正中宽阔的骨片，左右两缘与肋骨连接，腹中央有一个纵行的龙骨突起。

4. 腰带及后肢：

(1) 腰带：构成腰带的髂骨、耻骨、坐骨愈合成无名骨。髂骨构成无名骨的前部，坐骨构成其后部。耻骨细长，位于坐骨的腹缘，开放型骨盆。

(2) 后肢：对照教材上的图，注意胫骨与跗骨合并成胫跗骨。跗骨与跖骨合并成跗跖骨，两骨间的关节为跗间关节。注意趾骨的排列情况。

(二) 家鸽 (或家鸡) 的内部解剖

在实验前 20~30 min，将家鸽 (或家鸡) 放入装有乙醚的钟形罩中，使其麻醉致死；或紧捏实验动物的肋部，令其窒息而死。

解剖标本之前，先进行外形观察。家鸽 (或家鸡) 具有纺锤形的躯体，全身分头、颈、躯干、尾和附肢 5 部分，除喙及跗跖部具有角质覆盖物以外，全身被覆羽毛，头前端有喙 (家鸽上喙基部的皮肤隆起叫蜡膜)，上喙基部两侧各有 1 个外鼻孔。眼具有活动的眼睑及半透明的瞬膜，眼后有被羽毛遮盖的外耳孔。前肢特化为翼 (数一数翼上初级飞羽、次级飞羽的数目)。在尾的背面有尾脂腺，用水打湿实验鸟腹侧的羽毛，然后拔掉它。在拔颈部的羽毛时要特别小心，每次不要超过 2~3 枚，要顺着羽毛方向拔，拔时以手按住颈部的薄皮肤，以免将皮肤撕破。把拔去羽毛的实验鸟放于解剖盘里。注意羽毛的分布，并区分羽区与裸区。沿着龙骨突起切开皮肤。切口前至嘴基，后至泄殖腔。用解剖刀钝端分开皮肤，当剥离至嗉囊处时要特别小心，以免造成破损。

沿着龙骨的两侧及叉骨的边缘小心切开胸大肌。留下肱骨上端肌肉的止点处，下面露出的肌肉是胸小肌。用同样方法把它切开，试牵动这些肌肉了解其机能。然后沿着胸骨与肋骨相连的地方用骨剪剪断肋骨，将乌喙骨与叉骨联结处用骨剪剪断。将胸骨与乌喙骨等一同揭去，即可看到内脏的自然位置。

1. 消化系统。

(1) 消化管：口腔：剪开口角进行观察。上、下颌的边缘生有角质喙。舌位于口腔内，前端呈箭头状。在口腔顶部的两个纵走的黏膜褶壁中间有内鼻孔。口腔后部为咽部。食管：沿颈的腹面左侧下行，在颈的基部膨大成嗉囊。嗉囊可储存食物，并可部分地软化食物。胃：胃由腺胃和肌胃组成。腺胃又称前胃，上端与嗉囊相连，呈长纺锤形。剪开腺胃，观察内壁上丰富的消化腺。肌胃又称砂囊，上连前胃，位于肝脏的右叶后缘，为一扁圆形的肌肉囊。剖开肌胃，检视呈辐射状排列的肌纤维。肌胃胃壁厚硬，内壁覆有硬的角质膜，呈黄绿色。肌胃内藏砂粒，用以磨碎食物。十二指肠：位于腺胃和肌胃的交界处，呈 U 形弯曲（在此弯曲的肠系膜内，有胰腺着生）。小肠：细长，盘曲于腹腔内，最后与短的直肠连接。直肠（大肠）：短而直，末端开口于泄殖腔。在其与小肠的交界处，有一对豆状的盲肠。鸟类的大肠较短，不能储存粪便。

(2) 消化腺：观察家鸽（或家鸡）的肝脏共有几叶，注意家鸽不具有胆囊。在肝脏的右叶背面有一深的凹陷，自此处伸出两支胆管注入十二指肠。

2. 呼吸系统。

外鼻孔：开口于上喙基部（家鸽的位于蜡膜的前下方）。内鼻孔：位于口顶中央的纵走沟内。喉：位于舌根之后，中央的纵裂为喉门。气管：一般与颈同长，以完整的软骨环支持。在左、右气管分叉处有一较膨大的鸣管，是鸟类特有的发声器官。肺：左、右两叶，位于胸腔的背方，为一对弹性较小的实心海绵状器官。气囊：与肺连接的数对膜状囊，分布于颈、胸、腹和骨骼的内部（可参看示范标本）。

3. 循环系统。

(1) 心脏：心脏位于躯体的中线上，体积很大。用镊子拉起心包膜，然后用小剪刀纵向剪开。从心脏的背侧和外侧除去心包膜，可见心脏被脂肪带分隔成前、后两部分。前面红褐色的扩大部分为心房，后面颜色较浅的为心室。

(2) 动脉：靠近心脏的基部，把余下的心包膜、结缔组织和脂肪清理出去，暴露出来的两条较大的灰白色血管即无名动脉。无名动脉分出颈动脉、锁骨下动脉、肱动脉和胸动脉，分别进入颈部、前肢和胸部（锁骨下动脉为无名动脉的直接延续）。用镊子轻轻提起右侧的无名动脉，将心脏略往下拉，可见右体动脉弓走向背侧后，转变为背大动脉后行，沿途发出许多血管到有关器官。再将左、右心房无名动脉略略提起，可见下面的肺动脉分成两支后，绕向背后侧而到达肺脏。

(3) 静脉：在左、右心房的前方可见到两条粗而短的静脉干，为前大静脉。前大静脉由颈静脉、肱静脉和胸静脉汇合而成。这些静脉差不多与同名的动脉相平行，因而容易看到。将心脏翻向前方，可见一条粗大的血管由肝脏的右叶前缘通至右心房，这就是后大静脉。从实验观察中可以看到鸟的心脏体积很大，并分化成4室，静脉窦退化，体动脉弓只留下右侧的一支，因而动、静脉血完全分开，建立了完善的双循环。

4. 泌尿生殖系统。

排泄系统：肾脏：紫褐色，左右成对，各分成3叶，贴附于体腔背壁。

五、实验报告

绘出正羽的基本结构图。

六、思考题

1. 鸟类适应于飞翔生活的主要结构特征有哪些？
2. 思考鸟类可以飞行与其身体构造有何联系。

实验十一 家兔的骨骼系统

一、实验目的

通过对兔骨骼的观察，了解哺乳动物骨骼系统的基本组成；认识并总结哺乳类骨骼系统适应陆生的进步性特征。

二、实验器具

解剖器、放大镜。

三、实验材料

兔的整架骨骼标本及零散骨骼标本、猫的骨骼标本、哺乳动物不同类型代表动物头骨及附肢骨的示范标本。

四、实验内容

本实验应首先观察兔的整架骨骼标本，区分其中轴骨骼、带骨及四肢骨骼，了解其基本组成和大致的部位，然后再仔细辨认各部分的主要骨骼，并掌握其重要的适应性特征。注意保护骨骼标本，不要用铅笔等在骨缝等处画记，不要损坏自然的骨块间的联结。

（一）中轴骨骼

兔的中轴骨骼由脊柱、胸廓和头骨构成。依次观察下列骨骼：

1. 脊柱：兔的脊柱大约由46块脊椎骨组成。可分为5部分，即颈椎、胸椎、腰椎、荐椎和尾椎。以一枚分离的胸椎为代表，注意观察脊椎骨以下各部分结构。

（1）椎体：哺乳类的椎体为双平型，呈短柱状，可承受较大的压力。椎体之间具有弹性的椎间盘。

（2）椎弓：位于椎体背方的弓形骨片，内腔容纳脊髓。

（3）椎棘：椎弓背中央的突起，为背肌的附着点。

（4）横突及关节突：横突为椎弓侧方的突起，其前、后各有前、后关节突，与相邻椎骨的关节突相关节。

（5）肋骨关节面：胸椎的横突末端有关节面与肋骨结节相关节，相邻椎骨的椎体共同组成一个关节面与肋骨小头相关节，因而肋骨与脊椎之间具有双重联结。取第一、二枚颈椎进行观察：第一颈椎称为寰椎，外观呈环状，前缘有一对关节面与头骨的枕骨髁相关节。第二颈椎称为枢椎，其所伸出的齿状突起深入寰椎的腹方。用新鲜的标本可以看到，在寰椎齿突出处的上方，有一横行韧带紧束齿突，从而头骨与寰椎一起，可在枢椎的齿突上旋转。

胸椎：特点是背面的椎棘高大，腹侧与肋骨相连。

腰椎：12~15枚。在椎骨中显得最为粗壮，横突发达并斜指向前下方。

荐椎：由4个椎骨组成，构成愈合荐骨。愈合荐骨借着宽大的关节面与腰带相关节。

尾椎：由15~16块椎骨组成。前面数枚尾椎具有椎管，以容纳脊髓的终丝；后面的尾椎仅有椎体，呈圆柱状。

2. 胸廓：胸廓由胸椎、肋骨及胸骨构成。家兔的肋骨共有12~13对，前面7对直接与胸骨相连的为真肋；后面不与胸骨直接连接的为假肋。从胸椎前部任取一枚肋骨观察，可见上段骨质肋骨借着两个关节与胸椎相关节，下段借着软骨与胸骨联结。胸骨构成胸廓的底部，由6枚骨块组成。最前边的一块为胸骨柄；最后面的一块胸骨与一软骨板相联结，称为剑突；位于胸骨柄和剑突之间的各块胸骨统称为胸骨体。

3. 头骨：哺乳动物头骨骨块数目减少，愈合程度很高。取一头骨标本对照教材上的插图，从后方向前方顺序观察。

（1）后部：环绕枕骨大孔的为枕骨，由基枕骨、上枕骨及左右外枕骨愈合而成。枕骨两侧各具有一个枕骨髁，与寰椎相关节。枕骨大孔为脊髓与延髓的通路。

（2）上部：自后向前分别由间顶骨、顶骨、额骨和鼻骨所构成。间顶骨位于上枕骨的前方中央，前接一对顶骨（家兔的间顶骨较小）。顶骨、额骨和鼻骨均为成对的片状骨。鼻骨较长，其所覆盖的腔为鼻腔。前端的开口为外鼻孔。

（3）底部：自后向前依次为枕骨基底部（基枕骨）、基蝶骨、前蝶骨（两侧尚有翼骨突起）、腭骨、颌骨和前颌骨。基蝶骨呈三角形，位于基枕骨的前方。前蝶骨细长，位于基蝶骨的前腹面中央。腭骨位于前蝶骨的两侧，其前方与颌骨相接。注意观察骨质次生腭，它是由颌骨和前颌骨与腭骨的突起骨板拼合而成的。在颅底部次生腭后端的开口称后鼻孔，为鼻腔延伸的通路。骨质次生腭所构成的部分称为硬腭，硬腭后方的口腔顶壁组织上沿翼状突起边缘后伸，构成软腭，使鼻通路进一步后延。在底部侧枕骨的下方，还有圆形的骨块，称为鼓骨（或耳泡骨），构成对外耳道及中耳的保护。其侧面的孔，即为耳道通路。

（4）侧部：在外枕骨前方可见一块大型的骨片，称为颞骨。它是由鳞骨、耳囊（构成颞骨的岩状部，在矢状切开的头骨才能见到）及鼓骨等所愈合成的复合性骨。颞骨向前生有颧突，与颧骨相关节。颞骨腹面的关节面，与下颌（齿骨）相关节。颧骨前方与上颌骨的颧突相关节。颞骨、颧骨和颌骨构成哺乳类特有的颧弓，为支配下颌运动的咀嚼肌的附着处。颧弓内侧还是附着于颞骨上的支配下颌运动的颞肌穿行处。颧弓前上方所见的凹窝即为眼窝（眼眶）。泪骨和蝶骨构成眼窝的前内壁，其余部分均为附近的骨骼突起所形成，无须细看。上颌骨与前颌骨构成头骨前方部分，臼齿及前臼齿即着生在上颌骨上。门牙（前后着生，共两对）着生于前颌骨上。取沿纵轴锯开的头骨标本，观察内部骨块的结构，可明显地看到前半的颜面部与后半的颅腔部。颜面部中卷曲的多层薄骨片，即为鼻甲骨；颅腔内容纳骨髓。在颅腔底部后面的圆形骨即为颞骨的岩状部。它是由耳囊骨组成的，在哺乳类，其与鳞骨愈合成复合骨的一部分。岩状部骨块内藏有听觉及平衡器官。其外侧紧邻鼓骨，中耳腔内有 3 块听骨（锤骨、砧骨、镫骨），必须以骨剪破坏鼓骨后才能看到（本实验不必观察）。在颜面部尚可见中线处的垂直薄片骨，即鼻中隔。它是由下方的犁骨与上方的中筛骨所构成。在颜面部与颅腔部交界处，可见带许多小孔的隔板，即筛骨。嗅神经即从这里穿过，将嗅黏膜感受到的嗅觉信号传入大脑嗅叶。

（5）下颌骨：由单一的齿骨组成。在其升支上有关节面与颞骨相关节。

（二）带骨和肢骨（以观察带骨为主）

1. 肩带和前肢骨：肩带由肩胛骨和锁骨组成。肩胛骨为一较大的三角形骨片，其前端的凹窝即为肩臼，与前肢的肱骨相关节。肩臼上方可见一小而弯的突起，称为乌喙突。它相当于低等种类乌喙骨的退化痕迹，肩胛骨背方的中央隆起称为肩胛嵴，是前肢运动肌肉所附着的地方。兔的锁骨退化成一个小薄骨片，两端各以韧带连于胸骨柄和肱骨之间，前肢骨骼由肱骨、桡骨、尺骨、腕骨、掌骨及指骨组成。

2. 腰带及后肢骨：腰带由髂骨、坐骨和耻骨愈合而成的无名骨构成。三块骨所构成的关节窝称为髋臼，与后肢的股骨相关节。髂骨以粗大的关节面与脊柱的荐骨相联结。左、右耻骨在腹中线处联合，称为耻骨联合。由耻骨、坐骨及髂骨所构成的骨腔为盆腔，消化、泌尿及生殖管道均从盆腔穿过而通体外。每侧坐骨与耻骨中间的圆孔称为闭孔，可供血管和神经通过。

后肢骨骼骨由股骨、胫骨、跗骨、庶骨、趾骨组成。胫骨较腓骨大且长。此外，在股骨下端还有一块膝盖骨。哺乳类肢骨的基本结构与其他陆生的四足动物基本相似。

五、实验报告

绘出家兔一枚胸椎基本结构图。

六、思考题

1. 啮齿目和兔形目动物形态结构有何异同？
2. 哺乳类与爬行类肢骨的着生位置有何差异？

实验十二　兔的消化、呼吸和泄殖系统

一、实验目的
1. 通过对兔消化、呼吸和泄殖系统的观察，了解哺乳类有关系统的主要特征。
2. 学习哺乳类动物解剖的基本技术。

二、实验器具与试剂
解剖器、解剖盘、骨剪、10 mL 注射器、针头、棉花等。

三、实验材料
活的家兔。

四、实验内容
（一）处死实验动物
将兔置于解剖盘内或实验室的地面上，在耳缘静脉处插入针头，注射进 10 mL 空气，几分钟内兔即可死亡。注意从耳缘静脉的远端开始注射，也可以用乙醚熏或断颈法处死活兔。

（二）外形观察
兔体表被毛，毛有 3 种类型，即针毛、绒毛和触毛。针毛稀而粗长，具有毛向；绒毛细短而密，没有毛向；触毛或称须，着生在嘴边，长而硬，有感觉的功能。兔的身体分为头、颈、躯干和尾 4 部分，仔细辨别各个部位的有关结构。

1. 头与颈部：哺乳动物脑颅较大，其头骨可分为 2 个区域，眼以前为颜面区，眼以后为头颅区。兔的口周围有触须和肉质的唇，上唇中央有明显的纵裂。口边有硬而长的触须。眼具有上、下眼睑及退化的瞬膜，可用镊子将瞬膜从前眼角拉出。眼后为一对很长的外耳壳。兔的颈部较短。

2. 躯干与尾：兔的躯干可分为背部、胸部和腹部。在背部有明显的腰弯曲。胸、腹部的界限为最后的肋骨及胸骨剑突软骨的后缘。雌兔在腹部有乳头 4~5 对。观察靠近尾部的肛门和泄殖孔。在外形能分辨雌雄。注意观察前后肢着生的位置、指（趾）数及爪。兔的尾部很短。

（三）内部解剖
取断颈处死的兔，仰置于解剖盘中。用线绳固定四肢，用棉花蘸清水润湿腹部正中线的毛，然后自生殖器开口稍前方处，提起皮肤，沿腹中线向后、向前把皮肤纵行剪开，直达下颌底为止。然后再从颈部将皮肤向左、右横向剪至耳廓基部。以左手持镊子夹起颈部剪开的皮肤边缘，右手用解剖刀小心地清除皮下结缔组织。按下列顺序进行观察：

1. 咽部：咽位于软腭后方背面，由软腭自由缘构成的孔为咽峡。沿软腭的中线剪开，露出的腔是鼻咽腔，为咽部的一部分。鼻咽腔的前端是内鼻孔，在鼻咽腔的侧壁上有一对斜的裂缝，是耳咽管的开口。如用猪鬃探测，此管可通中耳腔。咽部后面渐细，连接食管。食管的前方为呼吸道的入口。此外，有一块叶状的突出物，称为会厌（位于舌的基部）。食物通道与气体通道在咽部后面进行交叉，会厌能防止食物进入呼吸道。

2. 喉头、气管和肺：

（1）喉头：将颈部腹面的肌肉除去，以便观察。喉头为一软骨构成的腔。喉头顶端有一很大的开口，即声门。喉头的背缘有会厌，会厌的背面为食管的开口。喉头腹面的大形盾状软骨为甲状软骨。其后方为围绕喉部的环状软骨，环状软骨的背面较宽，其上有一对小的突起，为勺状软骨。喉头腔内壁上的褶状物为声带。

为了继续观察，须剪开颈部后面的肌肉，并打开胸腔。用骨剪剪开肋骨，除去胸骨，即可观察胸腔的内部构造。

（2）气管：由喉头向后延伸的气管，管壁由许多软骨环支持，软骨环的背面不完整，紧贴着食管。气管向后分成两支进入肺。在环状软骨的两侧各有一扁平椭圆形的腺体为甲状腺。

（3）肺：气管进入胸腔后，分两支入肺，每支与肺的基部相连。肺为海绵状器官，位于心脏两侧的胸腔内。

3. 消化管和消化腺：

（1）消化管：食管位于气管背面，由咽部后行伸入胸腔，穿过横膈膜进入腹腔与胃连接。胃为一扩大的囊，一部分为肝脏所遮盖。食管开口于胃的中部，胃与食管相连处为贲门；与十二指肠相连处为幽门。胃分为两部分，左侧胃壁薄而透明，呈灰白色，黏膜上有黏液腺；右侧胃壁的肌肉质较厚，且有较多的血管，故呈红灰色。黏膜上有纵行的棱和能分泌胃液的腺体。在胃的左下方有一深红色的条状腺体，为脾脏，属淋巴腺体。肠管的前端细而盘旋的部分为小肠；后段为大肠。小肠又分为十二指肠、空肠和回肠；大肠则分结肠和直肠。小肠和大肠交界处有盲肠。十二指肠在胃的幽门之后，弯折并向右行，接近肝脏的一侧有总肝管注入。在其对侧有胰管注入。空肠和回肠在外观上没有明显的界线。十二指肠后端为空肠，再后为回肠。盲肠是介于小肠和大肠交界处的盲囊。草食性动物的盲肠较发达；肉食性动物的则退化了。结肠的肠管上有由纵行的肌肉纤维形成的结肠带，将肠管紧缩成环结状，故名为结肠。结肠又分为升结肠、横结肠和降结肠3部分，按其自然位置即可区别。大肠的最后端为很短的直肠，直肠开口于肛门。

（2）消化腺：消化腺除了唾液腺，也包括消化管外的消化腺。肝脏：为体内最大的消化腺体，位于腹腔的前部，呈深红色。分为6叶，即左外叶、左中叶、右中叶、右外叶、方形叶和尾形叶。在尾状叶与右外叶之间有动脉、静脉、神经和淋巴管的通路，称为肝门。兔的胆囊位于肝的右中叶的背侧，胆汁沿胆管进入十二指肠。胰脏：散于十二指肠的弯曲处，是一种多分支的淡黄色腺体。有一条（大白鼠有数条）胰腺管开口于十二指肠，不需详细寻找。

4. 泄殖系统：

（1）排泄系统：肾脏为紫红色的豆状结构，位于腹腔背面，以系膜紧紧地联结在体壁上，由白色的输尿管连于膀胱。肾脏前方有一小圆形的肾上腺（内分泌腺）。尿经膀胱通连尿道，直接开口于体外。剪下一侧肾脏，沿侧面剖开，用水冲洗后观察：外周部分为皮质部，内部有辐射状纹理的部分为髓质部，肾中央的空腔为肾盂，从髓质部有乳头状突起伸入肾盂，尿即经肾乳头汇入肾盂，再经输尿管入膀胱背侧。

（2）生殖系统：雌雄标本可于解剖之后，交互观察。

雄性：睾丸为一对白色的卵圆形的器官，在繁殖期下降到阴囊中，非繁殖期则缩入腹腔内。阴囊以鼠蹊管孔通腹腔。在睾丸端部的盘旋管状构造为附睾，由附睾伸出的白色管即为输精管。输精管经膀胱后面进入阴茎而通体外。在输精管与膀胱交界处的腹面，有一对鸡冠状的精囊腺。横切阴茎可见位于中央的尿道，尿道周围有两个富于血管的海绵体。

雌性：在肾脏上方的紫黄色带有颗粒状突起的腺体为卵巢。卵巢外侧各有一条细的输卵管，输卵管借端部的喇叭口开口于腹腔，输卵管下端膨大部分为子宫。有的标本可见子宫内有小胚胎或已被吸收的"子宫斑"（紫色斑点）。两侧子宫结合成"V"字形，经阴道开口于体外。

五、实验报告

绘出家兔消化系统和泌尿系统简图。

六、思考题

1. 家兔雌性与雄性的肛门、尿道和生殖孔的开口各有何不同？
2. 分析家兔与野兔在身体构造方面会有何差异。

实验十三　小白鼠的外形观察和内部解剖

一、实验目的

1. 学习哺乳动物一般解剖方法。
2. 学习小鼠颈椎脱臼处死法。
3. 了解小白鼠的内部结构。

二、实验器具与试剂

解剖器具、大头针、蜡盘、棉花、乳胶手套。

三、实验材料

小白鼠。

四、实验内容

1. 外部形态观察：观察整体，分为头、颈、躯干、四肢和尾五部分，并观察全身被毛等。

2. 解剖观察：

用棉花蘸清水润湿腹正中线上的毛，然后左手用镊子把皮肤提起，右手用剪刀沿纵向剪开，直达下颌底为止。再用镊子夹起腹壁肌肉，用剪刀尖自体后端向前挑起，沿腹中线偏左向前剪至白色胸骨柄处。观察膈，膈是胸腔腹腔之间横隔着的肌肉膜，是哺乳动物独有的结构。膈的前面是胸腔，后面是腹腔。然后剪断胸廓两侧肋骨。将胸壁慢慢提起，小心剪断上下的联系，取掉胸壁。胸腔和腹腔完全暴露，先观察自然位置，再观察各器官系统，按顺序观察以下内容：

（1）循环系统：观察仍在搏动的心脏，辨认左右心房和左右心室。小白鼠的心脏位于左右肺叶的中间。小心剪开心包膜，看到圆锥形的心脏。上部是两个形似耳朵的心房，下部是心室。如果小白鼠麻醉程度较浅，可以看到心房和心室交替收缩。用手指捏心室，感到左心室的壁比右心室的壁厚得多。

（2）呼吸系统：心脏两侧各有海绵状肺，颈前方有长管状的气管，有不完全的软骨环支持。用指触摸，感觉到有弹性。气管下端分成两条支气管入肺。肺是玫瑰色的，呈海绵状，分左、右叶紧贴着肋骨。用解剖刀在气管上方切个纵切口，插入细玻管，向里吹气，可以看到肺叶扩张，停止吹气，肺便慢慢回缩。小白鼠右肺有三叶，另有较小的副叶，左肺有一叶。

观察后可将膈肌、心脏，连同体动脉、体静脉、肺静脉取下，肺连同气管取下，按一定位置放在另一个白瓷盘中，注意辨认气管与食道，不要剪错。

(3) 消化系统：用镊子撑开口腔，可以看到 4 枚门齿、12 枚臼齿和舌。再用镊子提起颈前部的气管，可以看到肌肉质的食管穿过胸部和膈，连接口袋状的胃，胃下是肠，由肠系膜联系着盘曲在腹腔内。腹腔前上方有紫红色的肝脏，右肝内侧有一个黄绿色的胆囊，胃下方有红色的脾脏。夹起小肠前段，可见一些分支的淡黄色腺体，即胰腺。用解剖刀轻轻划开肠系膜，把肠拉直，在细长的小肠和较粗短的大肠交界处有盲肠，在大肠里可以看到呈橄榄形的粪块。观察完后，可将消化系统取出，按从前到后的顺序在解剖盘中排列。

(4) 排泄系统：取出消化系统各部分器官，可见腹腔背面脊柱两侧紧贴体壁有一对紫红色豆形的肾脏，肾脏前下连着的细管为输尿管。输尿管与膀胱相通，膀胱是一个膨大的囊。

(5) 生殖系统：在雄鼠的腹腔下端的膀胱两边有一对白色卵圆形的睾丸，睾丸在繁殖期下降到阴囊中，睾丸各连一条白色、很细、不易看到的输精管。雌鼠在腹腔背侧有一对较小的卵巢，常不易看到，在卵巢的下方，成"V"字形的输卵管和子宫清晰可见。

五、实验报告

绘制小鼠消化系统结构图。

六、思考题

1. 哺乳类适于陆生生活的形态结构特征有哪些？
2. 如何判断一种动物是否属于哺乳类？

实验十四　脊椎动物骨骼标本的制作及比较观察

一、实验目的

1. 通过对脊椎动物骨骼标本的制作，学习其制作方法。
2. 通过脊椎动物各纲代表动物骨骼标本的比较观察，了解各纲骨骼系统的异同及脊椎动物骨骼系统的演化规律。

二、实验器具与试剂

1. 器具：解剖器、解剖盘、容器、线、脱脂棉、铁丝、牙刷、木板。
2. 试剂：乙醚、氢氧化钠（或氢氧化钾）、过氧化氢（或漂白粉）、汽油（或乙醚或二甲苯）、乳胶。

三、实验材料

脊椎动物各纲代表动物活体材料，如活鲫鱼（或鲤鱼）、青蛙（或蟾蜍）、鳖、家鸽、家鸡、兔等，任选一种用于骨骼标本制作；脊椎动物各纲代表动物整体干制骨骼标本，如鲫鱼（或鲤鱼）、青蛙（或蟾蜍）、蜥蜴、鳖、家鸽、兔等，用于骨骼系统比较观察。

四、实验内容

（一）脊椎动物整体干制骨骼标本的制作

1. 制作的一般方法和步骤：

（1）选择材料：选择身体各部位无损伤、骨骼完整、发育成熟的活体动物做材料。

（2）剔除肌肉：杀死动物后，剥去皮肤，去掉内脏，除掉身上的肌肉。除肉时不要损伤骨骼和韧带。

（3）腐蚀和脱脂：将残留肌肉的骨骼浸入一定浓度的腐蚀剂中数日后，残留在骨骼上的肌肉因腐蚀作用而呈半透明状态。取出骨骼后，用清水洗净药液，并剔除残留肌肉。腐蚀过程中，应避免损伤韧带。若韧带呈透明胶状，则腐蚀已经过度。可经常观察并间隔一段时间从腐蚀液中取出，用刀子和刷子去除一部分被腐蚀的肌肉，然后再放回继续腐蚀。不同材料所用腐蚀液的浓度和时间不同，见表5-1。

对于脂肪含量较少的个体，其骨骼经腐蚀剂处理后，大多数脂肪已被脱除。脂肪含量高的个体，腐蚀待干燥后，还需脱脂处理。常用脱脂剂类型及处理时间见表5-1。材料若在脱脂前经95%酒精处理1~2 d，对软骨及韧带有良好的固定作用。

表5-1 脊椎动物骨骼药剂处理的浓度和时间

类别		鱼类	两栖类	爬行类	鸟类	哺乳类
腐蚀脱脂剂	氢氧化钠或氢氧化钾水溶液/%	0.5~0.8	0.5~0.8	1~1.2	0.8~1	1~1.5
脱脂剂	浸制时间/d	1~4	1~4	2~7	2~4	2~7
	汽油或二甲苯/%	100	100	100	100	100
漂白剂	浸制时间/d	3~5	3~5	7~10	7~10	7~10
	过氧化氢/%	3	3	3~5	3	3~5
	漂白粉/%	1~2	1~2	1~3	1~2	1~3
	浸制时间/d	1~4	1~4	2~7	2~4	2~7

（4）漂白：将已经脱脂的骨骼浸入一定浓度的漂白剂中进行漂白，以使骨骼外形洁白美观。由于漂白剂对骨骼和关节韧带有一定的腐蚀作用，各种动物的使用浓度与处理时间不同。

（5）整形和装架：将漂白过的骨骼整理成其自然连接状态。整形需在韧带尚未干燥前进行，整形后的骨骼置于阳光下干燥，并做必要的串联和装架。

2. 制作实例：

（1）鱼类（以鲫鱼为例）骨骼标本制作：

① 剔肉：将身体包括鳍条完整的活鲫鱼放于90%酒精中固定2~3 d后剔肉，也可以不固定直接剔肉。刮去鳞片，从肛门到腹鳍后端剖开腹腔，去掉内脏，用水将体表和腹腔血污冲洗干净。用解剖刀从头后脊背两侧向尾部切除躯干及尾部两侧的主要肌肉，再剔除肋骨间的肌肉。把头部与躯干部分分开，然后去掉脑和眼。背鳍、尾鳍、臀鳍和胸鳍不要单独拿掉，只要除掉各鳍基部两侧的肌肉即可，鳍条间的鳍膜不要除掉，干燥后鳍膜会变成透明的薄膜，起到固定鳍条的作用。腰带和腹鳍可取下单独处理。鳍担骨和脊柱上的肌腱不宜剔得太净，残留在骨骼上的肌肉可经腐蚀后再剔除。

② 腐蚀与脱脂：将剔好的鱼骨放于0.3%~0.5%的氢氧化钠水溶液中浸泡6~10 h，取出后水洗，并用软毛刷轻轻刷洗，以除掉肉屑。腐蚀过程中，应间隔一段时间查看韧带是否脱开。刷洗干净后的鱼骨自然干燥或人工烘干后，放于乙醚等脱脂剂中浸3~4 h，取出后晾干。

③ 漂白：将鱼骨放于2%~3%的过氧化氢中浸2~3 h，取出后水洗。

④ 装架：用粗细适当的铁丝，一端从脊椎骨的髓弓插入尾端，另一端缠

紧棉线，伸入颅腔并卡紧。将胸鳍连接在鳃盖骨后下方的肩带上。将臀鳍用细丝连接在相应位置的脊椎骨上。另取3根较粗的铁丝或铅丝作标本的支架，其中两根分别托在头骨及尾鳍前方的脊柱上，另一根按原先体内的位置托住游离的腰带和腹鳍，支架固定在台板上。

(2) 两栖类（以蟾蜍为例）骨骼标本制作：

① 剔肉：将青蛙或蟾蜍用乙醚处死后，剖开腹部的皮肤，将皮剥离，去掉内脏和眼球，然后将头部和脊柱分开，剔除各部分的主要肌肉。用缠线或缠脱脂棉的铁丝伸入椎管和脑腔，除去脊髓和脑。剔肉时需注意不要将头骨、脊柱、腰带、肢骨各关节间相连接的韧带拆开。

② 腐蚀与脱脂：将剔好的骨放入1%的氢氧化钠或氢氧化钾溶液中腐蚀。腐蚀过程中，隔一段时间取出，放在水中刷洗、剔除残肉。如此经过数次，便可去净残肉，用净水浸洗数小时后晾干，入乙醚中浸渍5~6 h脱脂。

③ 漂白：将骨放于2%~3%的过氧化氢中浸3~4 h，待骨骼变白后取出水洗、晾干。

④ 装架：按蟾蜍或青蛙活体姿势整理其躯干和四肢骨骼，用粗细合适的铁丝一端折回成双股，缠线，插入脑室并卡紧，另一端插入椎管直至尾杆骨前一节椎骨。下颌骨和胸部椎骨下方用纸团垫起，使头部骨骼抬起呈倾斜状，两前肢骨借肩胛骨用白乳胶黏附在第Ⅱ、Ⅲ颈椎横突两侧，腕骨、掌骨、指骨、跗骨和趾骨用白乳胶黏在标本台板上。其他骨关节若连接不牢固，均可用白乳胶加固或粘连。整好形后自然风干，待干燥后取出纸团。

(二) 脊椎动物各纲代表动物的骨骼系统比较观察

1. 脊柱、肋骨和胸骨的比较：

(1) 硬骨鱼的脊柱和肋骨：取鲤鱼整体骨骼标本和分离椎骨标本进行观察。

脊柱分为躯干部和尾部两部分，椎体为双凹型，椎体中央有残存的脊索。躯干椎和尾椎相同的部分有椎体、椎体背面的椎弓和长而尖锐的椎棘，尾椎在椎体的腹面有脉弓和脉棘，躯干椎不存在脉弓和脉棘，但有一对长圆柱形的肋骨与椎体横突相关节。鱼类无胸骨。

(2) 两栖类的脊柱、肋骨和胸骨：观察蟾蜍或青蛙的整体骨骼和分离椎骨标本。脊柱已分化为颈、躯干、荐和尾4区。颈区只有一枚椎骨，名为寰椎，其前端有两个关节窝与头骨的两个枕骨髁相接，背中部略高起处为椎弓，后部有后关节突与第二椎骨的前关节突相关节，无横突。颈区向后为躯干椎，共7个，椎体前凹后凸为前凹型，椎体位于椎骨的腹侧，呈圆柱形，椎弓在椎体背面，很矮，椎弓中间的空腔即椎管，为脊髓存在的部位。椎弓前面和后面各有一块关节突,即前关节突和后关节突。椎体腹面无脉弓,横突长大。肋骨退化为短软骨棒接在横突末端。荐区仅有一枚椎骨,名为荐椎,荐椎有粗大的横突与腰带相连接。尾杆骨代表尾区,是由多个尾椎骨愈合而成。观察脊柱的腹面,在脊柱的两旁、前后,每两个椎骨之间有一孔,名为椎间孔,各对脊神经即由此孔穿出。已出现了胸骨,但不形成胸廓。蛙类的胸骨由前向后依次由上胸骨、肩胸骨、中胸骨和剑胸骨组成;蟾蜍不具有上胸骨和肩胸骨。

(3) 爬行类的脊柱、肋骨和胸骨:观察蜥蜴的整体骨骼和分离椎骨标本。脊柱分为颈、胸、腰、荐和尾 5 区,椎体前凹型或后凹型。与两栖类的主要区别为:颈椎数目增多,第一枚为寰椎,第二枚特化为枢椎(其功能及与陆生生活有何关系?)。胸椎具有肋骨,且与胸骨和胸椎共同构成了胸廓(龟鳖类和蛇类除外)。荐椎的数目由 1 枚发展到 2 枚,增强了对后肢的支撑。蛇因四肢退化,脊柱分区不明显,分为尾前区和尾区,尾前区脊椎骨上有发达的肋骨(寰椎除外),肋骨远端以韧带与腹鳞相连(这种结构模式在蛇运动中有何作用?);蜥蜴的胸骨主要为一块软骨构成的骨板,两侧与肋骨相接。

(4) 鸟类的脊柱、肋骨和胸骨:观察家鸡(或家鸽)的整体骨骼和分离椎骨标本。脊柱也分为颈、胸、腰、荐和尾 5 区,但因适应飞翔生活,变异较大。颈椎数目多、分离,椎体马鞍形(异凹型,即椎体水平切面为前凹型;矢状切面为后凹型),活动性极大。胸椎除最后一枚外,其他几枚完全愈合在一起。肋骨均为硬骨,分为连接胸椎的椎肋和连接胸骨的胸肋两段,肋骨后缘各有一个钩状突,向后搭在后一条肋骨上,为鸟类所特有。最后一枚胸椎、腰椎、荐椎和前部尾椎愈合形成一个整体且与腰带相连,称为综荐骨。综荐骨后有几块独立的尾椎,最后几枚尾椎愈合在一起构成尾综骨,为尾羽提供着生地。胸骨完全骨化为一块硬骨,两侧缘与肋骨牢固连接,胸骨的腹中线有发达的龙骨突起,为强大的飞翔肌肉(胸肌)的附着处。

(5) 哺乳类的脊柱、肋骨和胸骨:观察家兔的整体骨骼和分离椎骨标本。脊柱也分为颈、胸、腰、荐和尾 5 区,椎体双平型,两椎体间有软骨的椎间盘相隔。颈椎的数目在哺乳类中多为 7 枚。荐椎数目增至 3~5 枚,成体时愈合成一块荐骨。胸骨为一分节的长骨棒,包括胸骨柄、胸骨体和剑胸骨,位于胸腹壁中央。兔的胸骨有 6 节,最前方为胸骨柄,最后一节为剑突,末端接宽而扁的剑状软骨,中间各节称为胸骨体,骨节间由软骨联合,形成可动关节,胸骨两侧与真肋的软骨。

2. 头骨的比较:

(1) 软骨鱼类的头骨:观察星鲨或其他鲨的头骨标本。头骨终生保持软骨状态，由脑颅和咽颅两部分组成。脑颅为一个完整的软骨箱子，保护脑部及嗅、视、听觉器官。脑颅最前端为吻骨，吻骨基部两侧为鼻囊，鼻囊后方两侧的大窝为眼窝，眼窝后方两侧的突起为耳囊。吻骨基部背面有一较大的孔，为囟门，其上覆以结缔组织形成的纤维膜。脑颅后端有一孔，为枕骨大孔。咽颅由7对咽弓组成，第一对称为颌弓，背部的左、右两块为腭方软骨，构成上颌，腹面的左、右两块为麦克耳氏软骨，构成下颌；第二对称为舌弓，支持舌部，共由5块软骨组成，最背方的1对为舌颌软骨。舌颌软骨由结缔组织与脑颅相连构成下颌的悬器，将颌弓连于脑颅上（舌接型）；其余5对为鳃弓，支持鳃，每弓均由5部分组成，由背向腹依次为咽鳃软骨、上鳃软骨、角鳃软骨、下鳃软骨和基鳃软骨。

（2）硬骨鱼类的头骨：观察鲤鱼或鲫鱼的头骨标本。头骨骨化程度很高，也由脑颅和咽颅两部分组成，骨块数目很多，软骨化骨和膜成骨兼有。在头骨侧面有鳃盖骨，各有4片骨块，为硬骨鱼的标志性特征。

（3）两栖类的头骨：观察蟾蜍（或青蛙）的头骨标本。头骨骨化不佳，骨块数目较硬骨鱼类的少得多。头骨扁而宽，脑腔狭小。嗅囊仍保持软骨状态，仅背方有一对鼻骨。颅腔背面有两片狭长的骨片，为一对额顶骨，是额骨与顶骨的愈合。围眶骨均已消失。枕区仅保留一对外枕骨，由外枕骨围成枕骨大孔，每一对外枕骨各具一个枕骨髁与寰椎相接。听囊区仅有一对前耳骨，位于头骨背面、外枕骨的前内侧，前耳骨外侧有"T"形的鳞骨。构成脑颅底墙的副蝶骨十分发达。舌颌软骨演化为一对短棒状的耳柱骨，位于中耳腔中。上颌由3对骨构成，由前向后依次为前颌骨、上颌骨和方轭骨。下颌主要由齿骨、隅骨及未骨化的麦克耳氏软骨组成。舌弓愈合成一软骨片，称为舌器。鳃弓退化。舌颌软骨因演化为耳柱骨而失去悬器的作用。

（4）爬行类的头骨：以蜥蜴为例。头骨骨化完全，膜原骨数目多。在颞部，由于某些骨片的消失或缩小而出现穿洞，即颞窝，蜥蜴具有双颞窝。脑颅顶壁隆起，为高颅型。具有单一的枕髁。头骨腹面前方的腭骨和上颌骨构成口腔顶壁。

（5）鸟类的头骨：观察家鸡（或家鸽）的头骨。头骨薄而轻，各骨块彼此愈合。在成鸟中，头骨各骨块之间的骨缝已消失，整个头骨愈合成一完整的骨壳。颅骨顶部呈圆拱形，枕骨移至脑的腹面，具有单一的枕髁。左右眼眶甚大，具有薄的眶间隔。鼻骨、前颌骨、上颌骨及下颌骨显著前伸，构成喙。（总结头骨与适应飞翔生活的关系。）

（6）哺乳类的头骨：观察家兔的头骨，仅鼻筛部留有少许软骨，其余骨全部骨化。骨块发生了广泛的愈合和简化现象，骨块数目减少。脑颅高度扩展，为高颅型。嗅囊和耳囊发达，具有一对枕髁，有颧弓形成。下颌仅由单一的齿骨构成，咽颅与脑颅的连接方式为直接型。次生腭完整。具有合颞窝，每侧一个颞窝，由后眶骨、鳞状骨构成窝的上界，下界为颧骨，颞窝又与眼窝合并。

3. 带骨和附肢骨的比较：

（1）软骨鱼类的带骨和鳍骨：观察鲨鱼整体骨骼标本。肩带为一条横贯胸部的呈"U"形的软骨棒，位于腹侧面的为乌喙骨，突向背方的为肩胛部。肩带不与脊柱直接相连，而是通过肌肉间接连于脊柱上。乌喙骨的两侧各有一关节面，称为肩臼，与胸鳍形成关节。胸鳍骨自内向外依次有基鳍软骨、辐鳍软骨和角质鳍条。腰带为呈"一"字形的软骨棒，两端与腹鳍的基鳍软骨相关节。支持腹鳍的鳍骨与胸鳍的相似。

（2）硬骨鱼的带骨和鳍骨：观察鲤鱼的肩带。每侧肩带由6块骨组成，均已骨化，硬骨鱼类的肩带通过匙骨和上匙骨与头部的后颞骨相连，使头的活动受到限制。胸鳍的基鳍骨退化，仅有辐鳍骨（鳍担骨）和真皮鳍条。由鳍担骨直接与肩带相连。腰带仅由一对无名骨组成，腰带不与脊柱相连，腹鳍既无基鳍骨，也无鳍担骨，真皮鳍条直接着生于腰带上。

（3）两栖类的带骨和四肢骨：观察蛙和蟾蜍的肩带和胸骨。两栖类的肩带除肩胛骨、乌喙骨和锁骨3对骨外，在肩胛骨上端有上肩胛骨，在乌喙骨的内侧有上乌喙骨，肌肉将上肩胛骨连于脊柱上。从两栖类开始，肩带不再与头骨相连。前肢骨由近端开始，依次为肱骨、桡尺骨（桡骨和尺骨的愈合）、腕骨、掌骨和指骨，拇指退化，仅有4指。腰带由髂骨、坐骨和耻骨3对骨构成，通过髂骨的前端与荐椎横突相连，但腰带形成的骨盆为扁盘状。后肢骨从近端依次为股骨、胫腓骨（胫骨与腓骨的愈合）、跗骨、跖骨和趾骨。

（4）爬行类的带骨和四肢骨：观察蜥蜴的整体骨骼标本。蜥蜴肩带的基本结构与两栖类的相似，也具有上肩胛骨、肩胛骨、乌喙骨和锁骨。与蛙不同的是，在乌喙骨内侧有前乌喙骨，另有呈"十"字形的间锁骨把胸骨和锁骨连接起来。腰带也由髂骨、坐骨和耻骨3对骨构成，但耻骨和坐骨不再愈合成耻坐骨板，而是分开形成一个大孔，即耻坐孔。蜥蜴的四肢具有典型的五趾型附肢，前后肢均有5趾。

（5）鸟类的带骨和四肢骨：肩带由肩胛骨、乌喙骨和锁骨3对骨构成，锁骨呈叉状，乌喙骨十分发达，肩胛骨呈镰刀状。前肢特化为翼，腕骨仅余2块，即尺腕骨和桡腕骨，其余的腕骨和第1~3掌骨愈合成腕掌骨，其余掌骨退化。指骨仅余第1~3指，分别与3个掌骨相连，第1和3指仅一节指骨，第2指有两节指骨。腰带由髂骨、坐骨和耻骨3对骨构成，同侧的髂、坐、耻 3 对骨愈合在一起，借髂骨与愈合荐骨愈合，耻骨和坐骨均向后伸，且左、右耻骨在腹中线不愈合，构成开放式骨盆。后肢发生愈合和加长，胫骨发达并与近排跗骨愈合成胫跗骨，腓骨退化成刺状，跖骨 4 枚与远端跗骨愈合成跗跖骨并延长成棒状，具有 4 趾。

（6）哺乳类的带骨和四肢骨：观察家兔的整体骨骼标本。肩带的特点是肩胛骨特别发达，乌喙骨退化成喙突附于肩胛骨下端。兔的锁骨退化为 1 对细小骨棒。腰带也由髂、坐、耻 3 对骨组成，同侧 3 对骨愈合在一起，称为髋骨，左右髋骨、荐椎和部分尾椎共同组成封闭式骨盆。肢骨的突出特点是肢骨发达并发生扭转现象，即具有朝后的肘和朝前的膝。

五、实验报告

总结哺乳类头骨的特征，与鱼类、两栖类和爬行类比较找出进化的趋势。

六、思考题

1. 鸟类的脊柱、肋骨、带骨和四肢骨对飞翔生活有何适应？
2. 颞窝出现的意义是什么？

实验十五　蟾蜍的内部解剖

一、实验目的

认识蟾蜍的内部构造,从而了解两栖纲动物的一般特征;学习解剖的方法,进而了解动物体各器官系统的整体和局部的关系。

二、实验器具

器具:剪刀、镊子、解剖针、蜡盘、棉花、乙醚。

三、实验材料

材料:蟾蜍(或青蛙)。

四、实验内容

(一) 处死

用乙醚麻醉致死,或用解剖针从枕骨大孔插入,破坏延脑致死。

(二) 解剖

使口张开,在口角处剪断下颌骨并剪至鼓膜的后方,便于观察口腔各器官的构造和部位。然后将蟾蜍腹面向上放在蜡盘中,四肢用大头针固定,沿腹部偏右自后向前将腹腔打开,剪开胸骨并在腹面中部向左、右各横剪一刀,再剪去胸骨及胸部肌肉,将腹壁外翻,用大头针固定,至此,内脏器官已暴露。

(三) 口腔部分的观察

口腔为消化及呼吸系统的共同器官。

1. 舌:位于口腔底部中央,前端固着,后端游离,可翻出捕捉食物。

2. 内鼻孔:一对椭圆形孔,位于口腔背壁近吻端处。

3. 耳咽管孔:一对,位于口腔背壁,上颌口角附近,通入中耳。

4. 咽:在口腔的深处,向后通食道。

5. 喉头:在咽的腹面,为一圆形突起,其中央纵裂成一孔,即喉门,后通喉气管室。

6. 齿:蟾蜍上、下颌均无齿,也无锄骨齿。青蛙上、下颌和前颌骨上生有上颌齿,锄骨上生有锄骨齿。

(四) 内脏主要器官系统的观察

1. 消化系统。

(1) 食道:由咽向后的一条短管,位于喉头的背面,下端与胃相连。

(2) 胃：食道后方的膨大部分，略偏于体腔的左侧，自左向右呈"J"形，前宽后狭，最后突然紧缩，此处即幽门，下接肠。

(3) 肠分小肠和大肠两部分，各段结构均较简单。

(4) 小肠：自幽门后开始，向右前方伸出，此为十二指肠，再向后盘曲在胸腹腔右下角，即为回肠。

(5) 大肠：在回肠后突然膨大部分，即大肠。大肠无高等脊椎动物那样的各段区分，只有像直肠那样陡直的短段，故称为直肠，向后通泄殖腔。

(6) 泄殖腔：为消化泄殖系统共同的腔道，在直肠之后，由泄殖孔与外界相通。

(7) 消化腺：

① 肝脏：暗红色，分左、右两叶，右叶内下方分出小叶，称为中叶；左、右叶连接处有一黄绿色的胆囊，向外有两根输胆管。一根与肝管相连，接收肝脏分泌的胆汁；另一根则与输胆总管相接，胆囊中的胆汁经此输入胆总管。输胆总管末端通十二指肠。

② 胰脏：位于胃小弯与十二指肠之间，色淡，为不规则的管状腺体。输胆总管从胰腺中穿过，胰液经胰管通入输胆总管，最后进入十二指肠。观察时，把肝、胃和十二指肠翻折向前，即可观察胰脏的背面。

(8) 系膜：为腹腔膜折叠而成，是联系体壁与脏器的薄膜。

① 胃系膜：又称网膜，在胃的背侧，为胃与体壁间的系膜。

② 胃、肝、指肠韧带：又称小网膜，为胃的腹侧、肝、十二指肠间的系膜。

③ 肠系膜：为肠与体壁间的系膜。

(9) 脾：位于大肠前端、肠系膜内的淡红色的球状体。为造血器官之一，与消化系统无关。

2. 呼吸系统：蟾蜍的成体以肺为主要呼吸器官，皮肤也有颇大程度的呼吸作用。

(1) 鼻腔和口腔：蟾蜍呼吸时，空气先由外鼻孔引入鼻腔，再经内鼻孔到达口腔。

(2) 喉气管室：由喉头向内通入一粗短管子，称为喉气管室，为高等动物气管的先导，其后端通肺。

(3) 肺：接喉气管室之后，位胸腹腔的前方，肝的背面，为一对薄壁的囊状物。结构简单，但膨胀能力很大，剪破肺，可见其内壁呈蜂窝状，表面布以丰富的血管，青蛙的肺内壁分隔比较简单。

(4) 皮肤：剥开皮肤，可见其内表面布满微血管，为重要的辅助呼吸器官。

3. 泄殖系统。

(1) 排泄器官：

① 肾脏：一对，长而扁平，暗红色，位于脊柱两侧，紧贴背壁，为中肾。

② 输尿管：沿肾的外缘向后延伸的一对管道。左、右两管在泄殖腔前合为一总管后输入泄殖腔背壁。在雄性个体中，兼输精功能。

③ 膀胱：位于胸腹腔后端，为泄殖腔腹面的薄壁囊状物，分左、右两叶，通入泄殖腔，而不与输尿管相通。

④ 肾上腺：附于肾的腹面，呈淡黄色狭长的腺体，属内分泌器官。

(2) 雌性生殖器官：

① 卵巢：在胸腹腔背方，肾的腹面，性未成熟时呈淡黄色，成熟个体在生殖季节卵巢极度膨大，内充满黑色的球形卵，非生殖期则为淡黄黑色的颗粒。

② 输卵管：是一对长而迂曲的管子，呈乳白色，位于输尿管的外侧，盘曲于卵巢与背壁之间。输卵管的前端膨大，呈漏斗状，称为喇叭口，开口于胸腹腔前端。输卵管后端膨大部分为子宫，子宫左、右合一，在输尿管开口的前方，开口于泄殖腔的背面。

③ 脂肪体：一对，黄色，佛手状，位于卵巢前方，为储藏养分供生殖细胞发育之用。

④ 毕达氏器：附着于卵巢与脂肪之间的橙色球形（有时稍扁平）器官，为退化的精巢，起内分泌作用。

(3) 雄性生殖器官：

① 精巢：一对，位于肾的腹面，为一对长形淡黄色或淡灰色的器官。

② 输精细管：精巢内侧有许多细管通入肾脏，即输精细管。

③ 输尿管：雄性的输尿管兼有输精功能。输尿管在通入泄殖腔之前膨大成储精囊。

④ 脂肪体：与雌性相似，位于精巢前端。其体积大小在不同季节里变化很大，生殖季节脂肪体的体积很小，临近冬眠时期，其体积很大。

⑤ 毕达氏器：与雌性相似，位于精巢与脂肪体之间，为退化的卵巢。

⑥ 米氏管：中肾管之一，位于肾的外侧，远较雌性者（输卵管）细瘦，前端渐细而封闭，后端左、右合一，开口于泄殖腔。

五、实验报告

在印制的蟾蜍内部解剖图上，注上各部位的名称。

六、思考题

1. 你是怎样理解肝、脾、胰所属的器官系统的？
2. 从结构与功能角度解释泄殖腔、系膜、米氏管的名词概念。
3. 为什么把两栖类排泄系统和生殖系统常合并为泄殖系统？

实验十六 动物骨骼系统的演化比较

一、实验目的

通过几类代表动物的骨骼比较观察，了解外骨骼与内骨骼的区别，认识外骨骼的多样性和脊椎动物骨骼系统的基本结构。

二、实验器具

显微镜、载玻片、盖玻片、滴管。

三、实验材料

绿眼虫培养液，海绵动物的骨针和海绵丝，珊瑚骨骼，虾（或蟹），蝗虫，贝壳，海星，鲤鱼、蛙、龟、鸽、兔的骨骼系统标本。

四、实验内容

1. 用滴管吸取绿眼虫培养液，滴一滴于载玻片中央，盖上盖玻片，用低倍和高倍显微镜观察，可见眼虫虽是单细胞的动物，身体结构极简单，但在体表已有类似骨骼组织作用的一层弹性表膜，用以维持身体一定的形状。

2. 海绵动物的骨针如海绵丝，都是由中胶层的造骨细胞形成。用显微镜观察骨针，骨针的形状有多种，如单轴、三轴和四轴等。海绵丝由富有弹性的海绵纤维交织而成。

3. 珊瑚的骨骼，虾或蟹、蝗虫的几丁质外壳，贝类的贝壳，都是由外胚层细胞分泌的石灰质所形成，都属外骨骼。海星的骨骼由中胚层细胞分泌的石灰质所形成，故属内骨骼。

4. 五纲脊椎动物骨骼系统比较：

（1）鱼类（鲤鱼）：头骨数在脊椎动物中为最多，骨片衔接松懈。整个脊柱分胸椎和尾椎两部分。腹部有肋骨和上肋骨保护内脏。附肢为鳍，可分胸鳍和腹鳍各一对，胸鳍由肩带骨相连，而鱼类无腰带骨。

（2）两栖类（蛙）：头骨数比鱼类的少。整个脊柱分颈椎1枚、胸腹椎7枚、荐椎1枚及尾杆骨1个。胸骨直行排列于腹面正中，两侧与肩带相连，胸骨两端为软骨。附肢骨由肩带、腰带及四肢骨组成。肩带由肩胛骨、锁骨及乌喙骨组成。

（3）爬行类（龟）：头骨的骨化程度高，骨片数目少。整个脊柱分颈椎8枚、胸椎10枚、腰椎2枚、荐椎1枚及若干枚尾椎骨，龟的脊柱与背甲愈合。

（4）鸟类的脊柱、肋骨和胸骨：脊柱也分为颈、胸、腰、荐和尾5区，因适应飞翔生活而变形较大。颈椎数目多、分离，椎体为极其灵活的马鞍形（异凹型，即椎体水平面为前凹型，矢状切面为后凹型），活动性极大。胸椎除最后1枚外，其他几枚完全愈合在一起。肋骨均为硬骨，分为连接胸椎的椎肋和连接胸骨的胸肋两段，肋骨后缘各有一个钩状突，向后搭在后一条肋骨上，为鸟类所特有。最后一枚胸椎、腰椎、荐椎和前部尾椎愈合形成一个整体且与腰带相连的综荐骨。综荐骨后有几块独立的尾椎，最后几枚尾椎愈合在一起构成尾综骨，为尾羽提供着生地。胸骨完全骨化为1块硬骨，两侧缘与肋骨牢固连接，飞翔生活的鸟类的胸骨的腹中线有发达的龙骨突起，为强大的飞翔肌肉（胸肌）的附着处。

（5）哺乳类的脊柱、肋骨和胸骨：脊柱也分为颈、胸、腰、荐和尾5区，椎体为极其灵活的双平型，两椎体间有软骨的椎间盘相隔。颈椎的数目大多为7枚。荐椎多3~5枚，有愈合现象。脊柱的颈、胸、腰出现弯曲。胸骨为一分节的长骨棒，包括胸骨柄、胸骨体和剑胸骨，位于胸腹壁中央，与胸椎和肋骨共同构成了胸廓。

五、实验报告

列表比较鱼类、两栖类、爬行类、鸟类及哺乳类骨骼系统的主要区别。

六、思考题

1. 在动物进化过程中，脊椎动物的骨骼系统在演化上有什么特点？
2. 比较一下有脊椎动物和无脊椎动物的区别。

实验十七　动物呼吸系统的演化比较

一、实验目的

通过对几类代表动物呼吸系统的比较观察，了解各类动物在演化过程中，各种呼吸系统所具有的结构特点。

二、实验器具

放大镜、剪刀、镊子、解剖刀、解剖针、大头针、蜡盘。

三、实验材料

河蚌、螯虾、鱼、蜘蛛、昆虫的呼吸系统标本，鲨鱼、鲫鱼的浸制标本，蟾蜍和兔的解剖标本。

四、实验内容

1. 通过对河蚌、乌贼、蟹虾、鱼、蜘蛛和昆虫呼吸系统的示范观察，了解到这些呼吸器官都是由外胚层向外突出或向内陷入折叠形成的。适应于水生呼吸的各种鳃器官，一般是由外胚层向外突出而形成的；而适应于陆生呼吸的气管、书肺等器官，则为外胚层向内陷入而形成的。

（1）河蚌的瓣鳃：位于外套腔内，每个瓣鳃有两个鳃瓣，每个鳃瓣由内、外两层鳃小瓣构成，鳃小瓣由有纤毛的鳃丝组成，鳃丝上富有微血管。

（2）螯虾的羽鳃：位于头胸部两副鳃腔内，每对鳃都连在相对的一对附肢上。每个鳃片由鳃轴和向两侧分出的鳃丝所构成。

（3）鱼的书鳃：在腹部附肢的后面，呈叶片状，它由150~200个小片所组成。

（4）蜘蛛的书肺：在腹面两侧，由15~20个薄片所组成，每个薄片的前缘和两例与体侧相连，后缘游离。书肺有一个向外的开孔，称为呼吸孔。

（5）昆虫的气管：体内有六条气管纵贯体内两侧，主干间有横气管相连，气管不断地分支，并延伸分布到身体各部位。气管内气体出入是依靠在体侧上能启闭的气门来完成的。

2. 鲨鱼的半鳃和鲫鱼的全鳃观察：

（1）鲨鱼的鳃：在咽的两侧，通常为5对，有鳃隔，内有软骨的鳃弓，在鳃弓的基部有丝状突起的鳃耙，在每个鳃裂一边有由鳃丝构成的一个半鳃。

（2）鲫鱼的鳃：在咽两侧，共4对，无鳃隔，每一全鳃的鳃丝直接附于鳃弓上，呼吸主要靠鳃盖的运动来完成。

3. 蟾蜍呼吸系统的观察：

蟾蜍有一对囊状的肺，位于体腔的前部，构造简单。肺壁上只有壁褶和不丰富的微血管，没有气管，两肺在近喉头处会合成一个喉头气管室。其肺构造简单，氧的吸收较少，但两栖类有薄而湿润、富有微血管的皮肤，作为辅助呼吸器官，能与外界空气直接进行气体交换。

4. 兔呼吸系统的观察：

兔肺的构造十分复杂，呈蜂窝状，同时，具有复杂构造的鼻腔和高度发达的喉头，以及由软骨环组成的气管。气管分出两支气管，入肺后再分次级、三级、四级和微支气管，微支气管末端膨大成肺囊，肺囊由数个肺泡组成。肺泡周围有微血管网。肺因由无数的肺泡组成，所以大大地增加了与气体交换的面积。

五、实验报告

在印制的兔呼吸系统解剖图上注上各部位名称。

六、思考题

1. 无脊椎动物的呼吸器官和脊椎动物的呼吸器官在结构与功能演化上有何不同？
2. 无脊椎动物和脊椎动物的呼吸方式有何不同？

第六章

免疫实验

实验一　血涂片的制作和血细胞的观察、计数

一、实验目的

1. 血涂片的显微镜检查是血液细胞学检查的基本方法，应用广泛。特别是对各种血液病的诊断有很大价值。如果血涂片制备不良，染色不佳，常使细胞鉴别发生困难，甚至导致错误结论。染色良好的血片是血液学检查的主要基本技术之一。

2. 掌握血涂片的制作，了解各种血细胞的结构特点；掌握人体微量采血和用血细胞计数板进行细胞直接镜检计数的方法。

二、实验原理

细胞的染色既有物理的吸附作用又有化学的亲和作用。各种细胞和细胞的各种成分化学性质不同，对各种染色料的亲和力也不同，因此，用染色液染色后，在同一血片上可以看到各种不同的色彩。例如，红细胞中的血红蛋白为碱性蛋白质，与酸性染料伊红结合，被染成粉红色；而细胞核和淋巴细胞浆为酸性，与碱性染料美蓝结合，被染成蓝色或紫色；另外，嗜中性粒细胞与伊红和美蓝均可结合，被染成紫红色。

三、实验材料和器材

人血或兔血、生物显微镜、采血针、双凹载玻片、血细胞计数板、红细胞稀释液（氯化钠、硫酸钠、氯化高汞）、白细胞稀释液（冰醋酸、龙胆紫）、瑞氏（Wright）染液。

四、实验方法

(一) 血涂片的制作和血细胞的观察

1. 血涂片的制作（图6-1）：

用酒精棉球擦拭指尖进行消毒，用采血针刺破指尖，从采血针针眼处挤出绿豆大小的血滴，用清洁载玻片面的一端轻轻接触血滴，使血滴附于载玻片面上（注意，勿触及皮肤，否则血在载玻片上就不能成滴）。以左手拿该片的两端，迅速用右手拿住另一载玻片的一端，在左手载玻片上由前向后接触血滴，使两载玻片约成45°，轻轻移动，使血滴成一直线，然后由前向后推为一均匀的薄片。（注意：血膜过厚，细胞重叠缩小，血膜太薄，白细胞多集中于边缘）。

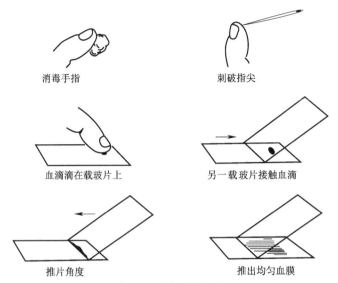

图 6-1 血涂片的制作

血涂片制成后，可手持载玻片在空气中挥动，使血膜迅速干燥，以免血细胞皱缩，之后滴加瑞氏染色液 2~3 滴，使其覆盖整个血膜，固定 0.5~1.0 min，滴加等量或稍多的新鲜蒸馏水，与染料混匀染色 5~10 min，此时涂片表面呈现一层古铜色，用蒸馏水迅速冲洗，见涂片呈粉红色后，自然晾干或用吸水纸吸干，即可置血涂片于显微镜下进行镜检。

2. 血细胞观察：

制作良好的血涂片厚薄适宜，血膜分布均匀，呈粉红色。选一厚薄适宜部位置于显微镜下观察。先用低倍镜观察全片，了解涂片染色、细胞分布情况，再用油镜观察（图 6-2）。

(1) 红细胞：数量最多，无核。体积小而圆、均匀分布，呈红色的圆盘状，边缘厚，着色较深；中央薄，着色较浅。

(2) 白细胞：淡蓝色，核为深蓝色。白细胞数量较红细胞的少，但胞体大，细胞核明显，极易与红细胞区别开。

(3) 嗜中性粒细胞：是白细胞中较多的一种，占白细胞总数的 50%~70%。体积比红细胞的大，主要的特征是胞质中的特殊颗粒细小，分布均匀，着淡紫红色。胞核着深紫红色，一般分 3~5 叶，叶间以染色质丝相连。核分叶的多少与该细胞年龄有关，如核为杆状，则为嗜中性粒细胞的幼稚型。

(4) 嗜酸性粒细胞：比中性粒细胞略大，数量少，约占 7% 以下。核常分 2 叶，着紫蓝色。主要特点是胞质内充满粗大、圆形的颗粒，色鲜红或橘红。

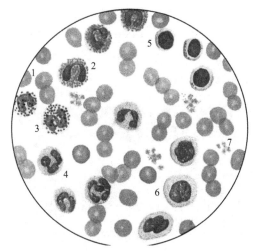

图 6-2 血细胞观察
1—红细胞；2—嗜酸性粒细胞；3—嗜碱性粒细胞；4—中性粒细胞；
5—淋巴细胞；6—单核细胞；7—血小板

（5）嗜碱性粒细胞：数量很少，约占 1%以下。在一般血涂片上不易找到，体积比上述两种白细胞稍小。胞质中分散着许多大小不一的深紫蓝色颗粒。胞核形状不定，圆形或分叶，也染成紫色，但染色略浅，一般都被颗粒遮盖，形状不清。

（6）淋巴细胞：数量较多，占 20%～40%，可见中、小型淋巴细胞。其中小淋巴细胞最多，略大于红细胞。核大而圆，几乎占据整个细胞，染成深蓝紫色。胞质极少，仅在核的一侧出现一个线状天蓝色或淡蓝色的胞质。中淋巴细胞比红细胞大，胞质较小淋巴细胞的稍多，着色较浅。核圆形或卵圆形，位于细胞中部，也染成深蓝紫色。

（7）单核细胞：数量少，占 2%～8%，是细胞中体积最大的一种。胞核呈肾形、马蹄形，常在细胞一侧，着色比淋巴细胞的浅。

（8）血小板：为形状不规则的细胞小体，其周围部分为浅蓝色，中央有细小的紫色颗粒，常聚集成群，分布于红细胞之间。高倍镜下一般只能看到成堆的紫色颗粒，在油镜下才能看到颗粒周围的浅色胞质部分。

（二）血细胞计数

1. 血细胞计数板的构造：

计数板是一块特制的长方形厚玻璃板，板面的中部有 4 条直槽，内侧两槽中间有一条横槽把中部隔成两个长方形的平台。平台比整个玻璃板的平面低 0.1 mm，当放上盖玻片后，平台与盖玻片之间的距离（即高度）为 0.1 mm。平台中心部分各以 3 mm 长、3 mm 宽精确划分为 9 个大方格，称为计数室，每个大方格面积为 1 mm², 体积为 0.1 mm³。四角的大方格，又各分为 16 个中方格，适用于白细胞计数。中央的大方格则由双线划分为 25 个中方格，每个中方格面积为 0.04 mm²，体积为 0.004 mm³。每个中方格又各分成 16 个小方格，适用于红细胞计数（图 6-3）。

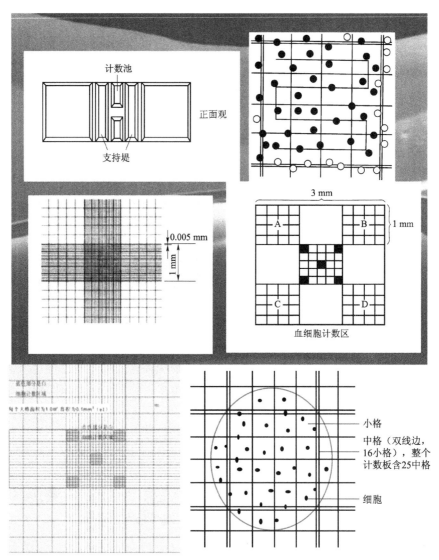

图 6-3 计数板的构造

2. 血细胞计数：

（1）血液稀释：

1.5 mL 塑料离心管：0.38 mL 白细胞稀释液放入小试管内 + 0.02 mL 血液。

5 mL 塑料离心管：3.98 mL 红细胞稀释液+0.02 mL 血液。

血液应加入试管底部，滴入计数室前，试管摇振 1~2 min。

将盖玻片放在计数板正中，用小吸管吸取摇匀的稀释血液，将一小滴血液滴在盖玻片边缘的玻片上，使稀释血液借毛细管现象而自动流入计数室内。如滴入过多，溢出并流入两侧深槽内，使盖玻片浮起，体积改变，会影响计数结果，需用滤纸片把多余的溶液吸出，以深槽内没有溶液为宜。如滴入溶液过少，经多次充液，易产生气泡，应洗净计数室，干燥后重做。

红细胞和白细胞的计数，各使用一计数室。血液稀释液滴入计数室后，须静置 2~3 min，然后在低倍显微镜下计数。

（2）血细胞计数：

计数白细胞时，数四角 4 个大方格的白细胞总数；计数红细胞时，数中央大方格的四角的 4 个中方格和中央的 1 个中方格（共 5 个中方格）的红细胞总数。

计数时应循一定的路径，对横跨刻度上的血细胞，依照"数上不数下，数左不数右"的原则进行计数。

计数白细胞时，如发现各大格的白细胞数目相差 8 个以上；计数红细胞时，如各中方格的红细胞数目相差 20 个以上，表示血细胞分布不均匀，必须把稀释液摇匀后重新计数。

计算：

血细胞数（mm^{-3}）= 血细胞计数值÷计数体积（mm^3）×稀释倍数

（1）红细胞：加 20 μL 血液于 3.98 mL 红细胞稀释液中，血液被稀释 200 倍。共计数 5 个中方格的红细胞总数，一个中方格的容积为 0.2 mm×0.2 mm×0.1 mm，即 0.004 mm^3。5 个中方格的总容积为 0.004×5=0.02（mm^3），因此，红细胞数（mm^{-3}）= 5 个中方格中所数的红细胞数÷0.02×200。

（2）白细胞：加 20 μL 血液于 0.38 mL 白细胞稀释液中，血液被稀释 20 倍。共计数 4 个大方格的白细胞总数，一个大方格的容积为 1 mm×1 mm×0.1 mm，即 0.1 mm^3。4 个大方格的总容积为 0.1×4=0.4（mm^3），因此，白细胞数（mm^{-3}）= 4 个大方格中所数的白细胞数÷0.4×20。

按目前临床上血细胞计数采用的通用单位，将以上所获每立方厘米血液中所含血细胞数量换算为各血细胞在每升血液中的数量（mL=cm^3，L=dm^3）。

（3）清洗血细胞计数板：

盖玻片及计数板用过之后，必须立即用水冲洗，但不可用硬物刷洗。计数板晾干或用吹风机吹干后，应镜检计数室是否干净，如不干净，必须重复洗至干净为止。

五、注意事项

1. 取血滴不宜过多，以免涂片过厚，影响观察。
2. 要使涂片厚薄均匀，拿片角度和速度都要适中，用力要均匀。
3. 涂片一般在后半部为好，白细胞在边缘和尾端较多。

六、思考题

1. 将血细胞计数实验结果填入表6-1。

表 6-1　血细胞计数实验结果

计算次数	4个大方格白细胞数					5个大方格白细胞数					
	1	2	3	4	总数	1	2	3	4	5	总数
第1次											
第2次											
两次平均总数											
血细胞计数/L^{-1}	×10^9					×10^{12}					

2. 根据实验体会，分析影响血细胞计数准确性有哪些因素。

实验二　ABO 血型鉴定

一、实验目的

1. 观察红细胞凝集现象。
2. 熟悉 ABO 血型鉴定方法，掌握血型鉴定原理。

二、实验原理

A、B、O 血型是根据红细胞表面存在的凝集原决定的，存在 A 凝集原的称为 A 血型，存在 B 凝集原的称为 B 血型，而血清中还存在凝集素。当 A 凝集原与抗 A 凝集素相遇或 B 凝集原与抗 B 凝集素相遇时，会发生红细胞凝集反应。一般 A 型标准血清中含有抗 B 凝集素，B 型标准血清中含有抗 A 凝集素，因此可以用标准血清中的凝集素与被测者的红细胞反应，以确定其血型。

三、实验器材和试剂

受检者血液、A 型标准血清和 B 型标准血清、双凹载玻片、采血针、采血管、75% 的酒精、医用棉签、消毒牙签、玻璃记号笔、显微镜等。

四、实验步骤

1. 取一双凹载玻片，用记号笔在左上角写"A"字，在右上角写"B"字，中间写受检者的姓名。
2. 用小滴管吸 A 型标准血清，滴一滴在左侧小凹内。用另一小滴管吸 B 型标准血清，滴一滴在右侧小凹内。
3. 用 75% 的酒精棉签消毒受检者的指尖。
4. 捏紧指尖，用消毒采血针迅速刺破皮肤，深 2~3 mm。
5. 待血流出后，用采血管吸取血液。各滴一滴在左侧和右侧盛有 A 型和 B 型标准血清的小凹内（采完血后，用消毒的干棉签压迫受检者被采血的指尖以止血）。
6. 取两根消毒牙签，一根用来混合 A 型标准血清和血液，另一根用来混合 B 型标准血清和血液。
7. 静置 1~2 min 后，观察有无凝集现象，肉眼不易分辨的用显微镜观察。
8. 根据凝集现象的有无判断血型，见表 6-2。

表 6-2　凝血现象分析

血型	抗 A 血清	抗 B 血清	凝血现象
A	+	−	
B	−	+	
O	−	−	
AB	+	+	

五、注意事项

受检者血清中抗 A 及抗 B 的个体差异很大，如果效价较低，在玻璃片上不足以凝集大量抗原阳性的红细胞，容易造成假阳性的结果。

六、实验报告

报告、分析自己的血型鉴定结果。

七、思考题

1. 结合父母及您本人血型，简述人类 A、B、O 血型的遗传特点。
2. 说明 A、B、O 血型鉴定的临床意义。

实验三 免疫血清的制备

一、实验目的
1. 掌握免疫血清制备的原理及其方法步骤。
2. 了解抗血清的纯化、保存的方法。

二、实验原理
用抗原刺激机体可以使机体产生抗体,抗原的纯度和活性影响着其免疫动物后获得的抗体的特异性和滴度。根据抗体产生的一般规律,视抗原的性质选择不同的途径免疫动物,经初次、再次免疫的过程,使得动物血清中出现足量的特异性抗体,继而分离血清并纯化免疫球蛋白,得到免疫血清或抗体。

三、实验材料及试剂
1. 抗原与免疫对象:细菌菌种(伤寒沙门菌O901)、混合人全血清、健康家兔。
2. 福氏佐剂:① 福氏不完全佐剂:称取羊毛脂5 g,逐滴加入石蜡油20 mL(羊毛脂:石蜡油可为1:1~1:4),高压灭菌后4 ℃保存备用。② 福氏完全佐剂:于不完全佐剂中加入卡介苗2~20 mg/mL,研钵中研磨乳化后即为完全佐剂,冰箱保存备用。
3. 生理盐水、麦氏比浊管、甘油、防腐剂(0.02%叠氮钠或0.01%硫柳汞)等。
4. 剪刀、镊子、注射器、研钵、试管等器材和冰箱、离心机等仪器。

四、实验方法
1. 伤寒沙门菌O抗体的制备。

(1) 伤寒沙门菌O抗原的制备:经革兰染色作细菌纯度鉴定的伤寒沙门菌O901,密集划线接种于普通琼脂平板(若需大量制备,可接种于用柯氏瓶制备的琼脂培养基),37 ℃培养24~48 h后,用生理盐水将细菌菌苔洗于清洁、无菌的三角烧瓶中,置于60 ℃水浴,或隔水煮沸1 h,以破坏细菌的鞭毛,用滤纸过滤(大量制备时),或移入离心管4 000 r/min离心10~20 min(少量时)。将过滤的菌液接种少量于琼脂平板进行无菌实验(37 ℃,24 h),确定无菌后用生理盐水调整菌液浓度至10^9个/mL,此为细菌O抗原,置于

4 ℃保存备用。若制备鞭毛抗原，则可用含有 5% 石碳酸（苯酚）的生理盐水洗下琼脂平板上的菌苔，37 ℃温育 48 h 后做无菌实验，过滤后用生理盐水配成一定浓度。

（2）伤寒沙门菌 O 抗原免疫方案：用于免疫动物的菌液浓度视菌种的不同而异，伤寒沙门菌、志贺痢疾菌等肠道杆菌，免疫浓度多为 10^9 个/mL 左右。细菌性抗原的免疫方案大致相同，见表 6-3。

表 6-3 伤寒沙门菌 O 抗原的免疫方案

免疫日期/d	免疫途径	抗原	免疫剂量/mL
1	多点皮内	伤寒沙门 O 抗原	1.0
6	静脉	伤寒沙门 O 抗原	0.5
11	静脉	伤寒沙门 O 抗原	0.5
16	静脉	伤寒沙门 O 抗原	1.0
19	静脉	伤寒沙门 O 抗原	2.0

（3）试血：末次免疫 7 d 后即可试血，耳静脉或心脏采血，分离血清与伤寒沙门菌 O 抗原做试管凝集实验，凝集效价（滴度）在 1∶(1 600～3 200)时即可放血，若效价较低，可继续加强免疫。

（4）放血：颈动脉放血（也可心脏采血），以最大限度地获得血清。

2. 抗人全血清的制备。

（1）抗原-福氏完全佐剂：取混合人全血清，用生理盐水作 1∶4 稀释。将稀释血清按与完全佐剂 1∶1 体积的比例混合，制成油包水状态。具体方法如下：

1）研磨法：取完全佐剂置于无菌研钵中，然后逐滴加入稀释混合人血清，边加边研磨，直至滴一滴至水中不散开为止，此即完全乳化的油包水状态。若是不完全佐剂，则像加入人全血清那样，按 2～20 mg/mL 的量加入卡介苗。

2）注射器法：即用两个注射器采取中间连接软管的方式对接，使佐剂与抗原往返推拉，以至乳化。另外，也可将佐剂置于磁力搅拌器上，边搅拌边滴加抗原并继续搅拌，使其完全乳化。

（2）抗原-福氏完全佐剂免疫动物：取健康家兔，用剪刀减去家兔双后足足掌的毛，用碘酒和酒精棉球消毒。每只足掌注射抗原-福氏完全佐剂 0.5 mL，每只家兔注射量 1 mL。两周后，再于腘窝淋巴结内注射抗原-福氏完全佐剂，每侧注射量仍为 0.5 mL。

（3）无佐剂的人血清加强免疫：上述免疫一周后，耳静脉注射人血清

(1∶2 稀释)0.5 mL 左右以加强免疫，如此重复 1~2 次，并于最后一次注射一周后采血。

（4）试血：采血方法同伤寒沙门菌 O 抗血清制备。试血时，环状沉淀测定的抗体效价达到 1∶5 000，双向琼脂扩散实验效价达到 1∶16 以上即可放血收集血清。如效价不够，可追加免疫。

（5）抗血清采集：颈动脉放血或心脏采血获得的兔血，置于 37 ℃ 促进血块收缩，并用毛细吸管吸取血清，经 4 ℃、3 000 r/min 离心去除残留的红细胞。

3. 抗血清的鉴定：获得的免疫血清需要进行特异性检测、亲和力测定和效价滴定。针对颗粒性抗原的免疫血清效价，可通过凝集或溶细胞实验（如溶血素效价滴定）检测。可溶性抗原相应抗体的效价和纯度多选用环状沉淀、琼脂扩散和免疫电泳的方法检测。酶免疫测定、放射免疫分析及平衡透析等方法，可用于抗体的特异性和亲和力测定。抗血清鉴定的方法详见后述相应实验。

4. 抗血清的纯化：更加精细的免疫实验需要从抗血清中提取免疫球蛋白，此过程称为抗血清的纯化。纯化的步骤为：用 50% 饱和硫酸铵盐析沉淀血清球蛋白，应用透析或分子筛法除盐。除盐后的球蛋白过阴离子交换柱（DEAE-纤维素），根据不同类别免疫球蛋白的等电点，选用不同 pH 和离子强度的缓冲液分别洗脱之；高渗或风干法浓缩免疫球蛋白，若使用冷冻干燥器，则可获得干燥制品。

5. 抗血清的保存：抗体的保存以浓度 20~30 mg/mL 为宜，加入 0.01% 的硫柳汞或 0.1% 的叠氮钠防腐，并加入等量的中性甘油，分装小瓶，−20 ℃ 以下保存，数月至数年内抗体效价无明显改变。

五、实验报告

抗原免疫动物后获得的抗血清，效价可用上述相应实验判断；其特异性可通过双扩、免疫电泳或交叉凝集实验进行考察。各实验结果的观察和判断参见相应单元。此外，抗血清的外观应该为澄清，力求无溶血。无血液有型成分残留和无细菌等微生物污染。

六、注意事项

1. 动物的选择。免疫血清的制备多选用家兔为免疫对象，若是大量制备或二抗种属特异性的需要，也可选用羊或马。应用的动物必须健康，且以雄性为佳。为了避免个体差异，每种抗原最好免疫 3 只以上动物。

2. 抗原的准备。全血清抗原应该选择 3 人以上混合血清,以避免个体差异性;血清应新鲜,以保持血清中各成分的活性。在细菌性抗原制备过程中,应严格无菌操作,保证其纯度和避免对实验者的感染。

3. 佐剂的准备与使用。佐剂应用于可溶性抗原的免疫,颗粒性抗原的免疫无须佐剂。佐剂与抗原混合研磨时,应充分乳化,否则难以达到预期的免疫效果。在使用佐剂-抗原时,若难以吸入注射器,则可连同装有佐剂的容器置于热水上加热,并选用较粗的注射针头。注射完毕后,剩余佐剂-抗原置于 4 ℃保存。

4. 免疫程序并非固定不变,一般而言,不与佐剂一同免疫的抗原,免疫间隔时间较短,可每隔 2~3 天免疫一次。由于佐剂具有缓释作用,与佐剂一起免疫的抗原可隔 1~2 周。无论有无佐剂,最后一次免疫一周后采取血清。加强免疫的剂量一般为首次剂量的 1/5~2/5。如需制备高度特异性的抗血清,可选用低剂量抗原短程免疫;若欲得到高效价的抗血清,则宜采用大剂量抗原长程免疫。由于免疫期限及间隔时间较长,要注意脱敏,尤其在进行静脉免疫时。脱敏的原则是少量多次注射抗原,例如,在静脉注入抗原前,先将抗原少量注入腹腔,1 h 后再做缓慢静脉注射。

七、思考题

1. 免疫血清制备的原理及其方法步骤分别是什么?
2. 免疫血清制备的注意事项有哪些?

实验四　白细胞的吞噬及溶菌酶实验

一、实验目的
1. 熟悉白细胞的吞噬及溶菌酶实验的原理和方法。
2. 理解机体的非特异性免疫机制。

二、实验原理
机体内具有吞噬功能的细胞按照其形态大小分为两大类，即小吞噬细胞和大吞噬细胞。小吞噬细胞一般指血液中的中性粒细胞，大吞噬细胞则是存在于组织中的巨噬细胞和血液中的大单核细胞。它们参与机体的天然防御机能。本实验通过体外或动物体内的细胞吞噬及溶菌酶实验，以明确白细胞的吞噬功能和溶菌酶的作用。

三、实验材料
1. 器材：显微镜、载玻片、厚凹玻片、接种环、采血针、滴管、湿盒、恒温培养箱、注射器、针头、打孔器、平皿、酒精灯、火柴。
2. 材料、试剂：3.8%枸橼酸钠、2%碘酒、75%酒精、瑞氏染液、蒸馏水、6%可溶性淀粉、1%鸡红细胞悬液、溶壁微球菌（100 mg/mL）、1/15 mol/L 磷酸盐缓冲液（pH 6.4）、琼脂、标准溶菌酶（100 μg/mL）、新鲜鸡蛋清（1∶10）、生理盐水、香柏油。
3. 菌种：白色葡萄球菌 24 h 斜面培养物。
4. 动物：昆明鼠。

四、实验内容和方法
（一）小吞噬实验（中性粒细胞吞噬功能实验）
1. 方法。

（1）取厚凹玻片一片，在凹孔中用滴管加入一滴 3.8%枸橼酸钠溶液。

（2）依次用碘酒、酒精消毒手指或耳垂及采血针后，从消毒部位采取三大滴血加入凹孔中混匀。

（3）将接种环烧灼灭菌后，刮取少许白色葡萄球菌置于凹孔血液中搅匀。

（4）将上述凹玻片放入湿盒，于 37 ℃温箱中作用 45 min，注意每 15 min 混匀一次。

（5）取出凹玻片，用烧灼灭菌的接种环将凹孔中血液搅匀后取血半滴于载玻片上，用另一载玻片推成薄血片。接种环烧灼灭菌后放回原处。

（6）待血片自干后，用瑞氏染液染色。用吸管取瑞氏染液数滴滴于上述血片上先染 1 min。然后加等量缓冲液，轻轻晃动混匀，继续染 5 min 后水洗，用吸水纸吸干后镜检。

2. 结果分析。

油镜检查，先寻找白细胞，观察胞浆中有无吞噬的细菌。如结果正确，可见染成紫色的细胞核及被吞噬的细菌，细胞浆则为淡红色。

随机计数 100 个中性白细胞，记录发生吞噬和未发生吞噬的白细胞数，计数吞噬细胞百分率。

（二）大吞噬实验

1. 试剂配制。

（1）6%可溶性淀粉肉汤：取肉汤培养基 100 mL，加入可溶性淀粉 6 g，混匀后煮沸灭菌，冷却后置于 4 ℃冰箱保存（只能保存一周）。使用时用 37 ℃水浴溶解。

（2）1%鸡红细胞悬液：取肝素抗凝鸡血 1 mL，加生理盐水 99 mL 混合。

2. 方法。

（1）实验前 3 天，于昆明鼠腹腔内注射 6%可溶性淀粉肉汤 1 mL（注射时切勿刺伤内脏）。

（2）实验当天，于每只昆明鼠腹腔内注射 1%鸡红细胞悬液 1 mL 并轻揉腹部。

（3）注射后 30 min，用注射器吸取腹腔液少许，置于洁净载玻片上，推成涂片、晾干。用瑞氏染液染色。

（4）油镜观察小白鼠巨噬细胞吞噬鸡红细胞现象（鸡红细胞为有核红细胞），并计算吞噬细胞的百分率。

瑞氏染液：瑞氏染粉 0.1 g、甲醇 60 mL，先将染粉置于研钵内加少量甲醇研磨，然后加入全部甲醇。配好的染液要装瓶塞紧，置两周后使用。

（三）溶菌酶测定

1. 试剂配制。

（1）溶壁微球菌菌液的制备：菌种于使用前先在琼脂斜面上传代一次，然后接种于琼脂斜面培养基中，37 ℃培养 24 h 后收集菌苔，称重、用 pH 6.4 磷酸盐缓冲液配成 100 mg/mL 菌液。经 70 ℃水浴 1 h 杀菌，放置在 4 ℃冰箱中备用。

（2）0.067（1/15）mol/L 磷酸盐缓冲液（pH 6.4）：

甲液：无水 Na_2HPO_4 9.46 g 溶于 1 000 mL 蒸馏水。

乙液：无水 KH_2PO_4 9.078 g 溶于 1 000 mL 蒸馏水。

然后取甲液 27 mL，乙液 73 mL，加 NaCl 0.5 g 即成。

2. 方法及结果。

（1）将1%磷酸盐缓冲液琼脂 100 mL 加热溶化，待冷至 50~60 ℃时加入微球菌菌液 1 mL（每毫升琼脂内含标准溶壁微球菌 1 mg）混合均匀，注入无菌平皿，每个平皿 15 mL。

（2）琼脂凝固后，用打孔器在琼脂板上打 4 个孔，孔径 5 mm，孔距相等。

（3）用 1 mL 注射器吸取唾液（由实验者收集自己的唾液于洁净平皿中，取下层清液使用），加入琼脂孔内，以注满为度。同时以标准溶菌酶、鸡蛋清作为阳性对照，生理盐水作为阴性对照，分别做好标记。

（4）将平皿置于实验台上于室温中过夜，第二天观察琼脂孔周围的溶菌环。根据溶菌环直径的大小比较唾液及两个阳性对照的实验结果，分析试剂中溶菌酶的含量。

五、注意事项

1. 小吞噬实验中要掌握好抗凝剂与血液的比例，否则会使红细胞及白细胞破坏，影响结果的观察。

2. 大吞噬实验时，将昆明鼠处于直立姿势有利于腹腔渗出液的抽取。

3. 溶菌酶实验中应注意无菌操作，否则，杂菌生长会影响溶菌环的观察。

六、实验报告

1. 随机计数 100 个中性白细胞，记录发生吞噬和未发生吞噬的白细胞数，计数吞噬细胞百分率。

2. 溶菌酶测定：根据溶菌环直径的大小比较唾液及两个阳性对照的实验结果，分析试剂中溶菌酶的含量。

七、思考题

1. 在吞噬细胞中发现细菌时，如何区别吞噬的细菌和黏附在吞噬细胞表面的细菌？

2. 简述机体非特异性免疫的概念及特点。

实验五　淋巴细胞的分离与 E 花环形成实验

一、实验目的

1. 学习血液中免疫细胞的分离方法。
2. 学习 E 花环实验的操作方法。
3. 观察显微镜下 E 花环的形态。
4. 掌握花环计数的方法及其形成原理。

二、实验原理

人外周血 T 淋巴细胞表面具有绵羊红细胞受体，在体外一定条件下将人淋巴细胞与绵羊红细胞两者混合，可以形成以 T 细胞为中心，周围黏附着多个绵羊红细胞的花环，为 E 花环实验（erythrocyte rosette test）。应用最广的有总 E 花环实验（Et，t 为 total 的缩写）和活性 E 花环实验（Ea，a 为 active 的缩写）。Et 代表被检标本中 T 淋巴细胞的总数，Ea 则反映具有高亲和力绵羊红细胞受体的 T 细胞数，这部分 T 细胞的免疫学功能更能反映机体细胞免疫功能和动态变化。E 花环实验主要用于了解机体细胞免疫功能。

三、实验材料与试剂

（1）人外周血：静脉采血 2~4 mL，注入盛有 2~3 滴肝素（500 单位/mL）的青霉素瓶中，摇匀。应在 4 h 内进行实验。

（2）Alsever's 保存液。

（3）绵羊红细胞（2 周内）。

（4）无菌及吸收过的小牛血清：将小牛血清于 56 ℃水浴中经 30 min 灭活后，按每毫升小牛血清加入已洗涤过的压积绵羊红细胞 0.1 mL 混匀，于 37 ℃水浴中 1 h，然后置于 4 ℃冰箱中过夜。以 2 000 r/min 离心沉淀 10 min，取上清液过滤除菌，分装小瓶，低温保存备用。

（5）无钙、镁的 Hank's 液。

（6）淋巴细胞分离液，相对密度为 1.077~1.080。

（7）0.85%戊二醛，用 0.43% NaCl 溶液临用前配制。

（8）瑞氏染色液或 1%美蓝水溶液。

（9）水平式离心机、水浴箱、冰箱、离心管、吸管、试管、内放玻璃珠的三角烧瓶、显微镜等。

四、实验方法

1. 制备淋巴细胞悬液。

(1) 取 1 mL 淋巴细胞分离液,加入 1 mL 肝素抗凝血,使血液轻轻覆盖在分离液上面,并使血液与分离液之间保持清晰的界面。

(2) 立即置于水平式离心机中,以 2 000 r/min 离心 20 min。离心后分为四层,最上层为血浆;第二层为乳白色层,其中含有大量淋巴细胞、少量大单核细胞;第三层为分离液;最下层为红细胞。

(3) 用尖嘴滴管或微量移液器小心地吸取淋巴细胞于一试管中,加入没有 Ca^{2+}、Mg^{2+} 的 Hank's 液洗涤 3 次,每次以 2 000 r/min 离心 10 min 沉淀淋巴细胞,末次洗涤后,弃去上清液,仅留约 0.1 mL 液体,制成淋巴细胞悬液。细胞计数,用 Hank's 液配成 5×10^6 mL^{-1} 的细胞悬液。

2. 1%绵羊红细胞悬液的制备。

取一定量用阿氏液保存的绵羊血于离心管中,用没有 Ca^{2+}、Mg^{2+} 的 Harlk's 液洗 3 次,末次洗涤后,取压积的血球用上述 Hank's 液配成 1%悬液,细胞浓度约为 2×10^8 细胞/mL。

3. 活性 T 花环(Ea 花环)的形成。

(1) 取淋巴细胞悬液 0.1 mL,加入小牛血清 0.1 mL 和 0.2 mL 1%的绵羊红细胞悬液混匀。

(2) 于水平式离心机内以 500~800 r/min 离心 5 min,小心吸去上清液,留下约 0.1 mL 液体,立即沿管壁加入一滴 0.8%戊二醛溶液固定 2~3 min,轻轻转动试管小心混匀。

(3) 加入 1~2 滴 1%美蓝水溶液混匀,取一滴于载玻片上、油镜下,计算数 200 个淋巴细胞中形成花环的淋巴细胞百分数。一般以淋巴细胞吸附 3 个以上绵羊红细胞者为一个花环。

4. 总 T 花环(Et 花环)的形成。

(1) 取淋巴细胞悬液 0.1 mL,加入小牛血清 0.1 mL 及 0.2 mL 1%的绵羊红细胞悬液,混匀,置于 37 ℃水浴中 5 min,其间摇动 2 次。

(2) 于 500~800 r/min 下离心 5 min,在 4 ℃冰箱中放置 2~4 h,吸去少许上清液,约留 0.1 mL 液体,沿管壁加入 0.8%戊二醛溶液一滴,固定 2~3 min,轻旋试管以混匀,其余同 Ea 花环步骤。

五、注意事项

1. 必须采用新鲜抗凝血来分离淋巴细胞,从取血到实验不超过 4 h,否则，形成 E 花环的百分数会显著下降。

2. 绵羊红细胞的质和量对花环形成有较大的影响，不新鲜的绵羊红细胞可使花环形成量显著减少。绵羊红细胞与淋巴细胞的比例以 100∶1 为宜，比例过低，花环形成明显降低，反之，则升高。

3. pH 对花环的形成有影响。最适 pH 为 7.2~7.4，过高、过低的 pH 可使花环值下降。

4. 计数前，重悬和混匀细胞要轻柔，否则花环会散开消失。

5. 镜检时，有干片和湿片两种方法。湿片不能长期保存。干片是推片法，标本片可长期保存，但推片时花环易脱落，花环形成细胞分布不均匀，推片尾部常高于头部一倍以上。

6. 花环形成时，加入蛋白成分可提高花环的稳定性，常用胎牛血清（或小牛血清），但需先经 56 ℃ 30 min 灭活，并用绵羊红细胞吸收，以除去嗜异性抗体，否则此抗体可和绵羊红细胞起反应，并吸附于 B 细胞膜 Fc 受体上，产生 B 细胞花环，从而影响实验的准确性。

六、实验报告

1. 用简明扼要的方式表明 Ea 和 Et 花环形成的操作流程。
2. 根据实验结果，分析实验成败的原因。

七、思考题

1. Ea 和 Et 花环形成时的主要区别是什么？
2. 做 E 花环实验时，为何加入小牛血清？不用小牛血清用人血清行吗？加入的小牛血清为什么要经 56 ℃ 30 min 灭活，并用绵羊红细胞吸收？

实验六　巨噬细胞吞噬功能的检测

一、实验目的
1. 熟悉巨噬细胞吞噬功能测定的原理和方法。
2. 了解巨噬细胞吞噬功能检测的临床意义。

二、实验原理
巨噬细胞具有很强的吞噬功能，将待测巨噬细胞与某种可被吞噬而又易于计数的颗粒物质（如白色假丝酵母菌、鸡红细胞或葡萄球菌等）混合孵育一定时间后，颗粒物质可被巨噬细胞吞噬。根据颗粒物质被巨噬细胞吞噬的多少，计算吞噬百分率和吞噬指数，以反映巨噬细胞的吞噬功能。

三、实验材料与试剂
1. 实验对象：人（患者或学生本人）、昆明鼠。
2. 鸡红细胞（CRBC）悬液：从鸡腋静脉或心脏采血，放入Alsever液中保存，于4℃下可有效保存1个月。临用前将CRBC用生理盐水洗3次，配成5×10^8 mL^{-1} CRBC悬液。
3. 斑蝥酒精浸液：称取中药斑蝥1 g，研磨后加入无水乙醇10 mL，置于室温下浸渍2~4 d，用滤纸或多层纱布过滤，可得100 g/L斑蝥酒精浸液。
4. 白色假丝酵母菌悬液：取生长于沙氏培养基上的白色假丝酵母菌培养物，混悬于含10%小牛血清的RPMI 1640培养液中，用血细胞计数板计数，调节浓度至4×10^6 mL^{-1}。
5. 其他试剂：50 g/L淀粉溶液（用生理盐水配制，置于100℃水浴中2 h）、含10%小牛血清RPMI 1640培养液、碘酒、75%酒精、龙胆紫、Wright-Giemsa染液、肝素（40 U/mL，用Hank's液配制）。
6. 主要器材：离心机、温箱、显微镜等，以及注射器、拱形塑料小盒盖、无菌纱布、胶布、硅化离心管、试管、吸管、剪刀、镊子等小器材。

四、实验方法
根据实验目的和教学条件，可选择以下实验方法之一。
1. 人巨噬细胞吞噬功能检测。
（1）人巨噬细胞收集-斑蝥敷贴法：将直径约1 cm的滤纸片用斑蝥酒精浸液浸湿，贴在受试者前壁内侧皮肤上；盖上一块小塑料布（较滤纸稍大），用清洁纱布轻轻固定；4~6 h 后取下滤纸片，罩上一个拱形塑料小盒盖，用胶布固定，以防形成的水泡破裂；48 h 后取下盒盖，局部消毒后，用注射器从形成的水泡中抽出组织液（内含巨噬细胞），放入试管内。组织液尽可能抽完（因残留液可诱发感染），水泡处皮肤涂以龙胆紫，无菌纱布包扎，2 天后可取下敷料。

（2）对 CRBC 吞噬功能的检测：取疱液 1 mL，加入 0.04 mL CRBC 悬液，置于硅化离心管中混匀，移至 37 ℃ 温箱内 30 min，每隔 10 min 摇动一次。于 1 500 r/min 下离心 5 min，弃去上清液，将沉淀物混匀，滴于载玻片上制成薄片，晾干。用 Wright-Giemsa 染色 20 min 后，用 pH 6.4 的 0.015 mol/L PBS 轻轻冲洗，晾干。使用油镜检查，随机计数 200 个巨噬细胞，数出其中吞噬 CRBC 的巨噬细胞数及被吞噬的 CRBC 总数，按公式计算出吞噬百分率和吞噬指数。在计数的同时，可观察 CRBC 的消化程度，以判断巨噬细胞的杀伤功能。红细胞按消化程度可分为 4 级：

Ⅰ级：未消化，胞质浅红或浅黄，带绿色，胞核浅紫红色。

Ⅱ级：轻度消化，胞质浅黄绿色，核固缩染成蓝色。

Ⅲ级：重度消化，胞质淡染，胞核呈浅灰黄色。

Ⅳ级：完全消化，形状类似于 CRBC 的空泡，胞核隐约可见。

2. 小鼠巨噬细胞吞噬功能检测——体内法。

将 50 g/L 淀粉注入体重 20~25 g 的小鼠腹腔内；24 h 后腹腔注入 CRBC 悬液 1 mL；30 min 后将小鼠处死；腹部消毒后向腹腔注入 0.2 mL 肝素液，揉动腹部 3~5 min。在腹部中央将皮肤剪一小口，向上下撕开，暴露腹膜，用毛细滴管吸取腹腔液，制成薄涂片，经 Wright-Giemsa 染色后镜检。计数并计算出吞噬百分率和吞噬指数。

3. 小鼠巨噬细胞吞噬功能检测——体外法。

（1）取 20~25 g 健康小鼠 1 只，处死。腹腔注入肝素液 4 mL，用手指反复轻揉腹壁 90 余次。剪开腹部皮肤，暴露但不损伤腹膜，采用注射器刺入腹膜并吸取腹腔液体，用毛细吸管取腹腔内液体 5 mL 并放入离心管内，于 2 000 r/min 下水平离心 10 min。弃去上清液，加入 RPMI 1640 培养液，用血细胞计数板计数并调整细胞浓度到 2×10^6/mL。

（2）将以上制备好的巨噬细胞悬液和白色假丝酵母菌悬液各 1 mL 等量混合，立即吸取 0.2 mL 滴于有蜡封圈的载玻片内。将载玻片置于 37 ℃ 温箱培养。

（3）培养 1 h 后取出，弃去未黏附的多余悬液，晾干后用甲醇固定。以 Wright-Giemsa 染液染色 20 min，用 pH 6.4 的 0.015 mol/L PBS 轻轻冲洗，晾干后镜检。

五、实验报告

置于油镜下随机观察 200 个巨噬细胞，计数吞噬 CRBC 或白色假丝酵母菌的巨噬细胞数和吞噬的 CRBC（或白色假丝酵母菌）总数。按下列公式计算吞噬百分率和吞噬指数。

$$吞噬百分率 = \frac{吞噬白色假丝酵母菌（或 CRBC）的细胞数}{200（巨噬细胞数）} \times 100\%$$

$$吞噬指数 = \frac{200 个巨噬细胞吞噬白色假丝酵母菌（或 CRBC）总数}{200（巨噬细胞数）} \times 100\%$$

参考值：吞噬百分率 62.7%~71.38%，吞噬指数 1.058±0.049。

六、注意事项

1. 给小白鼠腹腔注射 6%淀粉肉汤时，要注意进针适度，注射量要合适。
2. 给小白鼠腹腔注射时，小鼠不要抓得太紧，以免小鼠死亡。
3. 使用的载玻片要干净。

七、思考题

1. 巨噬细胞除吞噬清除异物外，还有哪些功能？
2. 简述巨噬细胞吞噬功能作用的原理。

实验七　淋巴细胞转化实验

一、实验目的

1. 掌握淋巴细胞转化实验的原理。
2. 熟悉小鼠处死、取脾和胸腺的方法。
3. 了解细胞培养的无菌操作方法。
4. 了解淋巴细胞转化实验的检测方法。

二、实验原理

四甲基偶氮唑盐（MTT）可作为线粒体中琥珀酸脱氢酶的底物。当有活细胞存在时，线粒体内琥珀酸脱氢酶可将淡黄色的 MTT 还原成紫兰色的甲䐶，将结晶的甲䐶溶解释放后，可根据所测的 OD 值反映活细胞的数量和活性。

三、实验器具与材料

MTT、电子天平、PBS 液、二甲基亚砜、无菌针头过滤器、细胞计数板、台盼蓝、无菌操作台、CO_2 培养箱、酶标仪、$-20\ ℃$ 冰箱。用称取 50 mg 的 MTT，溶于 10 mL PBS 中，终浓度为 5 mg/mL，过滤除菌，用无菌 EP 管分装，$-20\ ℃$ 避光保存。丝裂原：PHA、ConA、PWM 或其他丝裂原。

四、实验方法

1. 脾细胞制备：

（1）小鼠处死，75% 乙醇浸泡 3 min，取出小鼠置于无菌纸上，左腹侧朝上。

（2）在小鼠左腹侧中部剪开小口，撕开皮肤，暴露腹壁，可见红色长条状脾脏。

（3）在脾脏下侧提起腹膜，剪开后上翻，暴露脾脏，用镊子提起脾脏，使用眼科剪分离脾脏下面的结缔组织，取出脾脏，放入盛有 5 mL Hank's 液的培养皿中。

（4）制备脾细胞悬液。

① 钢网研磨法：无菌取脾，将脾脏放置在不锈钢网（100 或 200 目）上，置于盛有适量无菌 Hank's 液的小平皿中，用镊子轻轻将脾撕碎，用注射器针芯轻轻研压脾脏，制成单细胞悬液；经 200 目筛网过滤，用 Hank's 液洗 3 次，

每次 1 000 r/min 离心 5~10 min（或 1 500 r/min 离心 4~7 min）。取出 100 μL，稀释后在细胞计数板上进行细胞计数，并用台盼蓝染色（0.1 mL 0.6%台盼蓝+0.1 mL 1.7% NaCl 液+0.2 mL 细胞悬液，混匀），计算细胞存活率（应在 95% 以上）。调整细胞浓度为 5×10^5 mL^{-1}。

② 梳刮法：用镊子轻轻梳刮脾脏，以避免将脾脏弄成碎片。将细胞悬液吸入离心管中，自然沉降 5 min。将悬液移至另一离心管中，弃去较大的组织块，离心沉淀细胞。

③ 酶消化法：将脾脏用镊子夹碎，加入 400 u/mL 胶原酶（Ⅲ型）5 mL/只脾脏，37℃消化 20 min，用尼龙网过滤，得到单细胞悬液。

注：

① 一般 6~8 周龄小鼠，根据品系不同，可得 5×10^7 ~ 20×10^7 细胞/只小鼠；

② 手术器械灭菌：除术前高压灭菌外，也可将手术器械泡在 95%酒精的小容器中，使用前取出器械，在酒精灯上烧灼去除酒精，即可保证无菌。此法较为简便。

2. 淋巴细胞增殖反应：

将 5×10^5 mL^{-1} 脾细胞悬液加入 96 孔培养板中，200 μL/孔，每一份脾细胞悬液分装 $3n$ 个孔，其中 $3(n-1)$ 孔加 ConA（5 μg/mL），另 3 个孔不加 ConA 作为对照。置于 5% CO_2 中于 37 ℃下培养 48~72 h，在培养结束前 4~6 h，于培养板各孔内加入 5 mg/mL MTT 液，10 μL/孔。于 37 ℃下培养 4~6 h。$1\,000g$ 离心 10 min，弃去上清液，各孔内加入 150 μL DMSO，溶解 10 min，30 min 内（或加 2%SDS，100 μL/孔，过夜。或干燥后，各孔内加入 0.01 mol/L 盐酸-异丙醇 100 μL）用酶标测定仪测 OD 值，测定波长 570 nm。

实验结果：将实验组和对照组三个复孔的 OD 值求平均。

转化值=实验组的平均 OD 值-对照组的平均 OD 值。

五、注意事项

1. 由于本实验需要培养 3 天，才能观察结果，因此，在操作时应注意无菌操作，避免细菌污染，导致实验的失败。

2. 细胞操作要轻柔、迅速，以免细胞损伤影响实验结果。

六、实验报告

1. 将实验组和对照组三个复孔的 OD 值求平均，作曲线图分析结果。

2. 转化值的结果分析。

七、思考题

1. 淋巴细胞转化实验的原理是什么？
2. 淋巴细胞转化实验有几种检测方法？
3. 淋巴细胞转化实验中有哪些需要注意的问题？

实验八 T、B 淋巴细胞分离实验——E 花环形成分离法

一、实验目的

研究 T、B 细胞的生物学特性和功能，从淋巴细胞群体中分离出单一的 T 细胞或 B 细胞，以满足实验要求。根据 T、B 细胞膜表面标志及黏附能力等特性的不同，可将两者加以分离，常用的方法有 E 花环形成分离法、免疫吸附法和免疫磁性微珠分离法。

二、实验原理

由于成熟的 T 细胞表面有独特的绵羊红细胞（SRBC）受体，即 E 受体（CD2），能够与 SRBC 结合形成 E 花环，而 B 细胞则不能，经 Ficoll-Hypaque 密度梯度离心后，即可将二者分开，然后裂解 E 花环中的 SRBC，即可获得纯 T 细胞，而 B 细胞可直接取自分层液的界面。近年来，用 2-氨乙基异硫溴化物（AET）处理 SRBC 后，可增加 E 花环形成效果与稳定性，从而提高 T 细胞的分离效率。

三、实验器具与试剂

1. AET 溶液：称取 AET 粉剂 402 mg，溶于 10 mL 去离子水中，用 4 mol/L NaOH 溶液 9~10 滴，调至 pH 9.0，用 0.2 μm 滤膜过滤除菌。用前临时配制。
2. 分离单个核细胞所需试剂。
3. Hank's 液。
4. 3.5% NaCl 溶液。

四、实验方法

1. 从新鲜血液分离单个核细胞。
2. AET-SRBC 的制备：无菌取保存于 Alsever 液中的 SRBC 5 mL，加 20 倍体积的无菌等渗盐溶液，于 1 800 r/min 下离心 5 min；连续洗涤 5 次后，取 2 mL 压积的 SRBC，充分混匀，使 SRBC 完全分散；加入 8 mL 新鲜配制的 pH 9.0 的 AET 溶液，置于 37 ℃ 水浴中 15 min，每隔 5 min 摇匀一次。加入预冷无菌等渗盐溶液至离心管口 1~2 cm 处，于 1 800 r/min 下离心 5 min，连续洗涤 5 次，每洗一次，必须充分摇匀，以减少 AET 使 SRBC 黏附成团，并观察有无溶血。如有溶血现象，则用含小牛血清的 RPMI 1640 液再洗一次，最后

配成 10% AET-SRBC 悬液，置于 4 ℃下保存，不得超过 5 天。使用时用 10% 小牛血清的 RPMI 1640 培养液稀释至 1%。

3. AET-E 花环实验：将分离的单个核细胞（$2×10^6$ mL^{-1}）与等量 1% AET-SRBC 混合，置于 37 ℃水浴中 15 min，每 5 min 摇匀一次，然后分数管，每管 2~3 mL，低速离心（1 000 r/min）5 min 后，移至 4 ℃冰箱存放 45 min。

4. T 淋巴细胞和 B 细胞的分离：将形成 E 花环的细胞悬液再用聚蔗糖-泛影葡胺分层液同法分离，吸取界面云雾状的细胞层，即为富含非 T 淋巴细胞群（富含 B 细胞）。取沉淀于管底的 E 花环，用 Hank's 液洗一次后，加双蒸水 3 mL 处理 3 s，低渗裂解 E 花环周围 SRBC，立即加 3.5% NaCl 溶液 1 mL，使其还原为等渗，低速离心沉淀，即得富含 T 淋巴细胞群。

五、注意事项

1. 10% AET-SRBC 悬液不宜保存太久，且要注意有否溶血。
2. 小牛血清用 SRBC 吸收后使用为佳，以免其所含凝集素影响实验结果。
3. AET-SRBC 花环形成后，应立即计数，否则，当 37 ℃温热后，花环可解离。
4. 所用溶液 pH 以 7.2~7.4 为宜，温度在 30 ℃以上或 10 ℃以下会影响 E 花环形成，最适温度为（23±2）℃。
5. 为了获得更纯的 B 细胞，可往 B 细胞制备液中加入抗 T 细胞的单抗和补体，经保温破坏混入的少量 T 细胞；与此相应，在 T 细胞制备液中加入抗 B 细胞抗体和补体，可进一步纯化 T 细胞。

六、实验报告

鉴定 T、B 细胞纯度，使用台盼蓝染法分析存活率。

七、思考题

1. 写出 T 细胞、B 细胞分离的详细过程。
2. 分析实验过程中注意的事项。

实验九　人体外周血淋巴细胞培养及染色体标本制备

一、实验目的

掌握人体外周血离体培养及制备染色体标本的方法。

二、实验原理

人体外周血中的小淋巴细胞几乎都处在 G1 期或 G0 期，一般情况下是不分裂的。当在离体培养条件下加入植物凝血素（PHA）时，小淋巴细胞受刺激转化为淋巴母细胞，随后进入有丝分裂阶段。经过短期培养、秋水仙素处理、低渗和固定，就可获得大量的有丝分裂细胞。

三、实验材料和用品

1. 材料：人外周血淋巴细胞。
2. 用具：注射器、离心管、吸管、试管架、量筒、培养瓶、酒精灯、烧杯、载玻片、切片合、天平、离心机、恒温培养箱、显微镜。

使用的玻璃器皿在洗液中浸泡过夜，再用流水冲洗过夜，捞起沥干，过三次蒸馏水后晾干，干热间歇消毒或高压消毒。直接与培养细胞接触的器皿，最后一过用双蒸水洗涤。橡胶制品不能用洗液浸泡，应用1%钠溶液煮沸半小时以上，流水冲洗后，高压消毒。

3. 试剂药品。

RPMI 1640 培养基、激活细胞分裂的凝血素（PHA）、广谱抗生素青霉素和链霉素、促进细胞繁殖和维持 pH 的小牛血清、抗凝血作用的肝素、使细胞分裂停止在分裂中期的秋水仙素、使血清蛋白和核蛋白凝固的固定液、使染色体染色的姬姆萨染液。

四、制片步骤

1. 培养基的配制。

用移液管将培养液和其他各种试剂分装入培养瓶中，每瓶量为：

    RPMI 1640 培养基   4 mL
    小牛血清   1 mL
    PHA   0.2 mL
    双抗（青霉素加链霉素）   0.1 mL

用 3.5% NaHCO₃ 溶液调 pH 到 7.3，分装到 20 mL 的培养瓶中，盖好盖子，用标签纸标清姓名，置于冰柜中保存，用前从冰柜中取出，放入 37 ℃ 恒温水浴箱中温浴 10 min。

2. 采血培养。

用酒精消毒手指皮肤，用采血针刺破皮肤，再用毛细管取 0.3 mL 全血，吹入瓶中，轻轻摇动几下，盖好盖子，直立置于 37 ℃ 恒温箱内培养。

3. 秋水仙素处理。

培养终止前，在培养基中加入浓度为 40 μg/mL 的秋水仙素 0.1 mL，最终浓度为 0.8 μg/mL，置于恒温箱中处理 4 h。

4. 收采淋巴细胞。

秋水仙素处理完毕后，小心从温箱中取出培养瓶，用滴管吸取上清液并弃之，培养物沉积在瓶底，然后加入 5 mL 蒸馏水，用滴管轻轻吹打成细胞悬浮液，装入离心管中置于 37 ℃ 恒温箱内处理 20 min，使红细胞破碎，淋巴细胞膨胀，于 1 000 r/min 下离心 5 min，弃去上清液，收集淋巴细胞。

五、实验步骤

把收集的淋巴细胞加入少量生理盐水，吹打成悬浮液并转入离心管，然后加少量生理盐水洗瓶倾入离心管→离心，1 000 r/min 8 min→弃去上清液，加入温育蒸馏水 6 mL，吹打成悬液，置于 37 ℃ 恒温箱中低渗 25 min，加入固定液 1 mL，离心，1 000 r/min 8 min→弃去上清液，加固定液 6 mL，吹打，静置 15 min→离心，1 000 r/min 8 min→弃去上清液，加固定液 6 mL，吹打，静置 15 min→离心，1 000 r/min 8 min→弃去上清液，加固定液 0.5 mL，吹打至细胞成悬液→高空滴入冰玻片上，边滴边吹→用酒精灯烤干，贴标签，放于玻片盒里晾干待用。标签标注如下：

G 姓名：	S 姓名：

六、注意事项

1. 器皿洗涤一定要干净，不能有酸碱残留。

2. 接种外周血不能太多或太少。

3. 培养细胞温度为 (37+0.5)℃。

4. 秋水仙素一定要避光保存，配制后使用期不能超过半年，秋水仙素的处理时间不要少于 4 h，也不要超过 6 h。

5. 低渗的时间、温度会影响染色体的分散和分裂相的数目。

6. 离心机最好用水平式，转速过快或过慢会直接影响标本片的质量。

7. 固定液一定要现用现配，固定要彻底，每次不少于 30 min，加固定液不能过快，要沿管壁慢慢加入，否则染色体容易扭转；固定作用不足时，染色体出现毛刷状。

七、思考题

1. 这培养基里面的生长因子都包括哪些？
2. 制备染色体时，需要的低渗力度大不大？手工操作时，一般吹打几次？过轻或者过重什么影响？

实验十 变态反应实验

一、实验目的

1. 通过动物过敏性休克实验，掌握Ⅰ型超敏反应的条件、机理及其表现。
2. 通过人体皮肤超敏反应，熟悉检测人类细胞免疫状态的方法。

二、实验原理

变态反应是免疫反应超过正常生理范围，机体发生生理功能紊乱或组织损伤的病理性免疫反应。根据发生机理和临床表现分为四型，即Ⅰ、Ⅱ、Ⅲ、Ⅳ型。

本实验是根据Ⅰ型和Ⅳ型的原理而设计的两个验证性实验，其中豚鼠休克实验为Ⅰ型变态反应实验，其先以变应原刺激豚鼠，使之产生特异性IgE，IgE吸附于肥大细胞和嗜碱性粒细胞表面，当再次接触相同的变应原时，该变应原与吸附在细胞表面的IgE特异结合，导致细胞脱颗粒而释放出组织胺等活性物质，产生过敏性休克。皮肤超敏反应是Ⅳ型变态反应实验，其利用结核杆菌素或PHA皮下注射，若受试者经受过结核菌感染，即可引起以局部淋巴细胞浸润为主的急性炎症，注射局部出现红肿、硬结；如受试者细胞免疫正常，24 h左右可引起局部淋巴细胞聚集浸润并出现皮肤局部反应。

三、实验材料、试剂

1. 材料、试剂：1∶2稀释的马血清、1∶2稀释的鸡血清、健康豚鼠（体重290 g左右）、旧结核菌素（OT）（或结核菌素纯蛋白衍生物，PPD）、植物血凝素（PHA）、2%碘酒、75%酒精、生理盐水。
2. 器具：注射器、结核菌素注射器、酒精棉球、无菌棉签、解剖手术刀、剪、镊。

四、实验方法

（一）豚鼠过敏实验

1. 方法。

（1）致敏：取甲、乙两只豚鼠，用碘酒和酒精消毒注射部位，分别于两只豚鼠皮下或腹腔注射马血清0.1 mL。

（2）发敏：经过2~3周后，将两只豚鼠耳静脉处消毒，于豚鼠甲（实验鼠）耳静脉注射 1∶2 稀释的马血清 1 mL，于豚鼠乙（对照鼠）耳静脉注射1∶2 稀释的鸡血清 1 mL。

2. 结果观察。

豚鼠甲注射马血清后立即出现不安、竖毛抓鼻、喷嚏，继而出现大小便失禁、痉挛性跳跃、呼吸困难等严重过敏性休克症状，甚至窒息死亡。豚鼠乙无异常表现，活动正常。

将两豚鼠解剖观察，可见豚鼠甲嘴唇发绀，心脏仍在跳动，但肺脏体积比豚鼠乙明显增大，表面苍白，边缘钝圆，呈现明显的肺气肿。豚鼠乙肺脏无异常改变。

(二) 皮肤超敏反应

1. 结核菌素实验。

（1）方法：在前臂掌侧以酒精棉球常规消毒皮肤，皮内注射 1∶2 000 的 OT 0.1 mL（或用 PPD 0.1 mL），以形成明显皮丘为宜。于注射 48~72 h 后观察局部反应并记录。

（2）结果：

① 阳性反应：注射局部出现红肿、硬结，直径为 0.5~1.5 cm。

② 强阳性反应：注射局部出现红肿、硬结，直径大于 1.5 cm，局部反应强烈，可出现水疱或溃疡。

③ 阴性反应：注射局部无明显反应，或红肿、硬结直径小于 0.5 cm，且迅速消退。

（3）注意事项：

① 已明确为活动期结核者，特别是婴幼儿，慎用或不用该法。

② 常规实验阴性者，最好再分别用 1∶1 000 与 1∶100 的 OT 皮试，若仍为阴性，即可判定为阴性。

2. PHA 皮肤实验。

（1）方法：在前臂掌侧 1/3 处，以酒精棉球常规消毒皮肤，皮内注射 PHA 0.1 mL（含 10 μg）。注后射 24 h 左右记录结果。

（2）结果观察：

① 阳性：红肿、硬结直径大于 1.5 cm，表示免疫功能正常。

② 弱阳性：红肿、硬结直径为 0.5~1.5 cm。

③ 阴性：无明显变化。

五、注意事项

1. PHA 用量应做预试，不同产地及批号可能会有一定的差异，找出合适剂量。

2. 该法可与其他细胞免疫测定方法同时进行，以便综合分析判断。

六、思考题

1. 试用 I 型变态反应的机理解释豚鼠甲所出现的各种表现。如给豚鼠乙又注射马血清，是否也会发生过敏性休克？为什么？

2. 结核菌素实验及 PHA 皮肤实验出现阳性可反映什么问题？

3. 皮肤实验结果在分析中应考虑哪些因素？在临床应用中有哪些实际价值？

实验十一　SPA 夹心 ELISA 法

一、实验目的

1. 掌握 SPA 夹心 ELISA 的原理。
2. 掌握 SPA 夹心 ELISA 技术。

二、实验原理

金黄色葡萄球菌 A 蛋白（staphylococcal protein A，SPA）可与免疫复合物（IC）中 IgG 的 Fc 段结合。将待测血清用低浓度聚乙二醇（PEG）沉淀后加至 SPA 包被的固相载体上，再以酶标记的 SPA 与之反应，即可检测样本中有无 IC。

三、实验材料和试剂

1. 5% 与 2.5% 的 PEG：用 0.02 mol/L pH 7.4 PBS 配制。
2. 牛血清白蛋白（BSA）缓冲液：用 0.05 mol/L pH 7.4 PBS 配制。其含 0.01 mol/L EDTA、0.1% 硫柳汞、0.05% Tween 20、4% BSA。
3. HRP-SPA：用改良过碘酸钠法将 SPA 与辣根过氧化物酶（HRP）制成结合物。最适工作浓度以方阵法滴定。
4. 热聚合人 IgG：人 IgG 10 mg/mL，于 63 ℃ 下加热 20 min 制成。

四、实验方法

1. 用 PBS 将 SPA 稀释成 5 μg/mL，包被聚苯乙烯反应板微孔，每孔 0.1 mL（对照孔不包被），置于 4 ℃ 下过夜后洗涤 3 次备用。
2. 待测血清 0.05 mL 加 PBS 0.15 mL 和 5% PEG 0.2 mL 混匀，4 ℃ 过夜后 1 600 r/min 离心 20 min，弃上清液，沉淀用 2.5% PEG 洗 2 次，加入 PBS 0.2 mL 和 BSA 缓冲液 0.2 mL，混匀，置于 37 ℃ 水浴中 30 min，摇动，使完全溶解。
3. 将已溶解的待测血清沉淀物加至上述包被孔和对照孔中，置于 37 ℃ 下 60 min，洗 3 次；各孔加底物溶液（OPD-H_2O_2）0.1 mL，置于 37 ℃ 下 20 min 使呈色。每孔加 2 mol/L H_2SO_4 一滴终止反应。置于酶标仪 492 nm 下测各孔吸光值。
4. 标准曲线制备：取正常人血清 0.2 mL，加热聚合人 IgG（120 μg/mL）0.2 mL，再加 PBS 0.4 mL 和 5% PEG 0.8 mL，置于 4 ℃ 下过夜。同时做不加

热聚合 IgC 的正常血清对照，以排除血清中干扰因素。沉淀的清洗同标本操作。用稀释的 BSA 缓冲液（加等量 0.01 mol/L pH 7.4 PBS）1.6 mL 溶解并稀释成 120、60、30、15、7.5 μg/mL，与待测血清同法操作，制成工作标准曲线。

5. 结果判断：根据待测血清吸光度值查标准曲线，即可换算成相当于热聚合人 IgG 的 IC 含量（μg/mL）。

五、注意事项

1. 热聚合人 IgC 应分装储存于 $-20\ ℃$，不宜反复冻融，否则易解聚。
2. PEG 的浓度影响 IC 沉淀量，须严格配制。

六、实验报告

1. 绘制正确的标准曲线。
2. 根据待测血清吸光度值查标准曲线，换算成相当于热聚合人 IgG 的 IC 含量。

七、思考题

1. SPA 夹心 ELISA 操作中的注意事项有哪些？
2. 什么是假阳性与假阴性？SPA 夹心 ELISA 的假阳性与假阴性发生的原因有哪些？

实验十二　瘦肉精胶体金试纸条的制备——竞争法

一、实验目的

1. 掌握胶体金技术的原理。
2. 制作出瘦肉精检测试纸条。

二、实验原理

氯金酸（$HAuCl_4$）在还原剂柠檬酸钠的作用下，可以聚合成大小均匀的金颗粒，形成带负电荷的疏水胶溶液，由于静电作用而成为稳定的胶体状态，因此被称为胶体金。胶体金在弱碱环境下带负电荷，可与蛋白质分子的正电荷基团牢固地结合。由于这种结合是静电结合，所以不影响蛋白质的生物特性。

将特异性的抗原及抗体以条带状固定在膜上，胶体金标记单克隆抗体吸附在结合垫（金标垫）上，当待检样本加到试纸条一端的样本垫上后，通过毛细作用向前移动，溶解结合垫上的胶体金标记试剂后相互反应。如果待检样品中无抗原存在，金标抗体在泳动过程中先和 T 线包被抗原结合，形成肉眼可见的红线，多余金标抗体继续泳动，并和质控线（C 线）包被的羊抗鼠二抗结合，也形成一条肉眼可见的红线，此结果判为阴性（双红线判为阴性，和非竞争法相反）；如果待检样品中有抗原存在，则样品中的抗原、包被抗原竞争和金标抗体结合，包被抗原被抑制，样品中的抗原和金标抗体结合后继续泳动，直到和 C 线的二抗再次结合，此时，T 线不显色，而 C 线显红色，结果判为阳性（T 线无色，C 线红色，为阳性）；如果结果中 C 线不显色，则试纸条已报废，不能再使用。

三、实验方法

1. 胶体金的制备。

取 100 mL 去离子水放入 250 mL 锥形瓶中，用带有磁力搅拌的电炉子加热，待水开后，加入氯金酸和柠檬酸（比例 1∶1.5）。加热计时 8 min 后结束加热，待凉后定容到 100 mL，测定最大吸收峰，判断粒径大小。

2. 金标抗体及金标垫的制备。

每组取 10 个 1.5 mL EP 管，每管加入 1 mL 制备好的胶体金溶液。分别在每管中加入 30 μL 0.1 mol/L 的 K_2CO_3 调节 pH（样品加到液面下，pH 约 8.5）。慢慢颠倒混匀。混匀后，每管加入 0.846 μL 抗体（抗体加到液面下），再慢慢颠倒混匀（注：不可剧烈震荡，以免出现死金）。混匀后，放入 37 ℃ 摇床中，在 180 r/min（管要竖着放置）下摇震 30 min。取出后加入 50 μL 封闭液（10%

BSA）混匀，室温静置 20 min。于 10 000 r/min 下 20 min，弃去上清液（注：慢慢拿出，一个一个做，慢慢吸上清液，以避免重悬）。然后取 50 μL 稀释液依次重悬（即加入第一个管重悬后的液体全部吸出到第二个管，再全部吸出到第三个管，依次下去，直至最后一个管）。取 5 μL，稀释 200 倍，测定 OD 值。

3. 根据 OD 值最后确定稀释倍数。制作 1 cm×3 cm 金标垫，加入稀释后的金标抗体复合物 200 μL。静置 15 min 后，放入 37 ℃烘箱中烘干 2 h。

4. 使用画线机画线：C 线浓度：2 mg/mL；T 线浓度：1 mg/mL。
放入 37 ℃烘箱中烘干 2 h。

5. 试纸条的组装及检测（图 6-4）。
将 NC 膜、吸水纸、金标垫、样品垫依次贴到 PVC 板上，进行裁剪，然后检测。

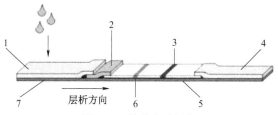

图 6-4　胶体金试纸条

1—样品垫；2—胶体金垫；3—控制线（C 线）；4—吸水滤纸；
5—NC 膜（硝酸纤维素膜）；6—测试线（T 线）；7—PVC 底板

四、实验报告

对检测结果进行分析。

五、注意事项

1. 当发现检测线比较淡的时候，应该将此样品作为疑似阳性样品，待进一步确认。

2. 在操作过程中，应按照规定的时间判读。如果到判读时间为止，结果为阴性，判读时间以后，出现淡淡的线条，可能是有色标记物持续释放造成的，这种结果是无效的。

六、思考题

1. 制作瘦肉精检测试纸条的关键是什么？
2. 实验中有哪些注意事项？

实验十三　细胞凝集反应

一、实验目的

1. 掌握凝集素促使细胞凝集的原理。
2. 学习研究细胞凝集反应的方法。
3. 掌握耳缘静脉兔子取血的方法。

二、实验原理

细胞膜是双层脂镶嵌蛋白质结构,脂和蛋白质又能与糖分子结合为细胞表面的分枝状糖外被。目前认为:细胞间的联系、细胞的生长和分化、免疫反应和肿瘤发生,都和细胞表面的分枝状糖分子有关。

凝集素(lectin)是一类含糖的(少数例外),并能与糖等专一性结合的蛋白质,它具有凝集细胞、刺激细胞分裂的作用。凝集素使细胞凝集是它与细胞表面的糖分子连接,在细胞间形成桥的结果。加入与凝集素互补的糖可以抑制细胞的凝集。

三、实验材料

1. 土豆块茎。
2. 显微镜、粗天平、载玻片、滴管 2 支、离心管 2 支。
3. PBS 缓冲液:

称取 NaCl 17.2 g、Na_2HPO_4 1.48 g、KH_2PO_4 0.43 g,加蒸馏水,定容至 1 000 mL,调 pH 到 7.2。

4. 2%的红细胞:

以无菌方法抽取兔子静脉血液(加抗凝剂),用生理盐水洗 5 次,每次 2 000 r/min,离心 5 min,最后按压积红细胞体积用生理盐水配成 2%红细胞液。

四、实验方法

1. 取土豆去皮块茎 2 g,加 10 mL PBS 缓冲液,浸泡 24 h,浸出的粗体液中即含有可溶性土豆凝集素。
2. 抽取兔子静脉血,抽血之前先抽取 1 mL 抗凝剂,加生理盐水,在 1 000 r/min 条件下离心 5 min。重复离心 3 次,最后按压积红细胞体积用生理盐水配制成 1%的红细胞悬液。

3. 分别用滴管吸取土豆凝集素和 1% 的红细胞悬液各 1 滴，置于双凹片的左孔内，充分混匀。

4. 分别用滴管吸取 PBS 缓冲液和 1% 的红细胞悬液各 1 滴，置于双凹片的右孔内，充分混匀，做对照实验。

5. 摇晃 5~10 min 后，观察有无细胞凝集现象发生，并置于显微镜下观察。

五、注意事项

1. 注意控制加入双凹片孔中的液体的量，以免双凹片的 2 个孔中的液体混合。

2. 在显微镜下观察时，注意淀粉球和细胞的区分。淀粉球呈白色球状，略大于细胞。

六、实验报告

1. 用肉眼观察，整个过程中，对照组中红细胞沉积在双凹片凹槽底部成大红点；滴加凝集素的实验组的背景颜色变透明，红细胞呈颗粒状聚集。

2. 在显微镜下观察对照组中的红细胞分布，观察有无凝集现象。观察实验组中的红细胞有无凝集现象。

七、思考题

1. 土豆凝集素对红细胞的凝集和土豆凝集素对红细胞的凝集的区别。
2. 细胞凝集反应的原理。

实验十四　IgG 的分离和纯化——硫酸铵沉淀法

一、实验目的
1. 掌握动物血清中 IgG 的分离纯化方法。
2. 掌握成年牛血清、新生牛血清中 IgG 含量的检测方法。
3. 了解分离、纯化抗体的原理。

二、实验原理
硫酸铵沉淀法是免疫球蛋白分离的常用方法。高浓度的盐离子在蛋白质溶液中可与蛋白质竞争水分子，从而破坏蛋白质表面的水化膜，降低其溶解度，使之从溶液中沉淀出来。各种蛋白质的溶解度不同，因而可利用不同浓度的盐溶液来沉淀不同的蛋白质。这种方法称之为盐析。盐浓度通常用饱和度来表示。硫酸铵因其溶解度大，温度系数小和不易使蛋白质变性而应用最广。

三、实验器具与试剂
1. 实验器具与试剂。
 (1) 成年牛血清 20 mL、新生牛血清 20 mL。
 (2) pH 7.4、0.01 mol/L 磷酸盐缓冲液 250 mL。
 (3) pH 8.0、0.005 mol/L 磷酸盐缓冲液 250 mL。
 (4) 饱和硫酸铵溶液 500 mL。
 (5) 1% 氯化钡 250 mL。
2. 器材。
 (1) 无菌 1 mL、2 mL、5 mL、10 mL 吸管各 2 支/组。
 (2) 酒精棉球适量。
 (3) 离心管 2 支/组。
 (4) 离心机 1 台/5 组；2~3 台/班。
 (5) 试管架 1 个/组、记号笔 1 支/组。

四、实验方法
1. 取 20 mL 血清，加生理盐水 20 mL，再逐滴加入 $(NH_4)_2SO_4$ 饱和溶液 10 mL，使之成 20% $(NH_4)_2SO_4$ 溶液，边加边搅拌，充分混合后，静置 30 min。
2. 于 3 000 r/min 下离心 20 min，弃去沉淀，以除去纤维蛋白。
3. 在上清液中再加 $(NH_4)_2SO_4$ 饱和溶液 30 mL，使之成 50% $(NH_4)_2SO_4$

溶液，充分混合，静置30 min。

4. 于3 000 r/min下离心20 min，弃去上清液。

5. 于沉淀中加20 mL生理盐水，使之溶解，再加（NH$_4$）$_2$SO$_4$饱和溶液10 mL，使之成33%（NH$_4$）$_2$SO$_4$溶液，充分混合后，静置30 min。

6. 于3 000 r/min下离心20 min，弃去上清液，以除去白蛋白。重复步骤5，2~3次。

7. 用10 mL生理盐水溶解沉淀，装入透析袋。

8. 透析除盐，在常温蒸馏水中透析过夜，再在生理盐水中于4 ℃透析24 h，中间换液数次。

以1% BaCl$_2$检查透析液中的SO$_4^{2-}$或以纳氏试剂检查NH$_4^+$（取3~4 mL透析液，加试剂1~2滴，出现砖红色即认为有NH$_4^+$存在），直至无SO$_4^{2-}$或NH$_4^+$出现为止。也可采用Sephadex G25或电透析除盐。

9. 离心去沉淀（去除杂蛋白），上清液即为粗提IgG（即γ球蛋白，如以36%的饱和硫酸铵沉淀血清的产物即为优球蛋白，含γ球蛋白）。

10. 过DEAE-纤维素层析柱。以0.01 mol/L pH 7.4 PBS（0.03 mol/L NaCl）洗脱，收集洗脱液；也可采用Sephadex G150或G200柱。

11. IgG的纯度鉴定的方法：

（1）区带电泳。

玻片琼脂或醋酸纤维膜电泳均可。加样电泳后，只在γ-球蛋白的迁移部位出现一条带。操作时，同时可使用全血清样品，用不同浓度（NH$_4$）$_2$SO$_4$盐析样品进行电泳，以作比较。

（2）琼脂双相双扩散鉴定。

预先准备该IgG免疫异种动物所获的抗IgG血清。将IgG与抗IgG血清进行双相双扩散，如是提纯IgG，则在两样品孔之间出现一条沉淀线。

（3）免疫电泳鉴定。

孔内加待测样品，电泳后，在槽内加抗IgG血清，用琼脂扩散24 h，观察结果。如果提取的IgG纯的话，则只出现一条弧形的沉淀线，且沉淀线位于γ-球蛋白区。此鉴定必须同时进行全血清及抗血清抗体的免疫电泳，进行比较。

（4）圆盘电泳鉴定。

用全血清样品及提纯样品同时进行圆盘电泳。全血清样品在圆盘电泳上出现数十条区带，而纯化的IgG则只有一条区带。

12. IgG的浓缩与保存。

一般浓缩至1%以上的浓度，再分装成小瓶冻干保存，或加0.01%硫柳汞，在普通冰箱或低温冰箱保存。

五、注意事项

1. 硫酸铵以质量优者为佳，因次品中含有少量重金属，对蛋白质巯基有影响。如果要除去重金属，可在溶液中通入 H_2S，静置过夜后过滤，加热蒸发 H_2S 即可。
2. 防止蛋白反复冻融。

六、实验报告

1. 比较成年牛血清、新生牛血清 IgG 的含量。
2. 比较 IgG 的纯度鉴定的方法及对免疫电泳进行分析。

七、思考题

1. 分离纯化免疫球蛋白为什么尽可能在低温条件下进行？所用溶液为何要先冷却？
2. 如果用血浆来分离纯化 IgG，需不需要去除纤维蛋白原？
3. 分离纯化 IgG 时，为什么硫酸铵的饱和度先调至 50%，然后调至 33%？加入硫酸铵溶液时，为什么要一滴一滴地加？
4. 如果要提取 IgA，从初乳中提取是否比从血清中提取划算？为什么？
5. 比较成年牛血清与新生牛血清中 IgG 含量并进行分析。

实验十五 单向琼脂扩散实验

一、实验目的

1. 掌握单向琼脂扩散实验的原理。
2. 掌握单向琼脂免疫扩散实验的基本步骤。

二、实验原理

单向扩散是定量实验,通常以已知抗体测定未知抗原。实验中首先将一定的抗血清(抗体)混合于琼脂内,制成含抗体的琼脂板,再于琼脂板上打孔,将一定量的抗原加入孔中,抗原向孔四周扩散,与相应抗体结合,在抗原抗体比例合适处形成白色沉淀环,沉淀环的直径大小与抗原的浓度成正比。以不同浓度的标准抗原与固定浓度的抗血清反应,测得沉淀环的直径,将其作为纵坐标,以抗原浓度为横坐标,绘制标准曲线。量取待检抗原的沉淀环直径,即可从标准曲线中求得其含量。该实验主要用于检测标本中的各种 Ig 含量和血清中补体成分的含量。

三、实验材料、试剂

1. 1.5%琼脂的配制:称取 1.5 g 琼脂,用含 0.01%硫柳汞的生理盐水 100 mL 溶解,加热,使之呈液体状。
2. 0.01 mol/L pH 7.2 PBS 的配制:先配制 0.2 mol/L Na_2HPO_4 及 NaH_2PO_4 溶液,取 72 mL 0.2 mol/L Na_2HPO_4 与 28 mL 0.2 mol/L NaH_2PO_4 混合,然后用 0.85% NaCl 溶液稀释 20 倍即可。
3. 诊断血清(抗体:抗人 IgG 或 IgA 免疫血清)。
4. 待检血清(抗原):人血清。
5. 参考血清:全国统一人血清免疫球蛋白参考血清(批号不同,免疫球蛋白含量不同)。
6. 其他:生理盐水、琼脂粉、微量进样器、打孔器、玻璃板、湿盒等。

四、实验方法

1. 参考血清的稀释:取冻干 Ig 参考血清一支,加入 0.5 mL 蒸馏水溶解,用 0.01 mol/L pH 7.2~7.4 PBS 倍比稀释成 1∶10、1∶20、1∶40、1∶80、1∶160 五种浓度。
2. 免疫琼脂板制备:将适宜浓度的人 Ig 抗血清与预先融化好的 1.5%琼

脂在56℃水浴中混匀，每板内灌注3.3 mL，制成琼脂板（IgG、IgA、IgM），并做好标记。然后用3 mm的打孔器在琼脂板上打孔，孔距1~1.5 cm。孔内琼脂用注射器针头挑出。

3. 加样：用微量移液器取10 μL各种不同浓度的参考血清准确加入免疫板的孔内，每一浓度均加入两个孔。然后用上述加样方法，取10 μL适宜稀释度的待测血清，加入免疫反应板的孔内。

4. 反应：将加样的琼脂板置于水平湿盘内，于37℃温箱中反应24~48 h后，取出反应板，用标尺测其沉淀环直径并记录。

5. 标准曲线的绘制：以各浓度标准抗原的沉淀环直径为纵坐标，相应孔中抗原Ig浓度含量为横坐标，在坐标纸上绘制标准曲线（见图6-5）。

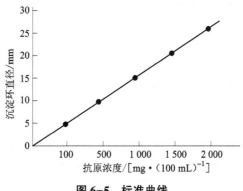

图6-5 标准曲线

6. 待测标本Ig（IgG、IgA、IgM）含量的计算：以待测标本的沉淀环直径查标准曲线，将查得的Ig含量乘其稀释倍数，即得该标本的Ig含量。

五、注意事项

1. 制备琼脂板时，温度不宜过高，以免使抗体变性失活；也不宜太低，以免使琼脂凝固不匀。

2. 沉淀环的直径均以mm为测量单位。

3. 不规则的沉淀线可能是加样过满溢出、孔形不规则、边缘开裂、孔底渗漏、孵育时没放水平、扩散时琼脂变干燥、温度过高蛋白质变性或未加防腐剂导致细菌污染等所致。

4. 抗原抗体的比例与沉淀带的位置、清晰度有关。如抗原过多，沉淀带向抗体孔偏移和增厚，反之亦然。可用不同稀释度的反应液实验后调节。

六、实验报告

1. 分析抗原特异性与沉淀线形状的关系：在相邻的两种完全相同的抗原与抗体反应时，可出现两单沉淀线的融合；反之，如相邻抗原完全不同时，则出现沉淀线的交叉；两种抗原部分相同时，则出现沉淀线的部分融合。

2. 分析抗原浓度与沉淀先导形状的关系：两相邻抗原浓度相同，形成对称相融合的沉淀线；如果两抗原浓度不同，则沉淀线不对称，移向低浓度的一边。

3. 分析温度对沉淀线的影响：在一定温度范围内，沉淀线扩散快。通常反应在 0~37 ℃ 下进行。在双向扩散时，为了减少沉淀线变形并保持其清晰度，可在 37 ℃ 下形成沉淀线，然后置于室温或冰箱（4 ℃）中为佳。

七、思考题

1. 阐述单向琼脂扩散实验的原理。
2. 单向琼脂扩散实验中，如何检测标本中的各种 Ig 含量和血清中补体成分的含量？

实验十六 双向琼脂扩散实验

一、实验目的
1. 掌握双向琼脂扩散实验的原理。
2. 掌握双向琼脂免疫扩散实验的基本步骤。

二、实验原理
双向扩散为定性实验。将可溶性抗原与相应抗体分别加入琼脂板上相对应的孔内,两者相互扩散,在比例适宜处形成沉淀线。如抗原与抗体无关,则不形成沉淀线。此实验用来检测抗原或抗体的纯度,也可用已知的抗原(抗体)来测未知的抗体(抗原)。临床上常用于检测甲胎蛋白(AFP),作为原发性肝癌等的辅助诊断。

三、实验材料、试剂
1. 1.5%琼脂的配制:称取 1.5 g 琼脂,用含 0.01%硫柳汞的生理盐水 100 mL 溶解,加热使之呈液体状。

2. 0.01 mol/L pH 7.2 PBS 的配制:先配制 0.2 mol/L Na_2HPO_4 及 NaH_2PO_4 溶液,取 72 mL 0.2 mol/L Na_2HPO_4 与 28 mL 0.2 mol/L NaH_2PO_4 混合,然后用 0.85% NaCl 溶液稀释 20 倍即成。

3. 诊断血清(抗体:抗人 IgG 或 IgA 免疫血清)。

4. 待检血清(抗原):人血清。

5. 参考血清:全国统一人血清免疫球蛋白参考血清(批号不同,免疫球蛋白含量不同)。

6. 其他:生理盐水、琼脂粉、微量进样器、打孔器、玻璃板、湿盒等。

四、实验方法
1. 琼脂反应板的制备:取融化好的 1%盐水琼脂 3.3 mL 置琼脂板内,待冷即制成琼脂反应板。

2. 打孔:用打孔器在琼脂板上打孔,孔距 6 mm,呈梅花形排列,即中间一孔,周围六孔,将孔内琼脂用注射器针头挑出。

3. 加样:用微量移液器取 10 μL AFP 免疫血清准确加入中央孔内,上、下孔各加 10 μL 脐带血清作为阳性对照。其余孔加等量的待测血清。

4. 反应:将加好样的琼脂板置于水平湿盘内,于 37 ℃温箱中反应 24 h。

5. 结果分析：待测标本如出现沉淀线，且与阳性对照的沉淀线吻合，则为阳性反应。如无沉淀线出现或出现与阳性对照沉淀线交叉的沉淀线，则为阴性（见图6-6）。

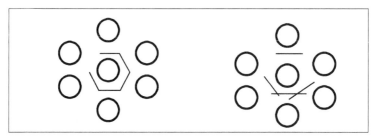

图6-6　双向扩散结果示意图（梅花孔法）

五、注意事项

1. 加样时，注意不要将琼脂划破，以免影响沉淀线的形状。

2. 反应时间要适宜。时间过长，沉淀线可解离至假阴性；时间过短，则沉淀线不出现。

3. 加样品时，抗体、阳性血清及待测标本应各用一支加样器，以免混淆，影响实验结果。

六、实验报告

1. 检测抗原或比较抗原差异。将抗血清置于中心孔，将待测抗原或需比较的抗原置于周围相邻孔。若出现沉淀带完全融合现象，证明为同种抗原；若二者有部分相连，表明二者有共同抗原决定簇；若两条沉淀线相互交叉，说明二者抗原完全不同。

2. 做血清流行病学调查。将标准抗原置于中心孔，周围1、3、5孔加标准阳性血清，2、4、6孔分别加待检血清。待检孔与阳性孔出现的沉淀带完全融合者，判为阳性；待检血清无沉淀带或所出现的沉淀带与阳性对照的沉淀带完全交叉者，判为阴性；待检孔虽未出现沉淀带，但两阳性孔的沉淀带在接近待检孔时，两端均内向有所弯曲者，判弱阳性。若仅一端有所弯曲，另一端仍为直线者，判为可疑，需重检。重检时，可加大检样的量。检样孔无沉淀带，但两侧阳性孔的沉淀带在接近检样孔时变得模糊、消失，可能是由于待检血清中抗体浓度过大，致使沉淀带溶解，可将样品稀释后重检。

3. 检测的抗血清的效价。将抗原置于中心孔，抗血清倍比稀释后置于周围孔，以出现沉淀带的血清最高稀释倍数为该抗血清的琼扩效价。

七、思考题

1. 阐述双向琼脂扩散实验的原理。
2. 双向琼脂扩散实验如何检测抗原或比较抗原差异？
3. 区别单项和双项琼脂扩散实验的异同点。

实验十七 NK 细胞活性测定——MTT 法

一、实验原理

NK 细胞是体内重要的淋巴细胞，约占淋巴细胞总数的 10%，NK 细胞具有抗肿瘤和抗病毒作用。NK 细胞的检测包括数量测定和杀伤活性测定。本实验介绍 NK 细胞的杀伤活性测定方法。人的 NK 细胞测定主要是从外周血中分离单个核细胞作为效应细胞，人的 NK 细胞与小鼠的 NK 细胞活性测定方法类似，本实验以小鼠脾 NK 细胞活性测定方法为例。

MTT 法：活细胞线粒体中的琥珀酸脱氢酶能够还原黄色的溴化 3-（4,5-二甲基噻唑-2）-2,5-二苯基四氮唑 [3-(4,5-dimethylthiazol-2yl)-2,5-diphenyiterazolium bromide，MTT] 为蓝紫色的不溶于水的甲臜（formazan），甲臜的多少可通过酶标仪测定其在 490 nm 处的 OD 值而得知。因为甲臜生成量在通常情况下与活细胞数成正比，因此，可以通过 OD 值推测活细胞数目，了解药物抑制或杀伤肿瘤细胞的能力。黄色的噻唑兰，简称 MTT，可透过细胞膜进入细胞内，活细胞线粒体中的琥珀脱氢酶能使外源性 MTT 还原为难溶于水的蓝紫色的针状结晶并沉积在细胞中，死细胞无此功能，结晶物能被二甲基亚砜（DMSO）溶解，用酶联免疫检测仪在 490 nm 波长处测定其光吸收值，可间接检测到活细胞的数量。

二、实验器具与试剂

1. 实验动物：BALB/c 小鼠，6~8 周龄。
2. 靶细胞：Yac-1 细胞，复苏细胞，培养至对数生长期。
3. 细胞培养液：10% FCS-RPMI 1640 培养液。
4. Hank's 液。
5. MTT 溶液：浓度 0.5 mg/mL，用 0.1 mol/L PBS 配制，现用现配并过滤除去不溶颗粒。
6. 酸化异丙醇溶液：新鲜配制，取 300 体积的异丙醇加 1 体积的浓盐酸充分混匀即可。
7. 细胞培养瓶、细胞培养板、离心机、微量加样器等。

三、实验内容

1. 在试管中加入适量淋巴细胞分离液。
2. 取肝素抗凝静脉血与等量 Hank's 液或 RPMI 1640 充分混匀，用滴管沿管壁缓慢叠加于分层液面上，注意保持清楚的界面。于 2 000 r/min 下水平离心 20 min。

3. 离心后，管内分为三层，上层为血浆和 Hank's 液，下层主要为红细胞和粒细胞，中层为淋巴细胞分离液。在上、中层界面处有一以单个核细胞为主的白色云雾层狭窄带，如图 6-7 所示，单个核细胞包括淋巴细胞和单核细胞。此外，还含有血小板。

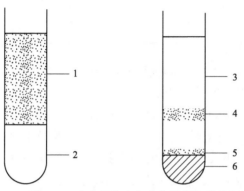

图 6-7　密度梯度离心分离外周血单核细胞
1—稀释的血液；2—分离液；3—稀释的血浆；4—单个核细胞；5—粒细胞；6—红细胞

4. 将毛细血管插到云雾层，吸取单个核细胞，置入另一试管中，加入 5 倍以上体积的 Hank's 液或 RPMI 1640，于 1 500 r/min 下离心 10 min，洗涤细胞两次。

5. 末次离心后，弃去上清液，加入含有 10% 小牛血清的 RPMI 1640，重悬细胞。取一滴细胞悬液与一滴 0.2% 台盼蓝染液混合，于血球计数板上计数四个大方格内的细胞总数。

6. 细胞活力检测：死的细胞可被染成蓝色，活细胞不着色。计数 200 个淋巴细胞，计算出活细胞百分率。

$$活细胞百分率 = \frac{活细胞数}{总细胞数} \times 100\%$$

用本法分离 PBMC，纯度在 90% 以上，收获率可达 80%~90%，活细胞百分率在 95% 以上。用细胞培养液将细胞浓度调整为 4×10^6 个/mL，于 96 孔培养板培养。

7. Yac-1 细胞的制备：于实验前一周复苏 Yac-1 细胞，用 10% FCS-RPMI 1640 培养基传代培养，3~4 天换液一次。收集对数生长期细胞于 50 mL 离心管内，于 1 500 r/min 下离心 10 min，用新鲜细胞培养液将细胞浓度调整为 1×10^5 个/mL。

8. 加样：取 96 孔细胞培养板，将效应细胞（脾细胞）、靶细胞（Yac-1细胞）加入细胞培养板中，共分三组，各组分别做 3~4 个复孔。加样情况见表 6-4。

表 6-4　NK 细胞活性测定加样表

组别	实验组	靶细胞对照组	效应细胞对照组	对照组
淋巴细胞悬液/μL	100	—	100	—
Yac-1 细胞悬液/μL	100	100	—	—
细胞培养液/μL	—	100	100	100

9. 培养：将细胞培养板置于细胞培养箱中培养 4 h 或 12 h。

10. 细胞活性测定：取出细胞培养板，于 1 500 r/min 下离心 10 min，弃去上清液，加入新鲜配制的 MTT 溶液 100 μL/孔，充分混匀，将细胞培养板重新置于培养箱中，继续培养 4 h。细胞培养板于 1 500 r/min 下离心 10 min，弃去上清液，加入酸化异丙醇溶液，溶解细胞及甲臜颗粒 10 min，30 min 内用酶联免疫检测仪读取各孔光度值。测定波长 570 nm，参考波长 630 nm。

11. 结果分析。

$$NK 细胞活性（\%）= 1 - \frac{实验组 OD 值 - 效应细胞对照组 OD 值}{靶细胞对照组 OD 值}$$

四、注意事项

1. 脾细胞活性直接影响实验结果，因此，在进行细胞制备时，应注意低温，确保活细胞在 95% 以上。

2. 甲臜颗粒必须溶解充分，否则将影响测定结果。

3. 细胞培养板弃上清液时应小心，勿将细胞弃掉。

4. 效靶比例将会影响实验结果，调整细胞浓度时应准确。

五、思考题

1. 阐述 NK 细胞活性测定实验的原理及应用。

2. NK 细胞活性测定实验应该注意哪些问题？

实验十八　NK 细胞活性测定——乳酸脱氢酶法

一、实验原理

乳酸脱氢酶（LDH）是活细胞胞浆内所含酶之一。在正常情况下，其不能透过细胞膜。当靶细胞受到效应细胞的攻击而损伤时，细胞膜通透性改变，LDH 可释放至介质中，释放出来的 LDH 在催化乳酸生成丙酮酸的过程中，使氧化型辅酶I(NAD+) 变成还原型辅酶I(NADH2)，后者再通过递氢体-吩嗪二甲酯硫酸盐（PMS）还原碘硝基氯化氮唑蓝（INT）或硝基氯化四氮唑蓝（NBT）形成有色的甲臢类化合物，在 490 nm 或 570 nm 波长处有一高吸收峰，利用读取的 OD 值，经过计算即可得 NK 细胞活性。

二、仪器和材料

酶标仪、Yac-1 细胞、Hank's 液（pH 7.2~7.4）、RPMI 1640 完全培养液、乳酸锂或乳酸钠、硝基氯化四氮唑（INT）、吩嗪二甲酯硫酸盐（PMS）、NAD、0.2 mol/L 的 Tris-HCl 缓冲液（pH 8.2）、1% NP40 或 2.5% Triton。

三、实验步骤

1. LDH 基质液的配制。

乳酸锂 5×10^{-2} mol/L、硝基氯化四氮唑（INT）6.6×10^{-4} mol/L、吩嗪二甲酯硫酸盐（PMS）2.8×10^{-4} mol/L、氧化型辅酶 I(NAD) 1.3×10^{-3} mol/L。

将上述试剂溶于 0.2 mol/L 的 Tris-HCl 缓冲液中（pH 8.2）。

2. 靶细胞的传代（Yac-1 细胞）。

实验前 24 h 将靶细胞进行传代培养。应用前以 Hank's 液洗 3 次，用 RPMI 1640 完全培养液调整细胞浓度为 4×10^5 个/mL。

3. 脾细胞悬液的制备（效应细胞）。

无菌取脾，置于盛有适量无菌 Hank's 液的小平皿中，用镊子轻轻将脾磨碎，制成单细胞悬液。经 200 目筛网过滤，或用 4 层纱布将脾磨碎，或用 Hank's 液洗 2 次，每次离心 10 min（1 000 r/min）。弃去上清液，将细胞浆弹起，于 20 s 内加入 0.5 mL 灭菌水，裂解红细胞后，再加入 0.5 mL 两倍 Hank's 液及 8 mL Hank's 液，于 1 000 r/min 下离心 10 min，用 1 mL 含 10% 小牛血清的 RPMI 1640 完全培养液重悬，用 1% 冰醋酸稀释后计数（活细胞数应在 95% 以上），用台盼蓝染色计数活细胞数（应在 95% 以上），最后用 RPMI 1640 完全培养液调整细胞浓度为 2×10^7 个/mL。

4. NK 细胞活性检测。

取靶细胞和效应细胞各 100 μL（效靶比 50∶1），加入 U 形 96 孔培养板中；靶细胞自然释放孔加靶细胞和培养液各 100 μL，靶细胞最大释放孔加靶细胞和 1% NP40 或 2.5% Triton 各 100 μL。上述各项均设三个复孔，于 37 ℃下 5% CO_2 培养箱中培养 4 h，然后将 96 孔培养板以 1 500 r/min 离心 5 min，每孔吸取上清液 100 μL 置于平底 96 孔培养板中，同时加入 LDH 基质液 100 μL，反应 3 min，每孔加入 1 mol/L 的 HCl 30 μL，在酶标仪 490 nm 处测定光密度值（OD）。

按下式计算 NK 细胞活性，受试样品组的 NK 细胞活性显著高于对照组的 NK 细胞活性，即可判定该项实验结果为阳性。

$$NK 细胞活性（\%）= \frac{反应孔 OD - 自然释放孔 OD}{最大释放孔 OD - 自然释放孔 OD} \times 100\%$$

四、注意事项

1. 靶细胞和效应细胞必须新鲜，细胞存活率应大于 95%。
2. 比色时环境温度应保持恒定。
3. LDH 基质液应临用前配制。
4. 在一定范围内，NK 细胞活性与效靶比值成正比。一般效靶比值不应超过 100。

五、思考题

1. 乳酸脱氢酶法检测 NK 细胞活性实验的原理及应用。
2. 乳酸脱氢酶法检测 NK 细胞活性实验应该注意些什么？

实验十九 细胞因子检测技术

一、实验目的

1. 熟悉并掌握细胞因子测定的原理。
2. 了解细胞因子测定的方法及意义。

二、实验原理

细胞因子的检测可采用相应的依赖细胞株为指示细胞的生物学检测法、应用单克隆抗体的免疫学检测法及利用细胞因子的基因探针检测特定细胞因子基因表达的分子生物学检测法。

本实验以 IL-2 为例介绍其生物学检测法。生物学检测法又称生物活性检测，是根据 IL-2 具有重要的诱导和调节免疫应答的作用而设计的检测法。白细胞介素-2（IL-2）又称 T 细胞生长因子（TCGF），在体外可维持 T 细胞的分裂增殖。某些特定的细胞株（例如 CTLL-1、CTLL-2、CT6、NKC3 等）对 IL-2 形成剂量相关性，因此通过检测细胞的增殖状态便可测得 IL-2 的有效水平。DNA 合成量的检测可采用 3H-TdR 掺入法；以 DNA 合成酶活性为指标，也可测出 IL-2 的活性；细胞增殖活跃时，线粒体中琥珀酸脱氢酶活性增加，该酶能使黄色的 3-(4',5-二甲噻唑-乙基)-2,4-二苯四唑嗅盐（MTT）分解成蓝色结晶状甲颗粒。DNA 的合成量（3H-TdR 掺入量）或琥珀酸脱氢酶的活性（甲颗粒形成量）与 IL-2 的水平成正比。

三、实验器材试剂

1. 标本：受试者外周血或 PHA 刺激的淋巴细胞上清液。
2. 靶细胞株：IL-2 依赖细胞株 CTLL 等。
3. 试剂：IL-2 标准品、细胞培养液（RPMI 1640，补充以小牛血清 10%、L-谷氨酰胺 20 mg/mL、青霉素 100 U/mL、链霉素 100 μg/mL）、Ficoll 分离液、PHA 和 ^{3}H-TdR 等。
4. 器材：细胞培养瓶、96 孔圆底微量板等器皿、二氧化碳培养箱、β-液体闪烁仪、国产 49 型玻璃纤维滤纸、显微镜、多道细胞收集仪、真空泵等。

四、实验方法

1. 靶细胞株的维持培养和准备：人或小鼠的 CTLL（克隆化的 T 细胞株）

用含 5~10 U/mL IL-2（或 10%~20% IL-2 粗制液）的细胞培养液于 37 ℃含 5%~10% CO_2 的孵箱中培养，每隔 2~3 d 换一次液，并在每次换液时将细胞悬液调至 $5×10^5$ mL^{-1}。实验前将 CTLL 用不含 IL-2 的 RPMI 1640 培养液洗 3~5 遍，以去除残留的 IL-2，然后配成 $1×10^5$ mL^{-1} 细胞悬液备用。

2. 标本的处理及 IL-2 诱生：无菌采取受试者静脉血，肝素抗凝。用 Ficoll 分离液分离出淋巴细胞，用 RPMI 1640 培养液洗涤两遍，最后用含 PHA（1 μg/mL）的培养液配成浓度为 $2×10^6$ mL^{-1} 的细胞悬液 2.0 mL，放入清洁的无菌培养瓶中，置于 37 ℃含 5% CO_2 培养箱中培养 48 h，于 1 500 r/min 下将细胞悬液离心 20 min，吸取上清液，经 0.22 μm 的微孔膜过滤，这便是含 IL-2 的待测标本。如不立即使用，需置于 -20 ℃保存。

3. IL-2 依赖的细胞增殖：选用 96 孔平底细胞培养板，于 A、B、C 三排的第 1~10 孔分别加入用细胞培养液作倍比稀释的 IL-2 待检标本 0.1 mL；于 D、E、F 三排的第 1~10 孔分别加入用细胞培养液作倍比稀释的 IL-2 标准品 0.1 mL；这时 1~10 孔的标本或标准品的稀释度分别为原液、1∶2、1∶4 等；各排的第 11、12 孔均只加细胞培养液 0.1 mL。

最后于细胞培养板的 96 孔中各加入 $1×10^5$ mL^{-1} CTLL 悬液 0.1 mL。将细胞培养板置于 37 ℃含 5% CO_2 的孵箱中培养 18~24 h。

4. ^{3}H-TdR 掺入测定法：培养 18~24 h 后，每孔均加入 $1.85×10^4$ Bq（0.5 μCi）^{3}H-TdR 继续培养 8~12 h。用多道细胞收集仪收集细胞于玻璃纤维滤纸上，烘干后将载有细胞的玻璃纤维滤纸置于装有 5 mL 闪烁液的闪烁瓶中，在液体闪烁仪上计数细胞内摄入的同位素活性值（每分钟放射性计数，cpm）。

5. MTT 测定法：培养 18~24 h 后，每孔均加入 10 μL MTT 溶液（5 mg/mL），继续培养 4~6 h，再于各孔加入 0.04 mol/L NH_4Cl 异丙醇 100 μL 充分混匀，静置 10 min，将细胞代谢 MTT 形成的甲颗粒充分溶解，在酶联检测仪上于 570 nm 波长下测吸光度值。

五、注意事项

1. CTLL 细胞用前必须将残存的 IL-2 洗涤掉，以免影响结果。

2. ^{3}H-TdR 掺入法影响因素较多，加样需准确，操作要精细，严格控制实验条件。

3. 操作时避免直接接触放射性同位素，勿乱扔实验器材与物品，防止造成污染。

六、实验报告

1. ^{3}H-TdR 掺入法经测得各孔 cpm 值后,计算 IL-2 的活性单位。首先计算出细胞的增殖度 R(R = IL-2 孔的 cpm 值),不同 IL-2 稀释度时的 R 值不同。以 IL-2 稀释度为横坐标,R 值为纵坐标,绘制出两者的关系曲线,由曲线查得最大 R 值。然后找出 50% 最大 R 值相应的 IL-2 稀释度,称为 1 个 IL-2 活性单位。例如,IL-2 检测样品的一个活性单位为 1∶32,则此样品中含 IL-2 的浓度为 32 U/mL。若与已知单位的 IL-2 标准品比较,即可计算出样品的标准单位。假设 IL-2 标准品为 50 μg/mL,在本次实验测得 50% 最大 R 值为 1∶40;待测样品的 50% 最大 R 值为 1∶32,则其 IL-2 的标准单位数(N)可由下式计算:N = 50 μg/mL×(32/40)。

2. MTT 定量检测法的实验结果分析。

3. IL-2 可以测定机体免疫功能,判定某些疾病预后及发病机制。

七、思考题

1. 阐述细胞因子测定的原理。
2. 细胞因子测定应该注意的事项有哪些?

第七章

综合实验

实验一 硝酸还原酶活性的测定

一、实验目的

熟悉硝酸还原酶活性的测定方法。

二、实验原理

硝酸还原酶是植物氮素代谢作用中的关键性酶，与作物吸收利用氮肥有关。它作用于 NO_3^-，使其还原为 NO_2^-：$NO_3^- + NADH + H^+ \rightarrow NO_2^- + NAD^+ + H_2O$，产生的 NO_2^- 可以从组织内渗透到外界溶液中，并积累在溶液中，反应溶液中 NO_2^- 含量的增加量，即表现该酶活性的大小。这种方法简单易行，在一般条件下都能做到。NO_2^- 含量的测定用磺胺［对-氨基苯磺酸铵（sulfanilamide）］比色法。在酸性溶液中，磺胺与 NO_2^- 形成重氮盐，再与 α-萘胺偶联形成紫红色的偶氮染料。反应液的酸度大，则增加重氮化作用的速度，但降低偶联作用的速度，颜色比较稳定。增加温度可以增加反应速度，但降低重氮盐的稳定度，所以反应需要在相同条件下进行。这种方法非常灵敏，能测定每毫升含 0.5 μg 的 $NaNO_2$ 的溶液。

三、实验仪器与试剂

721 型分光光度计、真空泵（或注射器）、保温箱、天平、真空干燥器、钻孔器、三角烧瓶、移液管、烧杯、0.1 mol/L 磷酸缓冲液（pH 7.5）、0.2 mol/L KNO_3（溶解 20.22 g KNO_3 于 1 000 mL 蒸馏水中）、磺胺试剂（1 g 磺胺加 25 mL 浓盐酸，用蒸馏水稀释至 100 mL）、0.2% α-萘胺试剂（0.2 g α-萘胺溶于含 25 mL 冰乙酸中，用蒸馏水定容至 100 mL）、$NaNO_2$ 标准溶液（1 g $NaNO_2$ 用蒸馏水溶解成 1 000 mL，然后吸取 5 mL，再加蒸馏水稀释成 1 000 mL，此溶液每毫升含有 10 μg/mL $NaNO_2$，用时稀释）。

四、实验步骤

1. 样品的制备：

将新鲜取回的叶片（蓖麻、烟草、向日葵、油菜、小麦、棉花等均可），用吸水纸吸干，然后用钻孔器钻成直径约 1 cm 的圆片，用蒸馏水洗涤 2~3 次，吸干水分，然后于天平上称取等重的叶子圆片两份，每份 0.3~0.4 g（或每份取 50 个圆片），分别置于含有下列溶液的 50 mL 三角烧瓶中：

(1) 0.1 mol/L 磷酸缓冲液（pH 7.5）5 mL+蒸馏水 5 mL。

(2) 0.1 mol/L 磷酸缓冲溶液（pH 7.5）5 mL+0.2 mol/L KNO$_3$ 5 mL。然后将三角烧瓶置于真空干燥器中，接上真空泵抽气，放气后，圆片即沉于溶液中（如果没有真空泵，也可以用 20 mL 注射器代替，将反应液及叶子圆片一起倒入注射器中，用手指堵住注射器出口小孔，然后用力拉注射器使其真空，如此抽气、放气反复进行多次，即可抽去圆片中的空气而使其沉于溶液中）。将三角烧瓶置于 30 ℃温箱中，使其不见光，保温作用 30 min。

注意取样前叶子要进行一段时间的光合作用，以积累碳水化合物，如果组织中的碳水化合物含量低，会使酶的活性降低，此时可于反应溶液中加入 30 μg 3-磷酸甘油醛或 1,6-二磷酸果糖，能显著增加 NO_2^- 的产生。

2. NO_2^- 含量的测定：

保温 30 min 结束时，吸取反应溶液 1 mL 于一个试管中，加入磺胺试剂 2 mL 及 α-萘胺试剂 2 mL，混合摇匀，静置 30 min，用分光光度计进行比色测定，比色波长为 520 nm，记下吸光度或透光率，从标准曲线上查得 NO_2^- 含量，然后计算酶活性，以每小时每克鲜重产生的 NO_2^-（μg 或 μmol）表示之。

五、实验报告

绘制标准曲线：

测定 NO_2^- 的磺胺比色法很灵敏，可以检出低于 1 μg/mL 的 NaNO$_2$ 含量，可于 0~5 μg/mL 浓度范围内绘制标准曲线。由于显色反应的速度与重氮化作用及偶联作用的速度有关，温度、酸浓度等都影响显色速度，同时也影响灵敏度，但如果标准与样品的测定都在相同条件下进行，则显色速度相同，彼此可以比较。

吸取不同浓度（例如 5、4、3、2、1、0.5 μg/mL）的 NaNO$_2$ 溶液 1 mL 于试管中，加入磺胺试剂 2 mL 及 α-萘胺试剂 2 mL，混合摇匀，静置 30 min（或于一定温度的水浴中保温 30 min），立即于分光光度计中进行测定，测定时的波长为 520 nm，比色，读取吸光度或透光率。然后以吸光度为纵坐标，NaNO$_2$ 浓度为横坐标，于毫米方格纸上绘制吸光度-浓度曲线。

六、思考题

1. 比较不同植物的酶活性。
2. 为什么实验前，材料要经过一段时间光照？

实验二 淀粉的合成——淀粉磷酸化酶

一、实验目的

掌握淀粉酶作用的原理及测定方法。

二、实验原理

植物的组织中有一种淀粉磷酸化酶，能利用 1-磷酸葡萄糖合成淀粉，生成的淀粉可用 I_2-KI 染色检出 1-磷酸葡萄糖淀粉。

三、仪器药品

天平、离心机、水浴锅、研钵、移液管、磷酸葡萄糖、0.1 mol/L 柠檬酸-0.2 mol/L 磷酸缓冲液（pH 6.5）、质量比 1∶5 的 I_2-KI 溶液（取 1.5 g KI 溶于少量蒸馏水中，加入结晶碘 0.3 g，待溶解后，稀释至 100 mL）。

四、实验步骤

1. 取马铃薯块茎一个，削去皮，切成小块，称取 10 g，于研钵中加石英砂少许，加 10 mL 0.1~0.2 mol/L 磷酸缓冲溶液，研磨成匀浆。

2. 用纱布滤取汁液，于 3 500 r/min 下离心 15 min，以除去淀粉，即为粗制酶液。

3. 取小试管 2 支，分别加入 1% 1-磷酸葡萄糖 1 mL，再于一管中加入 1 mL 粗制酶液，另一管中加入已经煮沸 15 min 的粗制酶液。摇匀试管，立即各吸取 1 滴于白瓷板上，分别加 1 滴 I_2-KI 溶液，测试有无淀粉存在。

4. 以后每隔 10 min 取试管中混合液 1 滴，检查淀粉的生成。比较煮沸能否使酶失活。

五、实验报告

简述实验过程及结果。

六、思考题

1. 淀粉磷酸化酶在淀粉代谢中有何作用？
2. 煮沸能否使酶失活？为什么？

实验三　植物发育过程中可溶性蛋白和过氧化物酶同工酶的凝胶电泳分析

一、实验原理

植物组织中的蛋白质，包括酶蛋白，都是基因表达的产物。不同植物在发育过程中，其不同组织和器官都有不同的形态特征和化学组成，其所含蛋白质的种类、比例均有所不同，同一种酶的同工酶也有所不同。植物的所有细胞内均含有同样的基因组成，即同样的DNA，携带着同样的遗传信息，但是这些遗传信息的表达都是受到严格控制的。在植物不同的发育阶段什么因素影响着基因表达呢？这正是发育生理所要回答的问题。为了回答这个问题，首先要了解研究对象存在着哪些基因及它们在什么情况下表达出来。分析植物体内的可溶性蛋白和各种酶的同工酶，正是深入研究发育生理的第一步工作，因此，在理论上和实践上均有重要意义。由于不同的可溶性蛋白和同工酶的酶蛋白在结构上存在着差异，故可用分辨率很高的聚丙烯酰胺凝胶电泳法进行分离，然后用组织化学染色的方法将它们显示出来。本实验用垂直板不连续聚丙烯酰胺凝胶电泳系统分离可溶性蛋白及酶蛋白。该电泳是以孔径大小不同的聚丙烯酰胺凝胶作支持物，依靠电泳基质的不连续性，即凝胶孔径的不连续性、缓冲液pH和离子强度的不连续性、电泳过程中形成的电位梯度的不连续性，使样品先在不同浓度的两层凝胶层之间浓缩成很薄的起始区带，然后进入分离胶中进行电泳分离。整个电泳过程中有3种物理效应起作用，即样品的浓缩效应、凝胶的分子筛效应、电泳过程中的电荷效应。由于这3种物理效应的共同作用，使该电泳具有灵敏、微量、分辨率高的特性。

二、材料、设备及试剂

1. 植物材料：

5天苗龄的小麦（Triticum aestivum. L.）幼苗或水稻（Oryza sativa L.）幼苗。

2. 设备：

垂直板凝胶电泳槽及直流稳压或稳流电源、注射器（0.1 mL、1 mL、10 mL）、烧杯（50 mL、250 mL）、量筒（10 mL、100 mL、1 000 mL）、真空抽气装置1套、研钵、离心机、直径15 cm的培养皿、剪刀、镊子、滴管等。

3. 试剂：

考马斯亮蓝染色液、脱色液、酯酶显色液、过氧化物酶显色液、琼脂糖、TBE 电泳缓冲液、溴化乙锭（EB）溶液母液、过硫酸钾及四甲基乙二胺（TEMED）、溴酚蓝溶液。

三、实验步骤

1. 电泳槽的安装：

本实验使用夹芯式垂直板电泳槽，它是由两个半槽组装成的方形电泳槽。两个半槽通过四只长螺栓固定在一起。两个半槽之间夹有凝胶模子，凝胶模子两侧便形成两个电极液槽，槽内装有冷却管。凝胶模子是用两块玻璃板插入由橡胶铸成的夹套内构成的。两玻璃板之间厚约 1.5 mm，聚丙烯酰胺凝胶就在这两块玻璃板之间聚合而成。玻璃板用清洁剂浸泡、刷洗，蒸馏水冲洗，直立干燥。在组装电泳槽时，用两手夹住玻璃板的两侧进行操作，避免手指黏污玻璃板的两面。将玻璃板装入夹套后，再将夹套垂直地装入两个电极液半槽之间，用螺栓将两个半槽固定在一起。上螺母时，要按照一定的顺序逐步地拧紧。要用力均匀，不要用力过猛或先拧紧一个，再拧第二个，这样电泳槽受力不均，会将玻璃板压碎或电泳槽弄裂或造成渗胶漏液现象。电泳槽装好后，将熔化的 1.5% 琼脂注入玻璃板底部的琼脂池内，琼脂凝固后，将前后两个电极液槽隔开，但允许电流通过。再按以下步骤在两块玻璃之间注入凝胶。

2. 凝胶的制备：

先将分离胶缓冲液（1号）、凝胶储液（2号）和水混合于烧杯中，抽气 10 min，然后加入催化剂过硫酸钾及四甲基乙二胺（TEMED），混匀。制备分离胶：立即将凝胶液（1号）沿凝胶模子的后面一块玻璃板的内壁缓缓地注入已准备好的胶室中。注胶过程要防止产生气泡。胶液加到离玻璃顶部约 3 cm 处，此时将电泳槽垂直放置，立即用装有 6 号针头的注射器注水使胶的表面覆盖 3~5 mm 水层。要缓慢注水，勿将胶面打乱。胶的聚合约需 0.5 h，聚合完成的标志是胶和水层之间出现清晰的界面。制备浓缩胶：先将浓缩胶缓冲液、凝胶储液（2号）和蔗糖混合，抽气 10 min，借此用注射器吸去分离胶面上的水层。抽气后加入过硫酸钾和 TEMED，立即将该混合液注入上述制备好的分离胶上，胶液加到接近胶室的顶部，插入梳子，静止聚合。胶聚合好后，小心地取出梳子，向样品槽内加入电极液备用。

3. 样品的制备和点样：

取 2 g 5 天龄的小麦幼苗，剪碎后放入研钵内，在冰浴中匀浆，匀浆过程中加入 4 mL 稀释 4 倍的浓缩胶缓冲液。匀浆液在 5 000 r/min 下离心 10 min，取 2 mL 上清液与 1 mL 40% 蔗糖溶液和半滴溴酚蓝溶液混合，用微量注射器吸取 0.05 mL 混合液，注入样品槽内。按同样操作提取制备水稻的样品溶液，将小麦和水稻样品相间点样，点样量可有所不同。

4. 电泳：

加样后，向两个电极液槽内注入电极缓冲液，接通电源，并立即电泳。前槽接入电源的负极，后槽接入正极。电泳开始后，电流控制在 15~20 mA，样品进入分离胶后，可加入电流到 30 mA，这时电压一般在 100 V 左右，此后，维持恒流不变。当指示染料到达离凝胶底部 2 cm 时可停止电泳，电泳约需 3 h。电泳到时后，关闭电源，吸出电极缓冲液，取出夹套和玻璃板。将两块玻璃板置于自来水龙头下，用流水冲洗，借助水的润滑作用用解剖刀柄轻轻地从两块玻璃板缝间撬开两块玻璃板，将胶平放入 15 cm 的大培养皿中。电极液可连续使用多次，但用过一次后，前、后两槽的缓冲液应分开储存，下次电泳时，前、后槽电极液仍分别放入前、后槽，不能交叉使用，以免影响下次电泳的分离效果。

5. 染色：

（1）可溶性蛋白的染色：将胶用水漂洗后，注入 100 mL 考马斯亮蓝溶液于培养皿中，于 370 ℃下染色 0.5 h。染色到时后，用水冲去附着于胶表面的染料，注入脱色液于室温下脱色。为了加快脱色，可经常更换脱色液或提高脱色温度，也可在振动床上进行。脱色直到背景清晰为止，约需 24 h。

（2）过氧化物酶显色：将 100 mL 联苯胺溶液注入培养皿内，加入 0.5 mL 3% H_2O_2，室温下反应 15 min 即可观察到棕红色的过氧化物酶同工酶区带。弃去联苯胺试剂，用蒸馏水冲洗，然后用 5% 醋酸固定保存。

（3）酯酶同工酶的显色：将 100 mL 酯酶显色液注入培养皿中，室温下显色约 20 min，可看到桃红色的磷酸酯酶同工酶区带。弃去染色液，用蒸馏水冲洗。可用 5% 醋酸固定保存。

四、实验结果

1. 每人任选一种染色液显色，用彩色画笔画出可溶性蛋白和同工酶的电泳图谱。

2. 比较小麦和水稻幼苗的可溶性蛋白或同工酶图谱间的差异，并作简要的分析。

五、思考题

1. 简述不连续聚丙烯酰胺凝胶电泳的原理。
2. 电泳过程中两个电极附近放出的是什么气体？气体的量有无差异？发生了什么反应？
3. 前后两槽的电极液用过一次后，能否混合后供下次电泳使用？为什么？

实验四　薄层层析法分离氨基酸

一、实验目的

1. 掌握薄层层析的原理、意义和具体操作。
2. 了解不同溶剂体系对样品的分离效果。
3. 了解氨基酸的一些理化性质。

二、实验原理

水合茚三酮在加热的条件下可以被还原，产物与氨基酸加热后的产物结合，另一分子的水合茚三酮缩合产物可以使氨基酸显色。

在蛋白质分离实验中，水合茚三酮在加热的条件下可以被还原，产物与氨基酸加热后的产物结合，另一分子的水合茚三酮缩合产物可以使氨基酸呈现斑点显色。

三、实验试剂及仪器

四种氨基酸（组氨酸、酪氨酸、脯氨酸、精氨酸）各 1 g；蒸馏水若干；薄层用硅胶 G，200 g；正丙醇、正丁醇、乙酸、乙醇各 2 瓶；喷雾器（玻璃显色剂喷雾器）；茚三酮显色剂：1 000 mL（配置方法：15 g 茚三酮+1 000 mL 正丁醇+30.0 mL 醋酸）；玻璃毛细管若干；小烧杯；大烧杯。

四、实验步骤

1. 标准氨基酸溶液配制：

分别称取组氨酸、酪氨酸、脯氨酸、精氨酸 10 mg，分别溶解在 10 mL 0.1 mol/L 的盐酸溶液中，贴好标签。

2. 配制氨基酸混合液：

极性不相似样品：分别称取 50 mg 组氨酸、酪氨酸、脯氨酸，混合溶解在 50 mL 0.1 mol/L 的盐酸溶液中。

极性相似样品：分别称取 50 mg 组氨酸、精氨酸，混合溶解在 50 mL 0.1 mol/L的盐酸溶液中。

3. 配制两种溶剂体系：

正丙醇-水，体积比为 75∶25（375 mL 正丙醇+125 mL 水）。

正丁醇-乙醇-水，体积比为 60∶20∶20（300 mL 正丁醇+100 mL 乙醇+100 mL 水）。

4. 制板：

称取 15 g 薄层用硅胶 G，加入 50 mL 去离子水搅拌至糊状，将其用胶头滴管注在载玻片的中间部位，轻轻左右摇动、上下摆动，并轻轻敲打左右两端及底部，至上下左右均已均匀后，放在干净、通风的水平工作台上，自然干燥。

5. 点样：

用毛细管吸取试样，在薄层层析板下端距底边 1.5 cm 的一条平行线上点样，点样量不要过多，约 4 个，直径不得超过 3 mm。

6. 展开：

将点样后的薄层板置于装有展开剂的小烧杯中，倾角 15°，进行展开，展开距离以距离顶端 1~1.5 cm 为宜，记录展开时间及展开剂前沿的距离，取出层析板。

7. 斑点显色：

用玻璃喷雾器将显色剂茚三酮均匀地喷在展开后的层析板上，待显色剂溶剂挥发尽后，记录下斑点位置（可以拍照留存）。

8. 实验后整理：

洗净载玻片，收拾好实验台面。

五、思考题

1. 单向地测量原点至色谱中心和至溶剂前沿的距离，计算各种氨基酸的 R_f 值。
2. 分析混合样品中各氨基酸的组分。
3. 将层析板各氨基酸的展开和显色结果用图形的形式画出来。

实验五 植物色素的提取和纸上层析分离

一、实验目的

1. 了解提取叶绿体色素的基本方法，初步学习用分光光度法测定叶绿素含量的方法。

2. 学习用纸层析法分离叶绿体色素的基本方法，了解叶绿体色素的基本组成。

二、实验原理

1. 叶绿体中的色素不溶于水，但能溶于有机溶剂如丙酮、酒精，所以可以用丙酮、酒精提取叶绿体中的色素。

2. 层析液是一种脂溶性很强的有机溶剂，叶绿体色素在层析液中溶解度不同。

三、实验器材与试剂

1. 主要仪器：分光光度计、天平、剪刀、直尺、研钵、漏斗、漏斗架、移液管、量筒、烧杯、大试管、软木塞、毛细管、滤纸、铅笔、纱布。

2. 试剂与材料：新鲜菠菜、二氧化硅、碳酸钙、丙酮、层析液（石油醚20份（60~90 ℃）、丙酮2份、苯1份）。

四、实验步骤

1. 色素的提取：

（1）取菠菜叶5 g，剪碎后置于研钵中，加入少许的二氧化硅和碳酸钙，充分研磨。

（2）用量筒量取5 mL丙酮加入研钵中，迅速充分研磨。

（3）将研磨液迅速倒入基部装有棉球的玻璃漏斗中，过滤到小试管里，迅速用软木塞盖好试管。

2. 色素的分离：

（1）取一块干燥过的定性滤纸，剪成长6 cm、宽1 cm的滤纸条，距一端1 cm处用铅笔画一条细的横线，并剪掉两角作为"标记"。

（2）用吸管吸取少量滤液滴在载玻片上，用另一片载玻片将其推成一薄层，再用一个载玻片一侧均匀蘸取滤液，然后沿着滤纸条上的画线轻轻按压，形成滤液细线，干燥后反复几次。

（3）取 3 mL 层析液置于大试管中，将准备好的滤纸条放入大试管中，将有层析线的一端浸入层析液中。

五、实验报告

写实验报告，对提取的叶绿素提取液和纸层析进行分析。

六、思考题

1. 画细线时为什么细而直，并且要重复几次呢？
2. 为什么一定不能让滤纸上的滤液细线接触到层析液呢？
3. 在滤纸的色素带上，为什么胡萝卜素位于最上端？为什么叶绿素 a 最宽？

实验六 红花的显微鉴别

一、目的要求

1. 掌握红花的显微鉴别特征。
2. 了解红花的理化鉴定方法。

二、实验材料、仪器及试剂

红花（生药及粉末）、显微镜、临时制片用具、水合氯醛试液、1% NaOH 溶液、稀乙醇、滤纸条、三角瓶、培养皿。

三、实验内容、方法及步骤

1. 观察红花的特征（图7-1）：

图 7-1 红花的特征

（1）不带子房管状花，黄红色或红色。花冠筒细长，先端5裂，裂片狭线形；雄蕊5枚，花药聚合成筒状，黄白色；柱头微露出花药筒外，长圆柱形，顶端微分叉。

（2）质轻，柔润，气微香，味微苦。花浸水中，水染成金黄色。

（3）以花冠色红而鲜艳、无枝刺、质柔润、手握软如茸毛者为佳。

2. 观察红花的显微特征（图7-2）：

（1）柱头表皮细胞分化成圆锥形末端较尖的单细胞毛。

（2）花各部均有呈长管道状分泌细胞，分泌细胞单列纵向连接，细胞内充满淡黄色至红棕色物。

(3) 花瓣顶端表皮细胞分化成乳头状绒毛。

(4) 花粉粒呈圆球形或椭圆形或橄榄形，外壁有短刺及疣状雕纹，萌发孔3个。

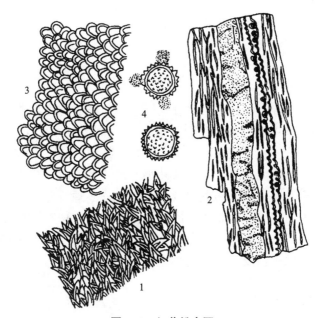

图 7-2　红花粉末图

1—花柱碎片；2—分泌细胞；3—花瓣顶端碎片；4—花粉粒

3. 红花的理化鉴定：

(1) 取番泻叶粉末少许置于白瓷板上，加10%氢氧化钠溶液1~2滴，显红色，加10%盐酸2~3滴复显黄色。

(2) 取红花1 g，加稀乙醇10 mL，浸渍。倾取浸出液，于浸出液内悬挂一滤纸条，5 min后把滤纸条放入水中，随即取出，滤纸条上部显淡黄色，下部显淡红色。

四、结果与讨论

绘制红花的粉末特征图。

五、思考题

1. 试述番泻叶的横切面组织特征。
2. 简述番泻叶中羟基蒽醌类成分的理化鉴别方法。

实验七　空气中的微生物的检测与计数

一、实验目的

1. 掌握空气中微生物的测定方法。
2. 了解空气中微生物与环境的关系。

二、实验原理

微生物在自然界分布最广。尽管空气干燥，缺乏营养物质并受紫外线照射而不适宜微生物的生命活动，但是空气中仍然有相当数量的微生物存在，它们主要来自土壤尘埃、吹起的水滴、人和动物体表的脱落物及呼吸道排泄物。大多数微生物只能在空气中存活几小时或几天，但只有少数的微生物能存活几周、几个月甚至更长时间，其中也包括许多病原菌，如结核杆菌、流感病毒等，它们可随气流而传播。因此，空气中微生物的检测可用于确定空气中病原菌的种类、进行呼吸道传染病和植物空气传染病害传播机制的研究、空气中消毒效果的评价及空气卫生学调查等。

三、实验器具及材料

牛肉膏琼脂培养基、高氏 1 号培养基、马铃薯琼脂培养基。
无菌平皿、恒温箱。

四、实验内容

1. 倒平板：
将上述 3 种融化后已冷却到 45 ℃左右的培养基分别倒平板，备用。
2. 采样：
将上述培养基平板分别放置于室内或室外或其他需要检测的地方，每种培养基要做 3 个重复实验，打开培养皿盖，使培养基暴露在空气中 5 min，加盖，取回。
3. 培养：
将上述培养基中的牛肉膏培养基置于 37 ℃恒温箱中倒置培养 1~2 d，将另外两种培养基的平板置于 28 ℃恒温箱中培养 3~5 d。
4. 检测与计数：
（1）检测：根据菌落形态、个体形态、生理性状等对样品进行鉴定。
（2）计数：计数平板上的菌落数。

5. 显微镜计数方法

计算步骤如下：

(1) $n = (n_1+n_2+n_3+n_4)/4$；

(2) $N_1 = 16*n$；

(3) $N = (N_1+N_2+N_3+N_4+N_5)/5$；

(4) 一个大方格（0.1 mm^3）中的细菌数 $= N\times 25$；

(5) 1 mL 溶液中的总菌数（个）$= 1\,000\times N\times 25\times$稀释倍数 $A/0.1$。

五、实验报告

描述实验结果并计数平板上的菌落数。

六、思考题

1. 根据测定结果，分析你所测样区中微生物的来源及其产生的影响。
2. 列举并简述你所知道的微生物检测的一些方法。

实验八　草本植物群落生物量的测定

一、实验目的

1. 学习草本植物生物量的测量方法。
2. 了解生物量在植物各器官中的分布。
3. 通过地下生物量的测定，了解根系在土壤中的分布规律及其与地上生物量的联系。

二、实验器具及材料

样品架、剪刀、塑料袋、铲刀、土壤筛、镊子、天平、烘箱、标签、记录表格、纸袋、统计图纸。

三、实验原理

群落的生物量也称现存量，是指特定时间内群落现有的活有机体的干物质总质量。生物量的测定是把一定面积内全部植物割下称重（根系全部挖出称重）求得。这种方法称刀割法。分层刀割法则把群落每一层的生物量分别割下称重。

四、实验方法

(一) 地上生物量的测定

测定草本植物的地上生物量多采用刀割法，即把地上植物器官全部刀割下来进行测量。根据研究的目的不同，又分为分种刀割、分层刀割、各种器官的测定、凋落物的测量、不同季节生物量的测量。

地上生物量测定的方法步骤：

(1) 选择合适的样地，做出测定计划。
(2) 观察并记录群落特征。
(3) 根据研究目的，用不同的刀割法割取植物器官，写上标签，分装到不同的袋内，尽快称出鲜重，准备烘干。
(4) 收割后应及时烘干，需在 65 ℃左右的温度下烘干约 10 h，然后称取干重。
(5) 把测得的数据一并记入表 7-1 中。

表 7-1　数据记录

植物名称	植株高度	株数	密度	盖度	物候期	鲜重				干重			
						1	2	3	…	1	2	3	…

（二）地下生物量的测定

因地下生物量的消耗和损失不易测定，常把这些忽略不计，只能大体上测出生物量的近似数据。每年可在生长初始和生长量高峰进行两次测定，求得多年积累的现存生物量和年增长量。

依植物器官形态的不同，可进行分种、分项测定；还可以按土壤层次分层取样，测定不同土壤层次中的生物量。

地下生物量的测定方法和步骤：

（1）在完成地上生物量测定的样地上，挖掘长 100 cm、宽 60 cm、深 120 cm 的土坑。

（2）削平土壤剖面，按一定层次（每层 5~10 cm）和体积用铲刀切取土块，并写好标签装入袋中。也可用筒钻打入各土层中，取出一定体积的土块。

（3）把土块过土壤筛，并用清水冲洗，滤出根系及地下器官。

（4）把滤出的地下器官分种、分类、分项进行分装。

（5）将整理好的样品称鲜重后进行烘干，需在 70 ℃左右烘干约 10 h，然后称干重。

五、思考题

1. 生物量在检物各器官中是如何分布的？
2. 根系在土壤中的分布和地上生物量有什么关系？

实验九　草履虫的培养和在有限环境中的种群增长

一、实验目的

学习草履虫的采集、培养方法，通过实验了解环境条件对种群增长的影响。

二、实验器具及材料

草履虫、干稻草。

显微镜、血球计数板、三角烧瓶（250 mL、500 mL）、烧杯（1 000 mL）、量筒（100 mL、200 mL）、电炉、天平、移液管（0.1 mL、1 mL）、滴管、纱布。

砷汞饱和溶液。

三、实验内容

（一）草履虫的采集和培养

1. 采集。

在有机质丰富且不大流动的河沟或池塘里一般有草履虫生活，特别是在细菌丰富的水中，草履虫更多。当水中草履虫密度较高时，水呈灰白色。用烧杯舀入河水或将池塘水带回实验室测量。

2. 培养液的准备。

取稻草 10 g，剪成长 3 cm 左右的小段，放在 1 000 mL 水中煮沸 30 min（剪出液呈淡黄棕色），冷却备用。

3. 培养。

将含有草履虫的河水或池塘水接种入草履虫培养液。1 周后可有大量的草履虫。可在培养液中加少量玉米粉等促进草履虫的繁殖。

（二）草履虫在有限环境中的种群增长

1. 制备草履虫原液。

可将培养的草履虫用低速离心浓缩制得。

2. 确定培养液中草履虫的最初密度。

先用吸管吸取 1 滴砷汞饱和液于血球计数板上，然后用 0.1 mL 移液管吸取草履虫原液滴在血球计数板上，则草履虫被固定，可以在显微镜下观察计数。用这种方法反复取样观察草履虫原液 1 mL，统计出 1 mL 原液中的草履虫数，估算出草履虫原液的种群密度。

3. 培养观察。

吸取草履虫原液，放在新鲜的稻草剪出液中稀释，使培养液的草履虫密度为 5~10 只/mL，作为实验第一天的种群密度。将稀释好的草履虫培养液倒在 250 mL 的三角瓶中，草履虫培养液的量以占三角瓶容积的 1/2 为宜。

为了确保结果准确，应再检测一下三角瓶中培养液的草履虫种群密度，正式确定培养被中第一天的种群密度。

用纱布罩上已确定培养液种群密度的三角烧瓶，分两组放在 18~20 ℃ 的恒温箱中培养，每组做 3 个重复实验。每天定时测定一次草履虫的密度。第一组不进行任何处理。第二组分别在第 3 天和第 5 天加入相当于种群培养液的 1/20 的稻草段剪出液。

四、实验报告

记录观察结果。

五、思考题

1. 两组实验结果为什么不同？
2. 自然界的种群是否能够无限增长？为什么？

实验十 维生素 C 和维生素 A 的提取及定量测定

第一部分 维生素 C 含量测定

一、实验目的

1. 学习维生素 C 的提取及定量测定的原理和方法。
2. 进一步熟悉掌握微量滴定法的基本操作技术。
3. 进一步学习紫外分光光度计的使用方法。

二、实验原理

维生素 C 是人类营养中必要的维生素之一。它分布广,绿色组织和水果中含量更为丰富,维生素 C 有强的还原性,酸性条件加热并有氧化剂存在时,维生素 C 易被氧化破坏。中性和酸性条件下,维生素 C 能将 2,6-二氯酚靛酚还原成无色的还原型 2,6-二氯酚靛酚,同时维生素 C 被氧化成脱氢维生素 C,因此可用 2,6-二氯酚靛酚测样品中的维生素 C 含量。维生素 C 全部被氧化后,稍多加一点染料,使溶液呈淡粉红色,即为终点。如无其他干扰,则消耗的染料与样品中维生素 C 含量成正比。

测定维生素 C(抗坏血酸)的化学方法,一般是根据它的还原性。本实验即利用维生素 C 的这一性质,使其与 2,6-二氯酚靛酚作用,其反应如下:

2,6-二氯酚靛酚钠盐的水溶液呈蓝色,在酸性环境中为玫瑰色,当其被还原时,则脱色。

根据上述反应,利用 2,6-二氯酚靛酚在酸性环境中滴定含有维生素 C 的样品溶液。开始时,样品液中的维生素 C 立即将滴入的 2,6-二氯酚靛酚还原脱色,当样品液中维生素 C 全部被氧化时,再滴入的 2,6-二氯酚靛酚就不再被还原脱色而呈玫瑰色。故当样品液用 2,6-二氯酚靛酚标准液滴定时,溶液出现浅玫瑰色时,表明样品液中的维生素 C 全部被氧化,达到了滴定终点。此时,记录滴定所消耗的 2,6-二氯酚靛酚标准液量,按下述公式计算出样品液中还原型维生素 C 的含量。

计算公式:

$$\text{维生素 C}\ [\text{mg}/(100\ \text{g 样品})] = \frac{(V_A - V_B) \times S}{W} \times 100$$

式中，V_A 为滴定样品提取液所用的 2,6-二氯酚靛酚的平均体积（mL）；

V_B 为空白对照所用的 2,6-二氯酚靛酚的平均体积（mL）；

S 为 1 mL 2,6-二氯酚靛酚溶液相当于维生素 C 的质量（mg）；

W 为 10 mL 样品提取液中所含样品的质量（g）。

三、实验试剂和材料

称取 0.21 g 碳酸氢钠、0.26 g 2,6-二氯酚靛酚溶于 250 mL 蒸馏水中，稀释至 1 000 mL。过滤，装入棕色瓶内，置于冰箱内保存，不得超过 3 天。使用前用新配制的标准抗坏血酸溶液标定。取 5 mL 标准抗坏血酸溶液，加入 5 mL 偏磷酸-醋酸溶液。然后用 2,6-二氯酚靛酚溶液滴定，以生成为微玫瑰红色并持续 15 s 不褪色为终点。计算 2,6-二氯酚靛酚溶液的浓度，以每毫升 2,6-二氯酚靛酚溶液相当于抗坏血酸的毫克数来表示。

标准抗坏血酸溶液：准确称取纯抗坏血酸结晶 50 mg，溶于偏磷酸-醋酸溶液，定容到 250 mL。装入棕色瓶，储于冰箱内。

偏磷酸-醋酸溶液：称取偏磷酸 15 g，溶于 40 mL 冰醋酸和 450 mL 蒸馏水所配成的混合液中，过滤，储于冰箱内，此液保存不得超过 10 天。

四、实验内容

1. 制备含维生素 C 的样品提取液。

称取 30 g 绿豆芽（37 ℃发芽 3~7 天），置于研钵中研磨，放置片刻（约 10 min），用 2 层纱布过滤，将滤液滤入 50 mL 容量瓶中。反复抽提 2~3 次，将滤液并入同一容量瓶中。最后用酸化的蒸馏水定容，混匀，备用。

2. 样液滴定（V_A）。

量取样品提取液 10 mL 于锥形瓶中。用微量滴定管吸取 2,6-二氯酚靛酚溶液滴定样品提取液，呈微弱的玫瑰色，直至持续 5 s 不褪色为滴定终点，记录所用 2,6-二氯酚靛酚的毫升数。整个滴定过程不要超过 2 min。

3. 空白滴定（V_B）。

另取 10 mL 用 10% 盐酸酸化的蒸馏水做空白对照滴定。

4. 标准液滴定（S）（如前面操作）。

取标准维生素 C 液 5 mL 2~3 份（+5 mL 偏磷酸-醋酸溶液），置于三角瓶中，用 2,6-二氯酚靛酚滴定。计算 2,6-二氯酚靛酚即时浓度 S。注：$S=1/V$，V 为滴定所用 2,6-二氯酚靛酚平均值；样品提取液和空白对照各做 3 份。

5. 计算结果（公式在原理中见）。

第二部分 维生素 A 含量测定
维生素 A 的测定——紫外分光光度计法

一、实验原理

维生素 A 是由 β-紫罗酮与不饱和一元醇所组成的一类化合物及其衍生物的总称，包括视黄醇和 3-脱氢视黄醇。维生素 A 的异丙醇溶液在 325 nm 波长下有最大吸收峰，其吸光度与维生素 A 的含量成正比。该法的灵敏度较高，可测定维生素 A 含量低于 5 μg/g 的样品。对于一般样品，测定前必须先将脂肪抽提出来进行皂化，萃取其不皂化部分，再经柱层析除去干扰物。

二、实验器具与试剂

① 试剂：

维生素 A 标准溶液：称取 1 g（相当于 50 000 国际单位维生素 A 的浓鱼肝油 0.1 g），加异丙醇溶解，定容至 125 mL。此溶液 1 mL 相当于 40 国际单位（即 40 IU·mL^{-1}）。

② 异丙醇。

仪器：紫外分光光度计。

三、实验内容

1. 标准曲线绘制：分别取维生素 A 标准溶液（40 IU·mL^{-1}）0.5、1.0、1.5、2.0、2.5、3.0、4.0 mL，于 10 mL 棕色容量瓶中，用异丙醇定容。以空白液调仪器零点，于紫外分光光度计上在 325 nm 波长下分别测定吸光度，绘制标准曲线。

2. 样品测定：称取适量样品，按照三氯化锑比色法进行皂化、提取、洗涤、浓缩、蒸发醚层后，迅速用异丙醇溶解并移入 50 mL 容量瓶中，用异丙醇定容，于紫外分光光度计 325 nm 处测定其吸光度，从标准曲线上查出相当的维生素 A 含量。

样品处理：因含有维生素 A 的样品多为脂肪含量高的油脂或动物性食品，故必须首先除去脂肪，把维生素 A 从脂肪中分离出来。常规的去脂方法是采用皂化法。

① 皂化：称取 0.5~5 g 经组织捣碎机捣碎或充分混匀的样品于三角瓶中，加入 10 mL 1∶1 氢氧化钾及 20~40 mL 乙醇，在电热板上回流 30 min，加入 10 mL 水，稍稍振摇，若无混浊现象，表示皂化完全。

② 提取：将皂化液移入分液漏斗。先用 30 mL 水分两次冲洗皂化瓶（如有渣子，用脱脂棉滤入分液漏斗），再用 50 mL 乙醚分两次冲洗皂化瓶，所有洗液并入分液漏斗中。振摇 2 min（注意放气），提取不皂化部分。

③ 洗涤：在第一分液漏斗中加入 30 mL 水，轻轻振摇，静置片刻后，放去水层。再加入 15~20 mL 0.5 mol·L^{-1} 的氢氧化钾溶液，轻轻振摇后，弃去下层碱液（除去醚溶性酸皂）。继续用水洗涤，每次用水约 30 mL，直至洗液不再使酚酞变红为止（大约洗涤 3 次）。醚液静置 10~20 min 后，小心放掉析出的水。

④ 浓缩：将醚液经过无水硫酸钠滤入三角瓶中，再用约 25 mL 乙醚冲洗分液漏斗和硫酸钠两次，洗液并入三角瓶内。用水浴蒸馏，回收乙醚。待瓶中剩约 5 mL 乙醚时取下。减压抽干，立即准确加入一定量三氯甲烷（5 mL 左右），使溶液中维生素 A 含量在适宜浓度范围内（3~5 μg·mL^{-1}）。

3. 计算。

$$X = [(c \times V)/m] \times 100$$

式中，X——样品维生素 A 的含量，IU·(100 g)$^{-1}$；

c——由标准曲线查得的维生素 A 含量，IU·mL^{-1}；

V——样品的异丙醇溶液体积，mL；

m——样品质量，g。

四、注意事项

1. 维生素 A 极易被光线破坏，实验操作应在微弱光线下进行。
2. 必须做空白实验。

五、实验报告

用所绘制的标准曲线求出维生素 A 的含量。

六、思考题

1. 如何用紫外分光光度计标定维生素 A 标准储备液的准确浓度？
2. 紫外分光光度法测定维生素 A 含量的原理是什么？

实验十一 真菌的培养与观察

一、实验目的

学习真菌的培养方法，观察常见真菌结构。

二、实验器具与试剂

显微镜、解剖镜、载玻片、盖玻片、培养皿、解剖针、滤纸、恒温培养箱、250 mL 三口烧瓶、500 mL 大广口瓶。

蔗糖、葡萄糖、琼脂、清水、2% KOH 溶液等。

三、实验材料

活性干酵母、面引子、新鲜橘皮、馒头或面包。

四、实验内容

（一）酵母菌

1. 酵母菌的培养。

（1）方法一：配制 50% 蔗糖溶液，倒入三口烧瓶中，将少许活性干酵母或蒸馒头用的面引子放入溶液中，放在温暖的地方静置培养。冬季室温低时，放入恒温培养箱内培养，箱温调至 30 ℃ 左右。几天后溶液中即含有大量的酵母菌。

（2）方法二：取 10 g 黄豆芽放在 10 mL 水里，加热煮沸 30 min 后，用纱布过滤至三口烧瓶中。向过滤液中加入葡萄糖（或蔗糖）5 g、琼脂 1.5 g，并加水补足 100 mL，继续加热，使琼脂溶解，制成培养液。培养液冷却后，放入酵母粉或面引子，放在温暖的地方培养，几天后即可得到大量的酵母菌。

（3）方法三：将苹果皮切碎装入 500 mL 的大广口瓶中，轻轻压实，加凉开水以浸没果皮为度。不必接种，在温暖的地方培养 2~3 d 即可得到酵母菌。

2. 酵母的观察。

用滴管取 1 滴酵母菌培养液于载玻片中央，盖上盖玻片，在显微镜下观察。酵母菌为单细胞体，椭圆形或卵形。选择个体较大者，移至视野中央，换高倍镜观察细胞的结构。在低倍镜下寻找芽体和假菌丝，换高倍镜观察。

(二) 青霉

1. 青霉的培养。

取一块新鲜的橘子皮，放在培养皿中，底下垫几层湿润的滤纸，盖好皿盖，放在 20~30 ℃、无阳光直射的地方培养 2~3 d，可见橘皮上长出白色的丝菌体，再过两天，白色的菌丝变为绿色，即为青霉菌。

2. 青霉的观察。

取新培养的青霉菌，连同培养物一起置于解剖镜下，观察菌丝体、分生孢子梗和分生孢子。用解剖针挑取青霉菌放在滴加了 1 滴清水的载玻片上，盖上盖玻片，制成水装片，在显微镜下继续观察青霉菌的菌丝、菌丝细胞、分生孢子梗和分生孢子。

(三) 根霉

1. 根霉的培养。

实验前 3~4 d，取新鲜的馒头或面包切成厚约 1 cm 的片，放在培养皿里，底下垫几层湿润的滤纸或纱布以保持水分，让其在空气中暴露 1~2 h 后，盖上皿盖，放到 20 ℃ 以上的温暖处（不要让阳光照射）或置于温箱中培养。2~3 d 后馒头表面即可长满白色绒毛状菌丝，菌丝的顶端生有黑色的孢囊孢子。

2. 根霉的观察。

用解剖针从紧贴基质处挑起少量白色绒毛状的菌丝体，放在载玻片中央的 1 滴肥皂水中（或用 2% KOH 溶液），用解剖针小心将其拨散开，盖上盖玻片，置于显微镜下观察。可以看到根霉的菌丝是无隔的；菌丝体的主枝横生，称为匍匐菌丝；匍匐菌丝与基质接触处生有分枝的假根，在假根处有数枝孢子囊梗伸向空中，梗的顶端有球状的孢子囊，仔细观察区分囊轴、囊壁和孢囊孢子。

五、实验报告

记录观察结果。

六、思考题

1. 从真菌的培养方式来看，真菌的营养方式属于哪种类型？
2. 真菌在自然界的分布状况如何？

实验十二 胰蛋白酶的活力测定及酶的特性

一、实验目的
1. 掌握蛋白酶的活力测定原理及方法。
2. 了解酶特性实验。

二、实验内容

(一) 胰蛋白酶活性的定量测定方法

1. 实验原理。

对甲苯磺酰基精氨酸甲酯（TAME）是胰蛋白酶的专一性底物，TAME 经胰蛋白酶水解释放出的对甲苯磺酰基精氨酸与活性测定混合物中的 NaOH 反应，导致溶液 pH 下降，以酚红为指示剂，通过测定 555 nm 处光吸收值的降低可以监测 pH 的变化。在 0.01~0.3 μg 范围内，胰蛋白酶含量与 555 nm 处光吸收值的降低呈线性关系。

2. 实验材料。

TAME、胰蛋白酶（胰蛋白酶活力为 250 U/mg）、分析纯苯酚红（pH 变色范围 6.8 黄~8.4 红）。

(1) 苯酚红溶液的配制：40 mg 苯酚红用蒸馏水溶解，加入 240 mL 1.0 mol/L 的 NaOH 溶液，用蒸馏水定容至 200 mL。

(2) 胰蛋白酶溶液的配制：4.286 g 胰蛋白酶溶于 1 000 mL 容量瓶，取 1 mL 再定容至 1 000 mL（终浓度 4.286 μg/mL）。

3. 实验步骤。

(1) 在 1.5 mL 苯酚红溶液中加入 0.2 mL 2 mmol/L TAME、20 μL 1 mol/L CaCl$_2$ 溶液，得到 1.72 mL 溶液，加入 6.88 mL 蒸馏水将整个体系再稀释 5 倍。

(2) 取 1.72 mL 之前得到的溶液加入比色皿中，加入 257 μL 蒸馏水，再加入 23 μL 胰蛋白酶溶液（体系共 3 mL，含酶 0.1 μg）。

(3) 立即放入紫外分光光度计，用 555 nm 波长检测，15 s 后读出 OD 值并记录，之后每隔 1 min 记录读数，共记录 10 个数据。

4. 实验报告。

(1) 将得到的 10 个数据作表，得到的斜率 K 的绝对值即为每分钟下降的 OD 值 ΔOD。

(2) OD 值下降 0.1，对应底物消耗 10 nmol。

1 个酶活力单位（1 U）即为 1 min 消耗 1 μmol 底物所需的酶量。

比色皿内反应体系含酶 0.1 μg，即 1 min 0.1 μg 酶消耗底物（ΔOD/0.1）× 10^{-8}。

根据上条信息算出 1 min 消耗 1 μmol 底物所需酶量 B mg，即 1 U=B mg。

胰蛋白酶比活：$1/B$(U/mg)。

（二）酶的专一性

1. 实验原理。

本实验以唾液淀粉酶对淀粉和蔗糖的作用为例，来说明酶的专一性。淀粉和蔗糖无还原性，唾液淀粉酶水解淀粉，生成有还原性二糖的麦芽糖，但不能催化蔗糖的水解。用班氏试剂检查糖的还原性。班氏试剂为碱性硫酸铜，能氧化具有还原性的糖，生成砖红色沉淀氧化亚铜。

2. 实验器具及试剂。

(1) 仪器：恒温水浴，沸水浴，试管及试管架。

(2) 试剂：2%蔗糖溶液，溶于 0.3% NaCl 的 0.5%淀粉溶液，班氏试剂，新鲜配制的唾液及其稀释液。

3. 实验内容。

(1) 稀释唾液的制备。

① 唾液的获取。

用一次性杯取一定量的饮用水，漱口以清洁口腔，然后在嘴中含 10～20 mL 饮用水，轻漱 2 min 左右，即可获得唾液的原液，内含唾液淀粉酶。

② 不同稀释度唾液的制备（用大试管）。

本实验需制备 1∶1、1∶5、1∶20、1∶50、1∶200 五种不同浓度的稀释唾液。

举例说明：1∶5 指的是稀释了 5 倍的唾液，制备方法为 1 份原液+4 份蒸馏水。

1∶20 指的是稀释了 20 倍的唾液，制备方法为 1 份 1∶5 的稀释液+3 份蒸馏水。

(2) 唾液淀粉酶最佳稀释度的确定（严格按表 7-2 的添加顺序做实验，用小试管做实验）。

(3) 淀粉酶的专一性（表 7-3）。

表 7-2　唾液淀粉酶稀释度

管号	1（1∶1）	2（1∶5）	3（1∶20）	4（1∶50）	5（1∶200）
0.5%淀粉溶液/滴	4	4	4	4	4
稀释唾液/mL	1	1	1	1	1
在 37 ℃恒温水浴中保温 5 min					
班氏试剂/mL	1	1	1	1	1
沸水浴 2~3 min					
实验结果					

表 7-3　淀粉酶专一性实验

管号	1	2	3	4	5	6
0.5%淀粉溶液/滴	4	—	4	—	4	—
2%蔗糖溶液/滴	—	4	—	4	—	4
最佳稀释度唾液/mL	—	—	1	1	—	—
煮沸过的最佳稀释度唾液/mL	—	—	—	—	1	1
蒸馏水/mL	1	1	—	—	—	—
在 37 ℃恒温水浴中保温 5 min						
班氏试剂/mL	1	1	1	1	1	1
沸水浴 2~3 min						
实验结果						

（三）温度对酶活力的影响

1. 实验原理。

酶的催化作用受温度的影响。在最适温度下，酶的反应速度最高。淀粉和可溶性淀粉遇碘呈蓝色，糊精按其分子的大小，遇碘可呈蓝色、紫色、暗褐色或红色。最简单的糊精遇碘颜色不呈现变化，麦芽糖遇碘也不发生颜色变化，在不同温度下，淀粉被唾液淀粉酶水解的程度可由水解混合物遇碘呈现的颜色来判断。

2. 实验器具与试剂。

（1）器具：试管及试管架，恒温水浴，冰浴，沸水浴。

（2）试剂：溶于 0.3% NaCl 的 0.5%淀粉溶液，$KI-I_2$ 溶液，新鲜配制的唾液及其稀释液。

3. 实验内容。

取 4 支干燥的试管，编号后按表 7-4 中的顺序加入试剂。

表 7-4 温度对酶活力影响实验加样顺序

管号	1	2	3
0.5%淀粉溶液/mL	1.5	1.5	1.5
最佳稀释度唾液/mL	1	1	
煮沸过的稀释唾液/mL			1
实验结果			

摇匀后,将 1、3 号试管放入 37 ℃恒温水浴中,2 号试管放入冰水中。10 min 后,1、2、3 管均取出(将 2 号内液体分两半),用 KI-I_2 溶液来检验 1、2、3 号管内淀粉被唾液淀粉酶水解的程度。记录并解释结果。将 2 号管剩下的一半溶液放入 37 ℃水浴中继续保温 10 min 后,再用 KI-I_2 溶液实验,记录实验结果。

(四) pH 对酶活力的影响

1. 实验原理。

酶的活力受环境 pH 的影响极为显著,不同酶的最适 pH 不同。本实验观察不同 pH 环境下对唾液淀粉酶活性的影响。唾液淀粉酶的最适 pH 约为 6.8。

2. 实验器具与试剂。

(1) 器具:试管及试管架,吸管,滴管,恒温水浴。

(2) 试剂:pH 为 5.0、5.8、6.8、8.0 的缓冲溶液(0.2 mol/L 磷酸氢二钠溶液、0.1 mol/L 柠檬酸钠溶液),KI-I_2 溶液,pH 试纸,新配制的溶于 0.3% NaCl 的 0.5%淀粉溶液。

3. 实验内容(表 7-5、表 7-6)。

表 7-5 pH 对酶活性的影响实验

pH	5	5.8	6.8	8.0
缓冲液/mL	3	3	3	3
0.5%淀粉溶液/mL	1	1	1	1
各试管中加入稀释了的唾液 2 mL	向第一支试管中加入稀释唾液后,置于 37 ℃的恒温水浴;等待 1 min 后,向第二支试管中加入稀释唾液,置于 37 ℃的恒温水浴;依此类推。			
最佳稀释度的唾液/mL	1	1	1	1
检查淀粉水解程度	向第 4 支试管加入唾液 2 min 后,每隔 1 min 从第 3 支试管中取出 1 滴反应液于白瓷板上,加碘液检查反应进行情况,直至反应液变为淡棕黄色(颜色有点淡即可),即可从第一支试管依次添加碘液,时间间隔也为 1 min。			
碘液/滴	1~2	1~2	1~2	1~2
现象				

表 7-6 缓冲液的配制

锥形瓶号码	0.2 mol/L 磷酸氢二钠溶液	0.1 mol/L 柠檬酸钠溶液	pH
1	5.15	4.85	5.0
2	6.05	3.95	5.8
3	7.72	2.28	6.8
4	9.72	0.28	8.0

为了更好地理解表格内容，下面对实验过程进行说明：

各取缓冲液 3 mL，分别注入 4 支带有号码的试管，随后向各个试管中添加 0.5%淀粉溶液 1 mL 和最佳稀释度的唾液 1 mL。向各试管中加入稀释唾液的时间间隔为 1 min。将各试管中的物质混匀，并依次置于 37 ℃恒温水浴中保温。

向第 4 支试管加入唾液 2 mL 后，每隔 1 min 由第 3 支试管中取出 1 滴混合液，置于白瓷板上，加 1 小滴碘化钾-碘溶液，检验淀粉的水解程度。待混合液变为棕黄色时，向所有试管依次添加 1~2 滴碘化钾-碘溶液。观察各试管中物质呈现的颜色，分析 pH 对唾液淀粉酶活性的影响。

（五）唾液淀粉酶的活化及抑制

1. 实验原理。

酶的活性受活化剂或抑制剂的影响，氯离子为唾液淀粉酶的活化剂，铜离子为其抑制剂。

2. 实验器具与试剂。

（1）器具：试管及试管架；恒温水浴。

（2）试剂：1% NaCl 溶液，1% $CuSO_4$ 溶液，KI-I_2 溶液，1% Na_2SO_4 溶液，0.5%淀粉溶液，最佳稀释度的唾液。

3. 实验内容（表 7-7）。

表 7-7 唾液淀粉酶活化及抑制实验

管号	1	2	3	4
0.5%淀粉溶液/mL	1.5	1.5	1.5	1.5
最佳稀释度唾液/mL	0.5	0.5	0.5	0.5
1% NaCl 溶液/mL	0.5	—	—	—
1% $CuSO_4$ 溶液/mL	—	0.5	—	—

续表

管号	1	2	3	4
1% Na_2SO_4 溶液/mL	—	—	0.5	—
蒸馏水/mL	—	—	—	0.5
在 37 ℃恒温水浴中保温 10 min				
KI-I_2 溶液/滴	2~3	2~3	2~3	2~3
现象				

三、思考题

1. 胰蛋白酶的活性如何计算？

2. 为什么 TAME 经胰蛋白酶水解释放出的对甲苯磺酰基精氨酸与活性测定混合物中的 NaOH 反应会导致溶液 pH 下降？

实验十三　还原糖及总糖的多方法测定含量

一、实验目的
1. 掌握 3,5-二硝基水杨酸比色法测定糖量的原理及方法。
2. 掌握酚-硫酸测定总糖含量的原理及方法。
3. 熟悉 721 分光光度计的基本工作原理和操作方法。

二、实验原理
在碱性条件下，还原糖与 3,5-二硝基水杨酸共热，3,5-二硝基水杨酸被还原为 3-氨基-5-硝基水杨酸（棕红色物质），还原糖则被氧化成糖酸及其他物质。在一定范围内，还原糖的量与棕红色物质颜色深浅的程度成一定的比例关系。

该方法是半微量定糖法，操作简便、快速，杂质干扰较少。

三、实验器具与材料
1. 试剂。

（1）0.2%葡萄糖标准液：准确称取 200 mg 分析纯葡萄糖（预先在 70 ℃干燥至恒重），置于小烧杯中，用少量蒸馏水溶解后，定量转移到 100 mL 容量瓶中，以蒸馏水定容到刻度，摇匀，在冰箱中保存备用。

（2）3,5-二硝基水杨酸试剂（又称 DNS 试剂）：

甲液：溶解 6.3 g 结晶酚（苯酚）于 15.2 mL 10% NaOH 中，并稀释至 69 mL，在此溶液中加入 6.9 g 亚硫酸氢钠。

乙液：称取 255 g 酒石酸钾钠，加到 300 mL 10% NaOH 中，再加入 880 mL 1%的 3,5-二硝基水杨酸溶液。

将甲液和乙液相混合即得黄色试剂，储于棕色试剂瓶中，放置 7~10 天使用。

（3）碘-碘化钾溶液（碘试剂）：称取 5 g 碘和 10 g 碘化钾，研匀后溶于 100 mL 蒸馏水中。

（4）酚酞指示剂：称取 0.1 g 酚酞溶于 70%乙醇中。

（5）6 mol/L HCl。

（6）6 mol/L NaOH（10%的氢氧化钠溶液）。

（7）山芋粉。

（8）85%乙醇。

2. 器具。

大试管、大离心管、量筒、三角瓶、容量瓶、刻度吸管、玻璃漏斗、滤纸、白瓷板、电热恒温水浴槽、低速台式离心机、天平、722 型分光光度计。

四、实验内容

(一) 标准曲线的制作

取 9 支干燥试管，编号，按表 7-8 所示的量加药品。

表 7-8　制作标准曲线的加药品量

管号	空白	1	2	3	4	5	6	7	8
含糖总量/mg	0	0.4	0.8	1.2	1.6	2.0	2.4	2.8	3.2
葡萄糖液/mL	0	0.2	0.4	0.6	0.8	1.0	1.2	1.4	1.6
蒸馏水/mL	2.0	1.8	1.6	1.4	1.2	1.0	0.8	0.6	0.4
DNS/mL	1.5	1.5	1.5	1.5	1.5	1.5	1.5	1.5	1.5
加热	均在沸水浴中加热 5 min								
冷却	立即用流动水冷却								
蒸馏水/mL	21.5	21.5	21.5	21.5	21.5	21.5	21.5	21.5	21.5

在 540 nm 波长下，以 0 号管为空白，在分光光度计上测定 1~8 号管的光密度值。以光密度值为纵坐标，葡萄糖毫克数为横坐标，绘制标准曲线。

(二) 样品中还原糖和总糖含量的测定

1. 样品中还原糖的提取：

准确称取 2.0~2.5 g 在常温下于干燥器内保存数日的山芋粉，置于 100 mL 烧杯中以少量水调成糊状，再加入 85% 的乙醇，搅匀，置于 50 ℃ 恒温水浴中保温 30 min，过滤，滤渣再用 85% 的乙醇提取两次，将滤液合并，蒸去乙醇，加少量水，移入 100 mL 容量瓶中，用蒸馏水定容至刻度，混匀，作为还原糖待测液，备用。

2. 样品中总糖的水解和提取：

准确称取 1 g 同样的山芋粉，置于大试管中，加入 15 mL 蒸馏水、10 mL 6 mol/L 的 HCl 和 15 mL 蒸馏水，混匀，在沸水浴中加热 30 min。用橡皮滴管取 1~2 滴于白瓷板上，加 1 滴 I_2-KI 试剂，若不显蓝色，表明水解完全。将瓶中水解液冷却，加入 1 滴 0.1% 的酚酞指示剂，用 6 mol/L NaOH 中和至微红色。将全部水解液定容 100 mL，然后过滤于干燥三角瓶中，弃去前几毫升滤液，得滤液约 15 mL 后，准确吸取 10.0 mL，再定容至 100 mL，作为总糖待测液。

取 7 支干燥试管，编号，按表 7-9 所示的量精确加入待测液和试剂。

表 7-9　各试管试剂的加入量

管号	空白	还原糖			总糖		
		1	2	3	4	5	6
样品量/mL	0	1.0	1.0	1.0	1.0	1.0	1.0
蒸馏水/mL	2.0	1.0	1.0	1.0	1.0	1.0	1.0
DNS/mL	1.5	1.5	1.5	1.5	1.5	1.5	1.5
加热	均在沸水浴中加热 5 min						
冷却	立即用流动冷水冷却						
蒸馏水/mL	21.5	21.5	21.5	21.5	21.5	21.5	21.5
光密度（OD_{520}）							

加完试剂后，其余操作步骤与制作葡萄糖标准曲线时的相同，测定出各管溶液的消光值。

五、实验报告

还原糖=(还原糖毫克数×样品稀释倍数)/样品质量×100%

总糖=(水解后还原糖毫克数×样品稀释倍数)/样品质量×100%

六、思考题

1. 比较二硝基水杨酸比色法和酚-硫酸测定法的异同点。
2. 糖含量定量测定的方法还有哪些？

实验十四　纸层析法分离氨基酸

一、实验目的

了解氨基酸纸层析的原理，掌握纸层析分离鉴定氨基酸方法。

二、实验原理

以滤纸为支持物的层析法，称为纸层析法。纸层析所用展层剂大多由水和有机溶剂组成。展层时，水为静止相，其与滤纸纤维亲和力强；有机溶剂为流动相，其与滤纸纤维亲和力弱。

将样品在滤纸上确定的原点处展层，由于样品中各种氨基酸在两相中不断进行分配，且它们的分离系数各不相同，所以不同的氨基酸随流动相移动的速率也不相同，于是各种氨基酸在滤纸上就相互分离出来，形成距原点不等的层析点。在一定条件（室温、展层剂的组成、滤纸的质量、pH 等不变）下，不同的氨基酸有固定的移动速率（R_f 值），R_f = 原点到层析点中心的距离/原点到溶剂前沿的距离。

三、实验器具与试剂

1. 器具：

新华滤纸、层析缸、培养皿、尺子和铅笔（画线）、点样管（毛细管）、橡皮筋、电吹风、喷雾器。

2. 试剂：

（1）氨基酸溶液。

浓度分别为 0.5% 的赖氨酸、缬氨酸、苯丙氨酸、半胱氨酸溶液及它们的混合液（各组分浓度均为 0、5%）各 5 mL。

（2）扩展剂 650 mL。

扩展剂是 4 份水饱和的正丁醇和 1 份乙酸的混合物。将 20 mL 的正丁酸和 5 mL 冰乙酸放入分液漏斗中，与 15 mL 水混合，充分震荡，静置后分层，放出下层水层。取漏斗内的扩展剂约 5 mL 置于小烧杯中做平衡溶剂，其余的倒入培养皿中备用。

（3）显色剂。

0.1% 水合茚三酮正丁醇溶液 50~100 mL。

3. 仪器用品：

层析缸：大概每两组一个，一个班 15 组，需 7~8 个。如果不够，可以用大烧杯代替。

毛细管：每组至少 6 根，一个班 180 根，最好准备 3~4 桶。

喷雾器：一个班有 1~3 个即可。

培养皿：底和盖子可以分开用，一个班至少要 8 个培养皿。

层析滤纸：22 cm×14 cm。

橡皮筋：每班 15~20 个，也可以用绳子代替。

电吹风：3~5 个。

药品、配置方法、用量见表 7-10。

表 7-10　药品的配置方法和用量

药品	浓度/%	用量/mL	配制
赖氨酸	0、5	20	0.1 g 赖氨酸+20 mL 水
缬氨酸	0、5	20	0.1 g 缬氨酸+20 mL 水
苯丙氨酸	0、5	20	0.1 g 苯丙氨酸+20 mL 水
半胱氨酸	0、5	20	0.1 g 半胱氨酸+20 mL 水
氨基酸混合液	0、5	20	5 种氨基酸各 0.1 g+20 mL 水
总共：赖氨酸、缬氨酸、苯丙氨酸、半胱氨酸各 0.2 g。			
正丁醇：冰乙酸：水＝4：1：3 混合，去水相。每个培养皿 15~20 mL。			
0.1%茚三酮：取 0.1 g 茚三酮，加入 100 mL 正丁醇即可。			

四、实验内容

1. 将滤纸剪成一条 20 cm×14 cm 的滤纸条，在一端 2~3 cm 处用铅笔轻画一横线，在此直线上每间隔 2 cm 作一记号，中间画一圆点（原点），共 5 个记号。

2. 取毛细管一支，蘸取各氨基酸溶液，在原点处点样，样点直径不宜超过 5 mm，每点一次，用吹风机吹干，点 2~3 次为佳。

3. 点样后将滤纸放入层析缸中展层，注意点样线要高于层析液面，滤纸不要贴在层析缸壁上，当展层至 12 cm 以上时，停止展层（2~3 h）。

4. 取出滤纸，用铅笔记下溶剂前沿，然后用热风吹干（或烘箱 60 ℃ 烘干）。

5. 均匀喷上 0.1%水合茚三酮正丁醇溶液，注意使溶液不倒流，不间断。

6. 用吹风机吹干，观察层析点，确定其几何中心。

7. 量取数值，计算各自的 R_f 值。

五、注意事项

1. 在原点处点样，样点直径不宜超过 5 mm，每点一次，用吹风机吹干，点 2~3 次为佳。需防止扩散面积过大，以免使展层效果不佳或直接影响实验结果。

2. 注意点样线要高于层析液面，以防点样氨基酸溶解于层析液中。滤纸不要贴在层析缸壁上，以防滤纸左右两端展层速度过快，影响实验结果。

3. 均匀喷上茚三酮-无水丙酮（正丁醇）液，注意使溶液不倒流，不间断。

4. 取滤纸前，要将手洗净，这是因为手上的汗渍会污染滤纸。同时，尽可能少接触滤纸。在整个操作过程中，手只能接触滤纸边缘，否则手指上的氨基酸会造成滤纸上出现众多斑点。要将滤纸平放在洁净的滤纸上，不可放在实验台上，以防污染。

5. 展层结束后，切勿忘记用铅笔描出溶剂前沿。

6. 在点样时，不要将毛细管插错了试剂瓶。

7. 展层剂接触滤纸时，一定要均匀，保持前沿线与滤纸平行。

8. 温度不宜过高，否则斑点变黄。

9. 影响 R_f 值的因素有：

① 物质本身的化学结构；

② 展层所用溶剂系统；

③ 展层剂 pH；

④ 展层时的温度；

⑤ 展层所用滤纸；

⑥ 展层的方向（横向、上行或下行）。

六、实验报告

量取数值，计算各自的 R_f 值。

七、思考题

1. 用手接触滤纸会引起什么不良后果？为什么？

2. 标记滤纸时，为什么不能使用油性笔？

实验十五　酸奶制作及乳酸菌的分离计数

一、实验目的

1. 学习自制酸奶的方法。
2. 熟悉从酸奶中分离和纯化乳酸菌的一般方法。
3. 掌握用浇注平板法分离微生物纯种。
4. 了解简便、快速厌氧菌菌落计数法的基本原理。
5. 学习用简便、快速厌氧菌菌落计数法对乳酸菌进行活菌计数。

二、实验原理

酸奶又称酸乳，是以牛奶为主要原料，经乳酸菌发酵而制成的一种营养丰富、风味独特、国际流行的保健饮料。酸奶发酵中的主要生物化学变化是：乳酸菌将牛奶中的乳糖发酵成乳酸，使其 pH 降至酪蛋白等电点附近，从而使牛奶形成凝固状；此外，乳酸菌还会促使部分酪蛋白降解，形成乳酸钙和产生一些脂肪、乙醛、双乙酰和定二酮等风味物质。酸奶发酵过程通常是由双菌或多菌的混合培养实现的。其中的杆菌先分解酪蛋白为氨基酸和小肽，由此促进球菌的生长，而球菌产生的甲酸又刺激了杆菌产生大量的乳酸和部分乙醛，由此球菌还产生了双乙酰这类风味的物质，因此，达到了稳定状态的混合发酵。

三、实验器具及材料

1. 菌种：德氏乳杆菌保加利亚亚种、唾液链球菌嗜热亚菌（可从品牌酸奶商品中自行分离）。
2. 培养基：
（1）乳酸菌（LAB）半固体培养基 100 mL；
（2）乳酸细菌（MRS）琼脂培养基 200 mL；
（3）MRS 液体培养基 10 mL。
3. 材料：优质全脂牛奶或奶粉（内含脂肪 28%，蛋白质 27%，乳糖 37%，矿物质 6%，水分 2%），蔗糖；市售优质酸奶（1 瓶）。
4. 器皿：锥形瓶（3 个）、空试管（14 支）、无菌移液管（1 mL×15 根，10 mL×2 根）、培养皿（6 套）、涂布棒、量筒、酒精灯、恒温水浴锅、恒温箱、冰箱。

四、实验内容

(一) 实验的准备

1. 配制 LAB 半固体培养基 100 mL、MRS 琼脂培养基 200 mL、MRS 液体培养基 10 mL。

2. 用量筒分别量取自来水 225 mL 至 2 个锥形瓶中,用移液管分别移取 4.5 mL 至 4 支试管中。

3. 将培养基进行分装,用无菌移液管吸取 9 mL LAB 半固体培养基至 6 支试管中,用无菌移液管吸取 5 mL MRS 液体培养基至 2 支试管中,用无菌移液管吸取 10 mL MRS 琼脂培养基至 2 支试管中制作两个斜面培养基。

4. 试管,移液管,锥形瓶,培养皿,放入灭菌锅进行灭菌。

(二) 酸奶的制作

1. 配奶:在牛奶中添加 6%~10% 蔗糖后搅匀。

2. 消毒:将酸奶原料置于 85~90 ℃ 下消毒 15 min。

3. 冷却:将消毒后的牛奶冷却至 45 ℃ 左右。

4. 接种:按体积分数 5%~10% 将市售优质酸奶作菌种接入冷却牛奶中,充分搅匀。

5. 装瓶:将上述牛奶按无菌操作灌入无菌三角瓶中用纸包好瓶口,每瓶灌装量约为 250 g(使液面距瓶口 1.5 cm)。

6. 保温:将接种后的牛奶置于 40~42 ℃ 的恒温箱中保温 3~4 h(具体时间视凝乳速度而定)。

7. 后熟:已形成凝胶状态的酸奶在 4 ℃ 左右的低温下保持 12~24 h,以使其后熟(后发酵)。

8. 品味:评定酸乳质量有理化指标和微生物学指标两类。品尝时有良好口感和风味,同时观察产品的外观,包括凝块状态、色泽洁白度、表层光洁度、无气泡和具有悦人香味等。相反,若品尝时发现有异味,则说明发酵中污染了杂菌。

(三) 乳酸菌的分离

1. 培养皿编号:取 6 只培养皿,分别编上 10^{-4}、10^{-5} 和 10^{-6} 这 3 种稀释度(各两皿)。

2. 稀释菌样:吸取 25 mL 酸奶至一锥形瓶中,摇匀,再吸取 25 mL 至另一锥形瓶中,取 4 支试管,依次编号 10^{-3}~10^{-6},在各管中分别加入无菌水 4.5 mL,然后逐级稀释。

3. 吸取菌液:从 10^{-4}、10^{-5} 和 10^{-6} 各管中,分别吸出 0.2 mL 菌液加至相

应编号的无菌培养皿中。

4. 浇注平板：将三角瓶中的 MRS 和马铃薯牛奶琼脂培养基加热融化。冷却至 45 ℃左右，分别浇注 3 个平板，凝固后待用。

5. 恒温培养：将含菌平板倒置，在 37 ℃恒温培养箱中培养 24 h 左右。

6. 挑单菌落：用灭菌后的接种环挑取单菌落至试管斜面，恒温培养。

（四）乳酸菌的计数

1. 准备试样：吸取酸奶 1 mL。

2. 准备试管：将固体培养基加热、融化，冷却至 50 ℃左右，用 10 mL 移液管在每支无菌试管中灌 9 mL，然后放在 45 ℃水浴中保温待用。

3. 梯度稀释：按常规方法用无菌移液管吸取 1 mL 含菌试样至 9 mL 半固体培养基试管中，使其充分混匀，然后吸 1 mL 至下一支试管中，如此逐级稀释，直到 10^{-6} 为止。

4. 恒温培养：待稀释均匀后，各稀释度的试管垂直放在试管架上，置于 37 ℃恒温培养 24 h 左右。

5. 观察与计数：经培养后，在高层半固体培养基试管内形成许多透镜状或近球状的菌落，数出各试管中形成的菌落数目。

6. 镜检：制片镜检观察。

五、注意事项

1. 必须选用不含抗生素的牛奶作为发酵原料，否则将抑制乳酸菌的生长。

2. 牛奶加热的温度如过高，会杀死酸奶中的乳酸菌，造成发酵失败；如温度过低，又会造成发酵缓慢。以摸着不烫手为度。

3. 在浇注平板法中，注入培养基不能太热，否则会烫死微生物。

4. 挑取单菌落时，应注意选取分散、孤立并具有典型特征的菌落，以尽快获得纯种。

5. 乳酸菌计数时所用的稀释试管与菌落计数试管是同一试管，所以计数时应切记两点：① 因每管在混匀后都要吸出 1 mL，最后仅有 9 mL 培养基，所以长出的菌落数均应乘以 10/9，才能表示其实际菌落数；② 最后稀释度试管中长出的菌落数，实为前一稀释度每毫升所含的菌落数，所以，在乘稀释倍数时切忌出错。

六、实验报告

记录实验结果。

七、思考题

1. 分析一下乳酸菌数量对酸奶品质的影响。
2. 酸奶发酵过程中应该注意什么？

附 录

附 I 实验室规则

1. 每个同学都应该自觉遵守课堂纪律，维护课堂秩序，不迟到，不早退，不大声谈笑。

2. 实验前必须认真预习，熟悉本次实验的目的、原理、操作步骤，懂得每一操作步骤的意义并了解所用仪器的使用方法，否则不能开始实验。

3. 实验过程中要听从教师的指导，严肃、认真地按操作规程进行实验，并把实验结果和数据及时、如实记录在实验记录本上，文字要简练、准确。完成实验后，经教师检查同意方可离开实验室。

4. 实验台面应随时保持整洁，仪器、药品摆放整齐。公用试剂用完后，应立即盖严放回原处。勿使试剂、药品洒在实验台面和地上。实验完毕后，将仪器洗净放好，将实验台面抹拭干净后才能离开实验室。

5. 使用仪器、药品、试剂和各物品必须注意节约。洗涤和使用仪器时，应小心仔细，防止损坏仪器。使用贵重精密仪器时，应严格遵守操作规程，发现故障须立即报告教师，不得擅自动手检修。

6. 实验室内严禁吸烟！加热用的电炉应随用随关，严格做到：人在炉火在，人走炉火关。乙醇、丙酮、乙醚等易燃品不能直接加热，并要远离火源操作和放置。实验完毕后，应立即拔去电炉开关，关好水龙头，拉下电闸。离开实验室之前应认真负责地检查水电，严防安全事故发生。

7. 废液体可倒入水槽内，同时放水冲走。强酸、强碱溶液必须先用水稀释。废纸屑及其他固体废物和带渣滓的废物倒入废品缸内，不能倒入水槽或到处乱扔。

8. 要精心使用和爱护仪器，如使用分光光度计时，不能将比色杯直接置于分光光度计上，并注意拿放比色杯时，不要打碎。仪器损坏时，应如实向教师报告，并填写损坏仪器登记表，然后补领。

9. 实验室内一切物品，未经本室负责教师批准，严禁带出室外，借物必须办理登记手续。

10. 每次实验课由班长或课代表负责安排值日生。值日生的职责是负责当天实验室的卫生、安全和一切服务性的工作。

附Ⅱ 实验室意外事故的处理

一、实验室意外小型事故处理办法

1. 若因乙醚、乙醇、苯等有机物引起着火，应立即用湿布、细砂或泡沫灭火器等扑灭，防止火势扩大。同时求助，切断电源，转移易燃易爆物品。严禁用水扑此类火灾。若遇电器设备着火，必须先切断电源，再用二氧化碳灭火器灭火，不能使用泡沫灭火器。自己应急灭火时，不能惊慌，要根据起因选用合适的方法。一般小火可用湿布、石棉或砂子覆盖燃烧物灭火。火势大时，可使用泡沫灭火器。但电源设备所引起的火灾，只能使用二氧化碳灭火器灭火，不能使用泡沫灭火器，以免触电。实验人员衣服着火时，切勿惊慌乱跑，赶快脱下衣服或用石棉布覆盖着火处，紧急情况下，可以卧地打滚灭火。

2. 遇烫伤事故时，切勿用水冲洗，可用高锰酸钾溶液（或紫药水）清洗伤口处，再擦上凡士林、万花油或烫伤药膏。严重者应立即送医院急救。

3. 若在眼睛内或皮肤上溅着强酸或强碱，应立即用大量清水冲洗，然后再用碳酸氢钠溶液或硼酸溶液冲洗。

4. 若吸入氯气、氯化氢等气体，可立即吸入少量的乙醇和乙醚的混合蒸气。若吸入硫化氢气体而感到不适或头晕时，应立即到室外呼吸新鲜空气。

5. 若有毒物质进入口内，把大约10%的稀硫酸铜溶液加入一杯温水中，内服后，用手指深入咽喉部，促使呕吐，然后立即送医院抢救。

6. 被玻璃割伤时，伤口内若有玻璃碎片，必须把碎片挑出，然后涂抹酒精、红药水并包扎伤口。伤势较重者，应先在实验室内做简单处治，然后立即送医院急救。

7. 遇到触电事故时，应立即切断电源，然后根据触电程度予以适当处理，轻度情况通风休息，较重时要进行人工呼吸，同时找医生急救。实验中要严格遵守安全操作规程，防止意外事故的发生，实验过程中一旦发生安全事故，则应根据情况及时做好应急处理。

二、实验室意外大型事故处理办法

1. 火灾、爆炸事故：拨打119请消防部门灭火；拨打120请医疗部门抢救伤员。

2. 有毒及化学危险品事故：拨打119请消防部门联系化工部门为主，公安、消防、环保、交通部门配合处理。

3. 压力容器、压力管道等事故：请质量技术监督部门联系劳动、保险等相关部门处理。

4. 发生大型事故：事故单位的主管部门安全责任人要带领分管领导等迅速赶到现场，负责协调事故的救援工作。实验室工作人员也必须迅速赶到现场，向救援人员介绍实验室的基本情况和救援要点。

三、加强培训学校保卫人员的应急素质

1. 保卫人员应急素质基本要求：人员训练有素，召之即来，来之能干。所有参与实验室意外事故处理的人员穿戴好个人防护用品，携带好装备、器材和工具，服从指挥，严守纪律。

2. 进入现场前注意事项：到有毒有害气体扩散事故现场抢险，所有车辆、人员停留在上风向，抢救过程中，尽可能减少人员入围，加强灾情侦察，严防事态扩大。

四、善后处理

实验室意外事故事发学院做到灾后不见灾，不发疫情，残流不扩散，环境不污染。进入现场的人员、设备、设施由于受到毒物污染，必须进行全面清洗消毒，经有关部门（卫生防疫、环保）检测无碍，方可离开现场，以防造成二次灾害。

五、事故处理

特大安全事故调查处理按国家规定执行，由学校组织相关部门人员，配合上级进行调查处理。对责任事故，国务院 302 号令《关于特大安全事故行政责任追究的规定》，由纪检监察部门追究有关人员的行政责任，构成犯罪的，移交司法机关追究刑事责任。

附Ⅲ 常用试剂的配制

一、常规溶液

(一) 1/15 mol/L PBS (Phosphate Buffer Solution，磷酸缓冲液)

甲液：1/15 mol/L Na_2HPO_4 溶液

Na_2HPO_4 9.465 g

蒸馏水 加至 1 000 mL

乙液：1/15 mol/L KH_2PO_4 溶液

KH_2PO_4 9.07 g

蒸馏水 加至 1 000 mL

分装在棕色瓶内，于 4 ℃冰箱中保存，用时甲、乙两液各按不同比例混合，即可得所需 pH 的缓冲液，见附表1。

附表1 磷酸缓冲液 (pH 5.29~8.04，1/15 mol/L)

pH	甲液/mL	乙液/mL	pH	甲液/mL	乙液/mL
5.29	2.5	97.5	6.81	50.0	50.0
5.59	5.0	95.0	6.98	60.0	40.0
5.91	10.0	90.0	7.17	70.0	30.0
6.24	20.0	80.0	7.38	80.0	20.0
6.47	30.0	70.0	7.73	90.0	10.0
6.64	40.0	60.0	8.04	95.0	5.0

(二) 0.3%台盼蓝染液

称取台盼蓝 (Trypan blue) 粉 0.3 g，溶于 100 mL 生理盐水中，加热使之完全溶解，用滤纸过滤除渣，装入瓶内室温保存。

(三) 0.5%酚红指示剂

酚红	0.5 g
0.1 mol/L (0.4%) NaOH	15 mL
双蒸水	85 mL

将 0.5 g 酚红置于研钵中，缓慢滴加 0.1 mol/L NaOH 溶液，边加边研磨，并不断吸出已溶解的酚红液，直至全部溶解，然后加入 85 mL 双蒸水，颜色为深红，经粗滤纸过滤后使用，室温保存。

（四）5.6% NaHCO₃ 溶液

称 NaHCO₃ 5.6 g，溶于 100 mL 蒸馏水中，室温保存即可（如需要也可 1.05 kg/cm² 15 min 高压灭菌，4 ℃ 冰箱保存）。

（五）10 μg/mL 秋水仙素

秋水仙素	10 mg
生理盐水	100 mL

装入茶色瓶中，为储备液，4 ℃ 冰箱中保存。用时取储备液 1 mL 加生理盐水 9 mL 即可。

（六）0.4% KCl-0.4% 柠檬酸钠低渗液

将 0.4% KCl 和 0.4% 柠檬酸钠两液等量混合即可，室温保存。

（七）2% 柠檬酸钠

称取柠檬酸钠 2 g，加 100 mL 双蒸水即可，室温保存。

（八）0.2% 次甲基蓝染液

称取次甲基蓝（Methylene blue）0.2 g，加蒸馏水 100 mL，室温保存。

（九）0.5% 醋酸洋红（Aceio Carmine）染液

洋红	1 g
醋酸	90 mL
蒸馏水	110 mL

将 90 mL 醋酸加入 110 mL 蒸馏水中煮沸，然后将火焰移去，立即加入 1 g 洋红，使之迅速冷却过滤，加饱和氢氧化铁（媒染剂）水溶液数滴，直到呈葡萄酒色。室温保存。加铁，使洋红沉淀于组织而着色。此染液室温存放时间越长，效果越好。

（十）1% 甲苯胺蓝（Toluidine blue）

称取甲苯胺蓝 1 g，加蒸馏水 100 mL。

（十一）1/3 000 中性红染液

取中性红（Neutral red）0.1 g，加蒸馏水 300 mL。室温保存。

（十二）Giemsa 染液

1. 储备液。

Giemsa 粉	1 g
纯甘油	66 mL
甲醇	66 mL

先将 Giemsa 粉置于研钵中，加少量甘油，充分研磨，呈无颗粒的糊状。再将全部甘油加入，放入 56 ℃ 温箱中 2 h，然后加入甲醇，保存于茶色瓶中。一般两周后使用为好。

2. 工作液。

临用时将储备液与 pH 6.8 的磷酸缓冲液按照 1∶20 混合。

(十三) 埃利希 (Ehrlich) 苏木精染液

苏木精	1.0 g
乙醇	50 mL
醋酸	5 mL
甘油	50 mL
硫酸铝钾	5 g
蒸馏水	50 mL

将苏木精溶于少量的乙醇中，再加醋酸并搅拌，以加速其溶解。当苏木精溶解后，将甘油加入并摇动容器，同时加入其余的乙醇；硫酸铝钾需研磨并加热，然后溶解于蒸馏水中，将其一滴滴地加入上边的溶液，并不断摇动，此液配好后，将瓶口用纱布盖好，置于通风处，经常摇动以加速其成熟，成熟约需 4 周，成熟的染液为深红色。

二、细胞化学和细胞组分分离溶液

(一) M 缓冲液

咪唑 (Imidazole)	3.404 g
KCl	3.7 g
$MgCl_2 \cdot 6H_2O$	1.65 mg
ECTA	380.35 mg
EDTA	29.224 mg
巯基乙醇	0.07 mL
甘油	297 mL
蒸馏水	加至 1 000 mL

用 1 mol/L HCl 调 pH 至 7.2 并室温保存。

(二) 2% Triton X-100 溶液

量取 2 mL Triton X-100（聚乙二醇辛基苯基醚）液，加 M 缓冲液 98 mL 即可。

(三) 0.2% 考马斯亮蓝 R-250 染液

甲醇	46.5 mL
醋酸	7.0 mL
考马斯亮蓝	0.2 g
蒸馏水	加至 100 mL

（四）1. 0.1%碱性固绿染液（pH 8.0~8.5）：

(1) 0.1%固绿水溶液。

| 固绿（Fast green） | 0.1 g |
| 蒸馏水 | 100 mL |

(2) 0.05% Na_2CO_3 溶液。

| Na_2CO_3 | 50 mg |
| 蒸馏水 | 100 mL |

用时按1:1体积混合即可。

2. 0.1%酸性固绿染液（pH 2.2）：

(1) 0.1%固绿水溶液。

(2) 0.013 mol/L 盐酸液。0.109 mL盐酸（相对密度1.19）加蒸馏水至100 mL。

用时按1:1混合。

（五）甲基绿-哌咯宁染液

1. 1 mol/L 醋酸缓冲液（pH 4.8）：

(1) 醋酸	17 mL
蒸馏水	加至 200 mL
(2) 醋酸水	13.5 g
蒸馏水	加至 100 mL

用时分别取两液 40 mL、60 mL 混匀即可。

2. 甲基绿-哌咯宁（Methyl green-Pyrcnln）：

5%哌咯宁水溶液	6 mL
2%甲基绿水溶液	6 mL
蒸馏水	16 mL
1 mol/L 醋酸缓冲液	16 mL

1 mol/L 醋酸缓冲液临用时才可加入染液中。

（六）Schiff 试剂

将碱性品红 0.5 g 加入 100 mL 沸水中，持续煮沸 5 min，并随时搅拌，待冷却到 50 ℃时过滤到棕色瓶中，加 1 mol/L HCl 10 mL，冷却至 25 ℃时加入 1 g $NaHSO_3$，此时需很好地振荡，避光过夜。次日取出（呈淡黄色），并加 0.25 g 活性炭剧烈振荡 1 min。过滤后即得 Schiff 试剂。避光低温保存。

（七）联苯胺混合液

| 联苯胺（4.4 Diamino benzidine） | 0.2 g |
| 95%乙醇 | 100 mL |

3%过氧化氢	2 滴

此液临用时配制。

(八) 1%番红水溶液

番红 (Safranin)	1.0 g
蒸馏水	100 mL

(九) 1% SDS (Sodium dodecyl sulfate, 十二烷基硫酸钠)

SDS	10 g
45%乙醇	100 mL

(十) 1 mol/L Tris (三羟甲基氨基甲烷/盐酸缓冲液, pH 7.8)

Tris	12.114 g
蒸馏水	100 mL

先将 Tris 溶于少量蒸馏水, 用 HCl 调 pH 至 7.8, 然后加水至 100 mL。

(十一) Ringer Solution

氯化钠 (冷血动物用 0.65 g)	0.9 g
氯化钾	0.042 g
氯化钙	0.025 g
蒸馏水	100 mL

(十二) 淀粉肉汤培养基

蛋白	2 g
淀粉	6 g
牛肉汤	100 mL

用 10% $NaHCO_3$ 调 pH 至 7.0~7.2。

(十三) 0.25 mol/L 蔗糖-0.003 mol/L 氯化钙溶液

蔗糖	85.5 g
氯化钙	0.33 g
蒸馏水	1 000 mL

(十四) 1%詹纳斯绿 B 染液

取詹纳斯绿 B (Janus green B)	1.0 g
Ringer 氏液	100 mL

(十五) 1%刚果红染液

刚果红	1 g
蒸馏水	100 mL

(十六) Gomori 硝酸铅作用液

0.05 mol/L 醋酸缓冲液 (pH 5)	100 mL

A. 0.6 mL 冰醋酸加蒸馏水 200 mL 稀释

B. 1.36 g 醋酸钠加蒸馏水 200 mL 溶解

取 A 溶液 42 mL，取 B 溶液 158 mL，共 200 mL，配成 0.05 mol/L 醋酸缓冲液

β-甘油磷酸钠	2 g
醋酸铅	2 g
5%氯化镁	5 mL

以上作用液在临用时配制，最终在 pH 5~5.2，过滤使用。

三、细胞培养和细胞融合溶液

（一）0.01 mol/L PBS（Phosphate Buffer Saline，磷酸盐缓冲液） pH 7.2

0.2 mol/L 磷酸氢二钠液（甲液）：

$NaH_2PO_4 \cdot 12H_2O$	35.814 g
双蒸水	加至 500 mL

0.2 mol/L 磷酸二氢钠液（乙液）：

$NaH_2PO_4 \cdot 12H_2O$	15.601 g
双蒸水	加至 500 mL

取甲液 36 mL、乙液 14 mL 和 NaCl 8.2 g，加双蒸水至 1 000 mL。混匀，待完全溶解后分装，经高压灭菌后保存于 4 ℃ 冰箱备用。

（二）50% PEG（聚乙二醇，相对分子质量 1 500）

称取 0.5 g PEG，用前放入试管中在酒精灯火焰上熔化，加入等量 37 ℃ 预热的 MEM 培养液，混匀，在 37 ℃ 水浴中保温待用。

（三）MEM 培养液（含 10%小牛血清）

MEM 培养液	9.4 g
双蒸水	1 000 mL
$NaHCO_3$	1.5 g
谷氨酰胺（L-glutamine）	0.292 g

56 ℃ 灭活 30 min 的小牛血清 110 mL。

MEM 粉末加水溶解后，用 $NaHCO_3$ 调 pH 到 7.1（因在抽滤过程中 pH 升高 0.2~0.3），然后加灭活的小牛血清和谷氨酰胺，待完全溶解后，立即用 G6 抽滤除菌，分装，置于 4 ℃ 冰箱中保存备用。

（四）0.25%胰蛋白酶-0.02% EDTA 混合消化液

胰蛋白酶（Trypsin）粉	0.25 g
EDTA 粉	20.0 mg

| 0.01 mol/L PBS | 100 mL |

先用少量 PBS 溶解胰蛋白酶，然后将 EDTA 粉末和剩下的液体加入混合，置于 37 ℃水浴中 1 h 左右（待彻底溶解，液体呈透明为止），用 G5 抽滤，分装置于 4 ℃冰箱中保存。

（五）Hank's 液

1. 原液甲：

NaCl	160 g
KCl	8 g
$MgSO_4 \cdot 7H_2O$	2 g
$MgCl_2 \cdot 6H_2O$	2 g

溶于 800 mL 馏水中；

$CaCl_2$（无水）	2.8 g

溶于 100 mL 蒸馏水中。

将两种液体混合后，加水至 1 000 mL，用滤纸过滤，再加 2 mL 氯仿防腐，置于 4 ℃冰箱备用。

原液乙：

$Na_2HPO_4 \cdot 12H_2O$	3.04 g
KH_2PO_4	1.2 g
葡萄糖	20.0 g

溶于 800 mL 蒸馏水中，用滤纸过滤，然后加 80 mL 0.5%酚红，再加水至 1 000 mL，最后加入 2 mL 氯仿防腐，置于 4 ℃冰箱备用。

2. 使用液：

甲、乙两液各 1 份，双蒸水 18 份，混匀后分装包扎好瓶口，经压力 103.4 kPa（1.05 kg/cm^2），温度达 121.3 ℃，维持 15~20 min 灭菌后，置于 4 ℃冰箱中保存。使用时用 5.6% $NaHCO_3$ 调 pH 到所要求值。

（六）1640 培养液（含 10%小牛血清）

RPMI-1640 粉	10.39 g
双蒸水	加至 1 000 mL

通入适量的 CO_2 气体，边通入 CO_2 边慢慢搅拌，使其（呈透明）完全溶解。用 1.5 g $NaHCO_3$ 调 pH 到 7.2。

双抗 1 万单位/mL	10 mL
灭活小牛血清	110 mL

混匀上述液体，立即用 G6 抽滤除菌分装，置于 4 ℃冰箱备用。

（七）青霉素、链霉素溶液

青霉素钠盐（40 万单位/瓶）	5 瓶

链霉素（100万单位/瓶）　　　　　　　2瓶

将两者溶于200 mL 0.9%的无菌生理盐水，分装小瓶，-30 ℃保存。双抗在培养基中的终浓度为各100万单位/瓶为宜。

(八) 二甲基亚砜诱导 HL-60 细胞分化使用的终浓度为 1.4%

(九) 5-溴脱氧尿嘧啶核苷溶液（200 μg/mL）

用无菌青霉素瓶，在室温下称取5-溴脱氧尿嘧啶核苷1.0 mg，在无菌条件下加入灭菌生理盐水9.0 mL，溶解，混匀，用黑纸包严，避光置于冰箱冰格中保存。最好用时现配。

(十) 2×柠檬酸钠缓冲液（2×SSC）溶液

用分析天平称取氯化钠17.53 g、柠檬酸钠8.82 g溶于蒸馏水中，加蒸馏水至1 000 mL。

(十一) 3%琼脂

取琼脂粉3 g，加入双蒸水到100 mL，搅匀，高压消毒（1.05 kg/cm^2 20 min）后冷藏备用，使用前重新加热煮沸（储存时间不宜过长）。

四、制备电镜标本的溶液

(一) 2.5%戊二醛溶液

25%戊二醛　　　　　　　　　　　　　10 mL
0.1 mol/L 二甲砷酸钠缓冲液
装入茶色瓶中，保存于4 ℃冰箱中备用。

(二) 0.1 mol/L 二甲砷酸钠缓冲液

二甲砷酸钠　　　　　　　　　　　　10.70 g
蒸馏水　　　　　　　　　　　　　　500 mL

将二甲砷酸钠置于500 mL容量瓶中，先加水约400 mL，震荡使其溶解，用盐酸调pH到7.4，加入剩余蒸馏水，置于4 ℃冰箱中保存。

(三) 包埋剂

环氧树脂Epon812　　　　　　　　　56.30 g
DDSA（十二烷基琥珀酸酐）　　　　　14.60 g
MNA（甲基内次甲基邻苯二甲酸酐）　29.00 g

混合上述三种包埋剂成分，搅拌30 min使其充分混匀。再加加速剂2,4,6-三（二甲氨基甲基)苯酚（2,4,6-tridimethyl aminomethylphenol, DMP-30) 1.5 mL，继续搅拌30 min，置于干燥罐中（室温）备用。

(四) 2%单宁酸

单宁酸　　　　　　　　　　　　　　　2 g

| 双蒸水 | 100 mL |

溶解后过滤，装入茶色瓶中，置于 4 ℃冰箱中保存。

（五）高锰酸钾固定剂

柠檬酸三钠	60 mmol/L
氯化钾	25 mmol/L
氯化镁	35 mmol/L
高锰酸钾	125 mmol/L

pH 为 7.4~7.8，装入茶色瓶中，置于 4 ℃冰箱中保存，有效期为 2 个月左右。

（六）1% OsO_4 溶液

| OsO_4 | 0.5 g |

0.1 mol/L 二甲砷酸钠缓冲液 50 mL

OsO_4 一般为 0.5 g 或 1 g 安瓿中封闭包装，配制时剥去商标，用自来水洗净，放入洗涤液中泡 4~12 h 后用水冲洗。在安瓿上划痕，取出 OsO_4 后，用蒸馏水冲洗安瓿，将冲洗的蒸馏水投入茶色瓶中，用玻璃棒在瓶中将 OsO_4 捣碎，轻轻摇动并放入冰箱中，48 h 后完全溶解。此药蒸气对人眼、角膜、鼻腔和口腔黏膜有固定作用，用时需特别小心，在通风橱内操作。

五、显影、定影溶液

（一）D-72 显影液

温水（52 ℃）	750 mL
米吐尔	3 g
无水亚硫酸钠	45 g
对苯二酚	12 g
无水碳酸钠	67.5 g
溴化钾	19 g
水	加至 1 000 mL

D-72 显影液为通用显影液，既能显影胶片，又能用于相纸显影。

使用原液，20 ℃显影时间 1~2 min 可得高反差。

按 1∶1 稀释使用，20 ℃时显影时间 3~4 min 可得正常反差，加水 1∶2 稀释后使用反差较低。20 ℃时显影时间 3~4 min 可得正常反差。

（二）SB-1 停显液配方

| 水 | 1 000 mL |
| 28%醋酸 | 48 mL |

停显时间为 10 s 左右。

(三) F-5 酸性坚膜定影液

水	750 mL
硫代硫酸钠	240 g
无水亚硫酸钠	15 g
28%醋酸	48 mL
硼酸	7.5 g
钾矾	15 g
水	1 000 mL

定影时，药液温度应保持在 18~20 ℃，定影时间 10~15 min。

配药原则：

配制时，先取容量 3/4 的清水，水温 50 ℃ 左右，按配方的顺序，把称好的药品逐一加入，只有前一药品溶解后，方可放入第二种药品，并继续溶解下去，最后将清水加至全量。

配完后要经 12 h，待各种药品充分作用后才能使用。

上述各种溶液配制好后，均应贴瓶签，注明名称、浓度及配制日期，并按规定方法保存，用前检查有无变质或污染现象后，方可使用。

六、组织培养常见试剂的配制

(一) 碘液

0.01 mol/L 碘液：称取 1.3 g 碘，置于 50 mol 烧杯中，加入 2.5 g 碘化钾及 25 mL 蒸馏水，不断搅拌之，使其溶解均匀。再加 0.2 mL 浓盐酸（质量体积浓度 1.19 g/L），加蒸馏水稀释到 1 000 mL。溶液应储藏在棕色试剂瓶中，储于低温暗橱内。有效期为一个月左右。

(二) 植物完全培养液

常见几种植物完全培养液的配方：

（1）硝酸钠 10 g、过磷酸钙 70 g、硫酸铵 25 g、硫酸钾 35 g、硫酸镁 40 g。用法：利用以上配方配制营养液时，先将其与水混合，然后再按每 100 L 水加 3 g 的比例加入混合好的微量元素（微量元素通常以硫酸亚铁 100 g、硼酸粉 14 g、硫酸锰 10 g 混匀研成粉末备用）才可使用。

（2）硝酸钾 0.7 g/L、硼酸 0.000 6 g/L、硝酸钙 0.7 g/L、硫酸锰 0.000 6 g/L、过磷酸钙 0.8 g/L、硫酸锌 0.000 6 g/L、硫酸镁 0.28 g/L、硫酸铜 0.000 6 g/L、硫酸铁 0.12 g/L、钼酸铵 0.000 6 g/L。用法：使用时，将各种元素混合在一起，加水 1 L，即成为营养液。在配制上述营养液时，可以根据不同花卉的不同要求，对元素的种类和用量予以增减。

(3) 尿素 5 g、磷酸二氢钾 3 g、硫酸钙 1 g、硫酸镁 0.5 g、硫酸锌 0.001 g、硫酸铁 0.003 g、硫酸铜 0.001 g、硫酸锰 0.003 g、硼酸粉 0.002 g，加水 10 L，溶解后即制成营养液。

(三) N6 培养基

N6 培养基的配方见附表 2。

附表 2　N6 培养基的配方

名称	成分	使用浓度/(mg·L^{-1})
大量元素	硝酸钾 （KNO_3）	2 830
	硫酸铵 （$(NH_4)_2SO_4$）	463
	氯化钙 （$CaCl_2·2H_2O$）	166
	硫酸镁 （$MgSO_4·7H_2O$）	185
	磷酸二氢钾 （KH_2PO_4）	400
	硫酸亚铁 （$FeSO_4·7H_2O$）	27.8
微量元素	硫酸锰 （$MnSO_4·4H_2O$）	4.4
	硫酸锌 （$ZnSO_4·7H_2O$）	1.6
	硼酸 （H_3BO_3）	0.8
	碘化钾 （KI）	1.6
有机成分	甘氨酸	2
	烟酸	0.5
	盐酸硫胺素 （维 B_1）	1.0
	盐酸吡哆素 （维 B_6）	0.5

(四) PBS 缓冲液的配制

PBS (1×) 配方 pH 7.4 如下：

磷酸二氢钾 （KH_2PO_4）：0.27 g

磷酸氢二钠 （Na_2HPO_4）：1.42 g

氯化钠 （NaCl）：8 g

氯化钾 （KCl）：0.2 g

调配方法：加去离子水约 800 mL，充分搅拌溶解，然后加入浓盐酸调 pH 至 7.4，最后定容到 1 L。高温高压灭菌后室温保存。

注：1×PBS 缓冲液就是使用 0.1 mol/L 的 PBS 配置，可直接使用。1×PBS 就是 2 倍浓度，使用时稀释一倍使用。0.01 mol/L 的 PBS 一般不用来配置缓

冲液，用于其他用处。

（五）不同 pH 的磷酸缓冲盐的配制

磷酸盐缓冲液：取磷酸二氢钠 38.0 g、磷酸氢二钠 5.04 g，加水使溶解成 1 000 mL 即得。

磷酸盐缓冲液（pH 2.0）：甲液：取磷酸 16.6 mL，加水至 1 000 mL，摇匀。乙液：取磷酸氢二钠 71.63 g，加水使溶解成 1 000 mL。取上述甲液 72.5 mL 与乙液 27.5 mL 混合，摇匀，即得。

磷酸盐缓冲液（pH 2.5）：取磷酸二氢钾 100 g，加水 800 mL，用盐酸调节 pH 至 2.5，用水稀释至 1 000 mL。

磷酸盐缓冲液（pH 5.0）：取 0.2 mol/L 磷酸二氢钠溶液一定量，用氢氧化钠试液调节 pH 至 5.0，即得。

磷酸盐缓冲液（pH 5.8）：取磷酸二氢钾 8.34 g 与磷酸氢二钾 0.87 g，加水使溶解成 1 000 mL，即得。

磷酸盐缓冲液（pH 6.5）：取磷酸二氢钾 0.68 g，加 0.1 mol/L 氢氧化钠溶液 15.2 mL，用水稀释至 100 mL，即得。

磷酸盐缓冲液（pH 6.6）：取磷酸二氢钠 1.74 g、磷酸氢二钠 2.7 g 与氯化钠 1.7 g，加水使溶解成 400 mL，即得。

磷酸盐缓冲液（含胰酶）（pH 6.8）：取磷酸二氢钾 6.8 g，加水 500 mL 使溶解，用 0.1 mol/L 氢氧化钠溶液调节 pH 至 6.8；另取胰酶 10 g，加水适量使溶解，将两液混合后，加水稀释至 1 000 mL，即得。

磷酸盐缓冲液（pH 6.8）：取 0.2 mol/L 磷酸二氢钾溶液 250 mL，加 0.2 mol/L 氢氧化钠溶液 118 mL，用水稀释至 1 000 mL，摇匀，即得。

磷酸盐缓冲液（pH 7.0）：取磷酸二氢钾 0.68 g，加 0.1 mol/L 氢氧化钠溶液 29.1 mL，用水稀释至 100 mL，即得。

磷酸盐缓冲液（pH 7.2）：取 0.2 mol/L 磷酸二氢钾溶液 50 mL 与 0.2 mol/L 氢氧化钠溶液 35 mL，加新沸过的冷水稀释至 200 mL，摇匀，即得。

磷酸盐缓冲液（pH 7.3）：取磷酸氢二钠 1.973 4 g 与磷酸二氢钾 0.224 5 g，加水使溶解成 1 000 mL，调节 pH 至 7.3，即得。

磷酸盐缓冲液（pH 7.4）：取磷酸二氢钾 1.36 g，加 0.1 mol/L 氢氧化钠溶液 79 mL，用水稀释至 200 mL，即得。

磷酸盐缓冲液（pH 7.6）：取磷酸二氢钾 27.22 g，加水使溶解成 1 000 mL，取 50 mL，加 0.2 mol/L 氢氧化钠溶液 42.4 mL，再加水稀释至 200 mL，即得。

磷酸盐缓冲液（pH 7.8）：甲液：取磷酸氢二钠 35.9 g，加水溶解，并稀释至 500 mL。乙液：取磷酸二氢钠 2.76 g，加水溶解，并稀释至 100 mL。取上述甲液 91.5 mL 与乙液 8.5 mL 混合，摇匀，即得。

磷酸盐缓冲液（pH 7.8~8.0）：取磷酸氢二钾 5.59 g 与磷酸二氢钾 0.41 g，加水使溶解成 1 000 mL，即得。

（六）MS 培养基

1. MS 培养基母液的配制：

由于组培的植物不同，需要配制不同的培养基，为减少工件量，可把药品配成浓缩液。有些微量元素和有机成分浓度极低，因此，先配制成母液的母液。建议浓度见附表 3。

附表 3 建议浓度

药品名称	配制的终浓度/($g \cdot mL^{-1}$)	配制 50 mL 的总质量/g
烟酸	0.01	0.5
VB6	0.1	5
甘氨酸	0.2	10
$NaMoO_4 \cdot 2H_2O$	0.05	2.5
$CuSO_4 \cdot 5H_2O$	0.05	2.5
KI	0.1	5
H_3BO_3	0.062	3.1
$MnSO_4 \cdot H_2O$	0.169	8.45
$ZnSO_4 \cdot 7H_2O$	0.172	8.6
$CoCl \cdot 6H_2O$	0.05	2.5
V_{B1}	0.1	5

2. 母液的配制过程：

（1）根据表中的浓度，称取配制成 50 mL 溶液的药品质量。

（2）加入相应的溶液中，定容至 50 mL。

（3）放入密封的 50 mL 塑胶管中，-20 ℃保存。

3. MS 培养基母液浓度表：

（1）MS-A（macro）：为工作液浓度的 50 倍。

NH_4NO_3 41.25 g/500 mL

KNO_3 47.5 g/500 mL

$MgSO_4 \cdot 7H_2O$ 9.25 g/500 mL

KH_2PO_4 9.25 g/500 mL

(2) MS-B (micro)：为工作液浓度的 100 倍。

H_3BO_3	0.124 g/200 mL
$MnSO_4 \cdot 4H_2O$	0.338 g/200 mL
$ZnSO_4 \cdot 7H_2O$	0.172 g/200 mL
$CuSO_4 \cdot 5H_2O$	0.000 5 g/200 mL
$CoCl_2 \cdot 6H_2O$	0.000 5 g/200 mL
KI	0.016 6 g/200 mL
$Na_2MoO_4 \cdot 2H_2O$	0.005 g/200 mL

(3) MS-C：为工作液浓度的 100 倍。

$CaCl_2 \cdot 2H_2O$	22.0 g/500 mL

(4) MS-D：为工作液浓度的 100 倍。

烟酸	0.01 g/200 mL
V_{B6}	0.01 g/200 mL
V_{B1}	0.002 g/200 mL
甘氨酸	0.04 g/200 mL

(5) MS-E：为工作液浓度的 100 倍。

Na_2-EDTA	3.725 g/500 mL
$FeSO_4 \cdot 7H_2O$	2.875 g/500 mL

4. 母液的配制：

MS-A：称取 NH_4NO_3 41.25 g、KNO_3 47.5 g、$MgSO_4 \cdot 7H_2O$ 9.25 g、KH_2PO_4 9.25 g，蒸馏水溶解，容量瓶定容至 500 mL。于 4 ℃ 冰箱中保存。

MS-B：吸取母液的量见附表 4，蒸馏水定容至 200 mL。于 4 ℃ 冰箱中保存。

附表 4　吸取母液的量

药品	母液的量/mL	母液终浓度
H_3BO_3	2	0.124 g/200 mL
$MnSO_4 \cdot 4H_2O$	2	0.338 g/200 mL
$ZnSO_4 \cdot 7H_2O$	1	0.172 g/200 mL
$CuSO_4 \cdot 5H_2O$	0.01	0.0 005 g/200 mL
$CoCl_2 \cdot 6H_2O$	0.01	0.0 005 g/200 mL
KI	0.166	0.0 166 g/200 mL
$Na_2MoO_4 \cdot 2H_2O$	0.1	0.005 g/200 mL

MS-C：称取 $CaCl_2 \cdot 2H_2O$ 22.0 g，用蒸馏水溶解，用容量瓶定容至 500 mL。于 4 ℃ 冰箱中保存。

MS-D：吸取母液的量见附表 5，用蒸馏水定容至 200 mL。于 4 ℃ 冰箱中保存。

附表 5　吸取母液的量

药品	母液的量/mL	母液终浓度
烟酸	1	0.01 g/200 mL
V_{B6}	0.1	0.01 g/200 mL
V_{B1}	0.02	0.002 g/200 mL
甘氨酸	0.2	0.04 g/200 mL

MS-E：称取 Na_2-EDTA 3.725 g、$FeSO_4 \cdot 7H_2O$ 2.875 g，用蒸馏水溶解，用容量瓶定容至 500 mL。于 4 ℃ 冰箱中避光保存。

5. MS 培养基基本工作液的配制：

MS 培养基基本工作液质量见附表 6。

附表 6　MS 培养基基本工作液浓度

组成成分	浓度/(mg·L^{-1})	组成成分	浓度/(mg·L^{-1})
NH_4NO_3	1 650	Na_2-EDTA	37.3
KNO_3	1 900	$FeSO_4 \cdot 7H_2O$	27.8
$CaCl_2 \cdot 2H_2O$	440	$CuSO_4 \cdot 5H_2O$	0.025
$MgSO_4 \cdot 7H_2O$	370	蔗糖	30
KH_2PO_4	170	肌醇	100.0
KI	0.83	烟酸	0.5
H_3BO_3	6.2	盐酸吡哆醇	0.5
$MnSO_4 \cdot 4H_2O$	22.3	甘氨酸	2.0
$ZnSO_4 \cdot 7H_2O$	8.6	盐酸硫铵等	0.4
$Na_2MoO_4 \cdot 2H_2O$	0.25		
$CoCl_2 \cdot 6H_2O$	0.025	pH	5.8

附Ⅳ　生物实验仪器清洗

方法是用一个有盖子的容器（最好是塑料的，不要太高，但底面积要大些），先将 0.5~1 kg 工业氢氧化钠（氢氧化钾）溶在尽量少的水中，再加入 5~10 L 工业乙醇（异丙醇）即可。将玻璃仪器浸泡几个小时后，取出用水冲洗干净，再用蒸馏水刷一遍，晾干。如果急用，可用丙酮刷一遍，烘干。

对于少量用此法洗不干净的仪器，可以先用浓硫酸浸泡，或者用其他有机溶剂浸泡，再用本法清洗。要注意的是：

(1) 洗液的腐蚀性很强，要戴厚手套（防酸碱）。

(2) 有磨口和节门的仪器必须拆开，以免在碱液中黏在一起。

(3) 耐酸漏斗和有磨砂板的仪器（比如色谱柱）只能用酸洗，因为碱液会与石英反应，损坏仪器。

清洗液配制：强液

重铬酸钾 63 g，浓硫酸 1 000 mL，蒸馏水 200 mL，次强液。

重铬酸钾 120 g，浓硫酸 200 mL，蒸馏水 200 mL，弱液。

重铬酸钾 100 g，浓硫酸 100 mL，蒸馏水 1 000 mL，清洗。

1. 玻璃器皿的清洗。

浸泡：自来水简单冲洗，5%盐酸浸泡过夜，培养后的玻璃器皿立即浸入清水中，不应留有气泡。

刷洗：软毛刷及优质洗洁精。

浸酸：清洗液对玻璃器皿无腐蚀作用，去污能力强，是关键的一步，浸泡时间不少于 6 h，一般浸泡过夜，浸酸后一定要冲洗干净。将重铬酸钾加入蒸馏水中，使之自然溶解或水浴溶解，也可在大坩埚中加热溶解，然后慢慢加入浓硫酸，边加边搅拌，如见发热剧烈，则稍停，冷却后再继续加。配制容器应用陶瓷或塑料制品，新鲜的配置液为棕红色，变为绿色表明已失效，用完严禁乱倾倒，应妥善处理。对于反复使用的，只要每次用后立即浸入水中，不使培养液干涸于瓶器上，亦无必要每次都用清洗液浸泡。

冲洗：宜用洗涤装置，如人工操作，每瓶都用水灌满、倒掉，重复 10 次以上，最后用蒸馏水漂洗 2~3 次，晾干备用。

2. 胶塞的清洗。

新购置的胶塞带有大量的滑石粉，应先用自来水冲洗干净后再做常规处理：每次用后的胶塞要置于水中浸泡，以便集中处理和避免附着物干涸，然后用 2% NaOH 煮沸 10~20 min，以除掉培养中的蛋白质。用自来水冲洗后，再用 1%的稀盐酸浸泡 30 min，最后用自来水冲洗和蒸馏水清洗各 2~3 次，晾干备用。

3. 塑料用品的清洗。

质地软，不宜用毛刷刷洗，如有附着物，可用脱脂棉球轻拭，用流水冲洗干净，晾干，再用 2% NaOH 溶液浸泡过夜，用自来水充分冲洗，然后用 5%盐酸溶液浸泡 30 min，最后用自来水冲洗和蒸馏水漂洗干净，晾干后备用。

4. 包装。

局部包装：较大的瓶皿、滤器、消毒筒等，只把瓶口部分用硫酸纸包裹后，再罩以牛皮纸或棉布密包起来扎紧。全包装：用铝饭盒分装小培养瓶。

5. 消毒。

（1）紫外线消毒：20 min。塑料制品可用 70%酒精擦洗或浸泡后再用无菌蒸馏水漂洗，然后在紫外线下晾干。

（2）干热消毒：用于玻璃器皿的消毒，160 ℃、90~120 min。消毒后不要立即打开箱门，以防冷空气进入而引起玻璃爆裂。金属器具和橡胶、塑料制品不能使用干热消毒方法。

（3）湿热消毒：培养用液、橡胶制品 1.05 kg/cm^2 10 min，布类、玻璃制品、金属器具 1.05 kg/cm^2 20 min。

（4）滤过消毒：大多数的培养液，常用孔径为 0.22 μm 的滤过膜。滤板用过便丢弃，滤器清洗也比较方便，先用毛刷蘸洗涤剂刷洗干净，用自来水冲洗后，再用蒸馏水冲洗，晾干即可。用前再装上一张新的滤膜。消毒时旋钮不要拧太紧，凡与空气接触部位，都用纸包装好，以保证消毒的效果。

6. 电泳仪、电泳槽的清洗。

梳子和电泳槽清洗后，用双氧水浸泡过夜，用三蒸水冲洗，干燥备用。

7. 溴化乙锭（EB）溶液的净化处理。

由于溴化乙锭具有一定的毒性，实验结束后，应对含 EB 的溶液进行净化处理后再行弃置，以避免污染环境和危害人体健康。

① 对于 EB 含量大于 0.5 mg/L 的溶液，可做如下处理：

a. 将 EB 溶液用水稀释至浓度低于 0.5 mg/L，

b. 加入一倍体积的 0.5 mol/L KMnSO$_4$，混匀，再加入等量的 25 mol/L HCl，混匀，置室温数小时。

c. 加入一倍体积的 2.5 mol/L NaOH，混匀并废弃。

② EB 含量小于 0.5 mg/L 的溶液可做如下处理：

a. 按 1 mg/mL 的量加入活性炭，不时轻摇混匀，室温放置 1 h。

b. 用滤纸过滤并将活性炭与滤纸密封后丢弃。

参 考 文 献

[1] 陈广文,李仲辉. 动物学实验技术 [M]. 北京:科学出版社,2008.
[2] 林宏辉,等. 现代生物学基础实验指导 [M]. 成都:四川大学出版社,2002.
[3] 汪矛. 植物生物学实验教程 [M]. 北京:科学出版社,2003.
[4] 李浚明. 植物组织培养教程(第2版) [M]. 北京:中国农业大学出版社,2002.
[5] 曹孜义,刘国民. 实用植物组织培养技术教程 [M]. 兰州:甘肃科学技术出版社,1996.
[6] 周维燕. 植物细胞工程原理与技术 [M]. 北京:中国农业大学出版社,2001.
[7] 刘进平. 植物细胞工程简明教程 [M]. 北京:中国农业出版社,2005.
[8] 潘瑞炽,王小菁,李娘辉. 植物生理学(第六版) [M]. 北京:高等教育出版社,2008.
[9] 马炜梁. 植物学(第2版) [M]. 北京:高等教育出版社,2015.
[10] 陆时万,徐祥生,沈敏健. 植物学 [M]. 北京:高等教育出版社,2011.
[11] 张文学. 免疫学实验技术 [M]. 北京:科学出版社,2007.
[12] 沈萍,陈向东. 微生物学(第8版) [M]. 北京:高等教育出版社,2016.
[13] 王冬梅. 免疫学实验指导 [M]. 兰州:兰州大学出版社,2008.